Instructor's Manual

for

Numerical Analysis

Eighth Edition

Richard L. Burden
Youngstown State University

J. Douglas Faires
Youngstown State University

Australia • Canada • Mexico • Singapore • Spain • United Kingdom • United States

© 2005 Thomson Brooks/Cole, a part of The Thomson Corporation. Thomson, the Star logo, and Brooks/Cole are trademarks used herein under license.

ALL RIGHTS RESERVED. Instructors of classes adopting *Numerical Analysis,* Eighth Edition by Richard L. Burden and J. Douglas Faires as an assigned textbook may reproduce material from this publication for classroom use or in a secure electronic network environment that prevents downloading or reproducing the copyrighted material. Otherwise, no part of this work covered by the copyright hereon may be reproduced or used in any form or by any means—graphic, electronic, or mechanical, including photocopying, recording, taping, Web distribution, information storage and retrieval systems, or in any other manner—without the written permission of the publisher.

Printed in Canada
1 2 3 4 5 6 7   09 08 07 06 05

Printer: Webcom Limited

0-534-39201-6

For more information about our products,
contact us at:
Thomson Learning Academic Resource Center
1-800-423-0563

For permission to use material from this text or product, submit a request online at
http://www.thomsonrights.com.
Any additional questions about permissions can be submitted by email to **thomsonrights@thomson.com.**

Thomson Higher Education
10 Davis Drive
Belmont, CA 94002-3098
USA

Asia (including India)
Thomson Learning
5 Shenton Way
#01-01 UIC Building
Singapore 068808

Australia/New Zealand
Thomson Learning Australia
102 Dodds Street
Southbank, Victoria 3006
Australia

Canada
Thomson Nelson
1120 Birchmount Road
Toronto, Ontario M1K 5G4
Canada

UK/Europe/Middle East/Africa
Thomson Learning
High Holborn House
50–51 Bedford Road
London WC1R 4LR
United Kingdom

Latin America
Thomson Learning
Seneca, 53
Colonia Polanco
11560 Mexico
D.F. Mexico

Spain (including Portugal)
Thomson Paraninfo
Calle Magallanes, 25
28015 Madrid, Spain

Contents

Preface

Mathematical Preliminaries   1
    Exercise Set 1.1   1
    Exercise Set 1.2   6
    Exercise Set 1.3 11

Solutions of Equations of One Variable   15
    Exercise Set 2.1 15
    Exercise Set 2.2 17
    Exercise Set 2.3 22
    Exercise Set 2.4 25
    Exercise Set 2.5 28
    Exercise Set 2.6 30

Interpolation and Polynomial Approximation   33
    Exercise Set 3.1 33
    Exercise Set 3.2 38
    Exercise Set 3.3 40
    Exercise Set 3.4 44
    Exercise Set 3.5 53

Numerical Differentiation and Integration   57
    Exercise Set 4.1 57
    Exercise Set 4.2 64
    Exercise Set 4.3 67
    Exercise Set 4.4 72
    Exercise Set 4.5 75
    Exercise Set 4.6 78
    Exercise Set 4.7 80
    Exercise Set 4.8 82
    Exercise Set 4.9 84

Initial-Value Problems for Ordinary Differential Equations   87
    Exercise Set 5.1 87
    Exercise Set 5.2 90
    Exercise Set 5.3 95

Exercise Set 5.4	100
Exercise Set 5.5	110
Exercise Set 5.6	114
Exercise Set 5.7	123
Exercise Set 5.8	128
Exercise Set 5.9	131
Exercise Set 5.10	138

Direct Methods for Solving Linear Systems   147

Exercise Set 6.1	147
Exercise Set 6.2	152
Exercise Set 6.3	158
Exercise Set 6.4	165
Exercise Set 6.1	167
Exercise Set 6.6	171

Iterative Techniques in Matrix Algebra   179

Exercise Set 7.1	179
Exercise Set 7.2	184
Exercise Set 7.3	187
Exercise Set 7.4	197
Exercise Set 7.5	199

Approximation Theory   209

Exercise Set 8.1	209
Exercise Set 8.2	210
Exercise Set 8.3	214
Exercise Set 8.4	215
Exercise Set 8.5	220
Exercise Set 8.6	223

Approximating Eigenvalues   227

Exercise Set 9.1	227
Exercise Set 9.2	231
Exercise Set 9.3	234
Exercise Set 9.4	236

Numerical Solutions of Nonlinear Systems of Equations   243

Exercise Set 10.1	243
Exercise Set 10.2	246
Exercise Set 10.3	249
Exercise Set 10.4	251
Exercise Set 10.5	253

CONTENTS

Boundary-Value Problems for Ordinary Differential Equations — **257**
- Exercise Set 11.1 257
- Exercise Set 11.2 260
- Exercise Set 11.3 263
- Exercise Set 11.4 267
- Exercise Set 11.5 271

Numerical Solutions to Partial Differential Equations — **275**
- Exercise Set 12.1 275
- Exercise Set 12.2 278
- Exercise Set 12.3 287
- Exercise Set 12.4 289

CONTENTS

Preface

This Instructor's Manual for the Eighth of Numerical Analysis by Burden and Faires contains solutions to all the exercises in the book. Although the answers to the odd exercises are also in the back of the text, we have found that users of the book appreciate having all the solutions in one source. In addition, the results listed in this Instructor's Manual often go beyond those given in the back of the book. For example, we do not place the long solutions to theoretical and applied exercises in the book. You will find them here.

It has been our practice to include structured algorithms of all the techniques discussed in our Numerical Analysis book. The algorithms are given in a form that can be coded in any appropriate programming language, by those with even a minimal amount of programming expertise.

In earlier editions of the book, we included in the Instructor's Manual a complete FORTRAN listing for all the algorithms, and distributed to instructors using the book, upon demand, a tape (actually punched cards in the First Edition) containing all these programs.

In the Fourth Edition we supplemented this with a disk containing Pascal programs for the algorithms. In the Fifth Edition we added FORTRAN programs to the package. In the Sixth Edition we placed the disk in the text itself, and added C programs, as well as worksheets in Maple and Mathematica, for all the algorithms. We continued this practice for the Seventh Edition, updating the Maple programs to both versions 5.0 and 6.0 and adding MATLAB programs as well.

For the Eighth Edition, we have added new Maple programs to reflect the linear algebra package change from the original `linalg` package to the more modern `LinearAlgebra` package. In addition, we now also have the programs coded in Java.

You will not find a disk with this edition of the book. Instead, our reviewers suggested, and we agree, that it is more convenient to have the programs available for downloading from the web. At the website for the book,

http://www.as.ysu.edu/~faires/Numerical-Analysis/

you will find all the programs that used to be on the disk that came with the book. This site also contains additional information about the book and will be updated regularly to reflect any modifications that need to be made. For example, we will list a copy of the adoption list for the book so that potential users can ask colleagues for suggestions, and any changes made when a new printing is produced.

Placing the programs on the web site also permits us to more easily updated programs as the software changes, and to give responses to comments made by users of the book. We can also add new material that might be included in a subsequent edition in the form of PDF files that users can download. Our hope is that this will extend the life of the Eighth Edition while keeping the material up to date.

In addition to this Manual, we have rewritten the Student Study Guide for the Eighth Edition. The exercises that are solved in the Guide are generally those requiring insight into the methods in the text, rather than those involving computation. The Guide should be especially helpful for those doing self study of numerical techniques. Please ask your students to contact us if they are interested in this Guide.

We hope our supplement package provides flexibility for instructors teaching Numerical Analysis. If you have any suggestions for improvements that can be incorporated into future editions of the book or the supplements, we would be most grateful to receive your comments. We can be most easily contacted by electronic mail at the addresses listed below.

Youngstown State University

Richard L. Burden
burden@math.ysu.edu

January 21, 2005

J. Douglas Faires
faires@math.ysu.edu

Mathematical Preliminaries

Exercise Set 1.1, page 14

1. For each part, $f \in C[a,b]$ on the given interval. Since $f(a)$ and $f(b)$ are of opposite sign, the Intermediate Value Theorem implies that a number c exists with $f(c) = 0$.

2. (a) $[0,1]$
   (b) $[0,1]$, $[4,5]$, $[-1,0]$
   (c) $[-2,-1]$, $[0,1]$, $[2.5, 3.5]$
   (d) $[-3,-2]$, $[-1,-0.5]$, and $[-0.5, 0]$

3. For each part, $f \in C[a,b]$, f' exists on (a,b) and $f(a) = f(b) = 0$. Rolle's Theorem implies that a number c exists in (a,b) with $f'(c) = 0$. For part (d), we can use $[a,b] = [-1,0]$ or $[a,b] = [0,2]$.

4. The maximum value for $|f(x)|$ is given below.

   (a) 0.4620981 (b) 0.8 (c) 5.164000 (d) 1.582572

5. For $x < 0$, $f(x) < 2x + k < 0$, provided that $x < -\frac{1}{2}k$. Similarly, for $x > 0$, $f(x) > 2x + k > 0$, provided that $x > -\frac{1}{2}k$. By Theorem 1.13, there exists a number c with $f(c) = 0$. If $f(c) = 0$ and $f(c') = 0$ for some $c' \neq c$, then by Theorem 1.7, there exists a number p between c and c' with $f'(p) = 0$. However, $f'(x) = 3x^2 + 2 > 0$ for all x.

6. Suppose p and q are in $[a,b]$ with $p \neq q$ and $f(p) = f(q) = 0$. By the Mean Value Theorem, there exists $\xi \in (a,b)$ with
$$f(p) - f(q) = f'(\xi)(p - q).$$
But, $f(p) - f(q) = 0$ and $p \neq q$. So $f'(\xi) = 0$, contradicting the hypothesis.

7. (a) $P_2(x) = 0$
   (b) $R_2(0.5) = 0.125$; actual error $= 0.125$
   (c) $P_2(x) = 1 + 3(x-1) + 3(x-1)^2$
   (d) $R_2(0.5) = -0.125$; actual error $= -0.125$

8. $P_3(x) = 1 + \frac{1}{2}x - \frac{1}{8}x^2 + \frac{1}{16}x^3$

x	0.5	0.75	1.25	1.5
$P_3(x)$	1.2265625	1.3310547	1.5517578	1.6796875
$\sqrt{x+1}$	1.2247449	1.3228757	1.5	1.5811388
$\lvert\sqrt{x+1} - P_3(x)\rvert$	0.0018176	0.0081790	0.0517578	0.0985487

9. Since
$$P_2(x) = 1 + x \quad \text{and} \quad R_2(x) = \frac{-2e^{\xi}(\sin\xi + \cos\xi)}{6}x^3$$
for some ξ between x and 0, we have the following:

   (a) $P_2(0.5) = 1.5$ and $\lvert f(0.5) - P_2(0.5)\rvert \leq 0.0932$;
   (b) $\lvert f(x) - P_2(x)\rvert \leq 1.252$;
   (c) $\int_0^1 f(x)\,dx \approx 1.5$;
   (d) $\lvert \int_0^1 f(x)\,dx - \int_0^1 P_2(x)\,dx\rvert \leq \int_0^1 \lvert R_2(x)\rvert\,dx \leq 0.313$, and the actual error is 0.122.

10. $P_2(x) = 1.461930 + 0.617884\left(x - \frac{\pi}{6}\right) - 0.844046\left(x - \frac{\pi}{6}\right)^2$ and $R_2(x) = -\frac{1}{3}e^{\xi}(\sin\xi + \cos\xi)\left(x - \frac{\pi}{6}\right)^3$ for some ξ between x and $\frac{\pi}{6}$.

   (a) $P_2(0.5) = 1.446879$ and $f(0.5) = 1.446889$. An error bound is 1.01×10^{-5}, and the actual error is 1.0×10^{-5}.
   (b) $\lvert f(x) - P_2(x)\rvert \leq 0.135372$ on $[0, 1]$
   (c) $\int_0^1 P_2(x)\,dx = 1.376542$ and $\int_0^1 f(x)\,dx = 1.378025$
   (d) An error bound is 7.403×10^{-3}, and the actual error is 1.483×10^{-3}.

11. $P_3(x) = (x-1)^2 - \frac{1}{2}(x-1)^3$

   (a) $P_3(0.5) = 0.312500$, $f(0.5) = 0.346574$. An error bound is $0.291\overline{6}$, and the actual error is 0.034074.
   (b) $\lvert f(x) - P_3(x)\rvert \leq 0.291\overline{6}$ on $[0.5, 1.5]$
   (c) $\int_{0.5}^{1.5} P_3(x)\,dx = 0.08\overline{3}$, $\int_{0.5}^{1.5}(x-1)\ln x\,dx = 0.088020$
   (d) An error bound is $0.058\overline{3}$, and the actual error is 4.687×10^{-3}.

12. (a) $P_3(x) = -4 + 6x - x^2 - 4x^3$; $P_3(0.4) = -2.016$
    (b) $\lvert R_3(0.4)\rvert \leq 0.05849$; $\lvert f(0.4) - P_3(0.4)\rvert = 0.013365367$
    (c) $P_4(x) = -4 + 6x - x^2 - 4x^3$; $P_4(0.4) = -2.016$
    (d) $\lvert R_4(0.4)\rvert \leq 0.01366$; $\lvert f(0.4) - P_4(0.4)\rvert = 0.013365367$

13. $P_4(x) = x + x^3$

   (a) $|f(x) - P_4(x)| \leq 0.012405$

   (b) $\int_0^{0.4} P_4(x)\, dx = 0.0864$, $\int_0^{0.4} xe^{x^2}\, dx = 0.086755$

   (c) 8.27×10^{-4}

   (d) $P_4'(0.2) = 1.12$, $f'(0.2) = 1.124076$. The actual error is 4.076×10^{-3}.

14. The error is approximately 8.86×10^{-7}.

15. Since $42° = 7\pi/30$ radians, use $x_0 = \pi/4$. Then

    $$\left| R_n\left(\frac{7\pi}{30}\right) \right| \leq \frac{\left(\frac{\pi}{4} - \frac{7\pi}{30}\right)^{n+1}}{(n+1)!} < \frac{(0.053)^{n+1}}{(n+1)!}.$$

    For $|R_n(\frac{7\pi}{30})| < 10^{-6}$, it suffices to take $n = 3$. To 7 digits, $\cos 42° = 0.7431448$ and $P_3(42°) = P_3(\frac{7\pi}{30}) = 0.7431446$, so the actual error is 2×10^{-7}.

16. (a) $P_3(x) = \frac{1}{3}x + \frac{1}{6}x^2 + \frac{23}{648}x^3$

    (b) We have

    $$f^{(4)}(x) = \frac{-199}{2592} e^{x/2} \sin\frac{x}{3} + \frac{61}{3888} e^{x/2} \cos\frac{x}{3},$$

    so

    $$\left| f^{(4)}(x) \right| \leq \left| f^{(4)}(0.60473891) \right| \leq 0.09787176, \quad \text{for } 0 \leq x \leq 1,$$

    and

    $$|f(x) - P_3(x)| \leq \frac{|f^{(4)}(\xi)|}{4!} |x|^4 \leq \frac{0.09787176}{24} (1)^4 = 0.004077990.$$

17. (a) $P_3(x) = \ln(3) + \frac{2}{3}(x-1) + \frac{1}{9}(x-1)^2 - \frac{10}{81}(x-1)^3$

    (b) $\max_{0 \leq x \leq 1} |f(x) - P_3(x)| = |f(0) - P_3(0)| = 0.02663366$

    (c) $\tilde{P}_3(x) = \ln(2) + \frac{1}{2}x^2$

    (d) $\max_{0 \leq x \leq 1} |f(x) - \tilde{P}_3(x)| = |f(1) - \tilde{P}_3(1)| = 0.09453489$

    (e) $P_3(0)$ approximates $f(0)$ better than $\tilde{P}_3(1)$ approximates $f(1)$.

18. $P_n(x) = \sum_{k=0}^n x^k$, $n \geq 19$

19. $P_n(x) = \sum_{k=0}^n \frac{1}{k!} x^k$, $n \geq 7$

20. For n odd, $P_n(x) = x - \frac{1}{3}x^3 + \frac{1}{5}x^5 + \cdots + \frac{1}{n}(-1)^{(n-1)/2}x^n$. For n even, $P_n(x) = P_{n-1}(x)$.

21. A bound for the maximum error is 0.0026.

22. (a) $P_n^{(k)}(x_0) = f^{(k)}(x_0)$ for $k = 0, 1, \ldots, n$. The shapes of P_n and f are the same at x_0.
    (b) $P_2(x) = 3 + 4(x-1) + 3(x-1)^2$.

23. Since $R_2(1) = \frac{1}{6}e^\xi$, for some ξ in $(0, 1)$, we have $|E - R_2(1)| = \frac{1}{6}|1 - e^\xi| \leq \frac{1}{6}(e-1)$.

24. (a) Use the series
$$e^{-t^2} = \sum_{k=0}^{\infty} \frac{(-1)^k t^{2k}}{k!}$$
to integrate
$$\frac{2}{\sqrt{\pi}} \int_0^x e^{-t^2}\, dt,$$
and obtain the result.

(b)
$$\frac{2}{\sqrt{\pi}} e^{-x^2} \sum_{k=0}^{\infty} \frac{2^k x^{2k+1}}{1 \cdot 3 \cdots (2k+1)} = \frac{2}{\sqrt{\pi}}\left[1 - x^2 + \frac{1}{2}x^4 - \frac{1}{6}x^7 + \frac{1}{24}x^8 + \cdots\right]$$
$$\cdot \left[x + \frac{2}{3}x^3 + \frac{4}{15}x^5 + \frac{8}{105}x^7 + \frac{16}{945}x^9 + \cdots\right]$$
$$= \frac{2}{\sqrt{\pi}}\left[x - \frac{1}{3}x^3 + \frac{1}{10}x^5 - \frac{1}{42}x^7 + \frac{1}{216}x^9 + \cdots\right] = \operatorname{erf}(x)$$

(c) 0.8427008 (d) 0.8427069

(e) The series in part (a) is alternating, so for any positive integer n and positive x we have the bound
$$\left|\operatorname{erf}(x) - \frac{2}{\sqrt{\pi}} \sum_{k=0}^{n} \frac{(-1)^k x^{2k+1}}{(2k+1)k!}\right| < \frac{x^{2n+3}}{(2n+3)(n+1)!}.$$
We have no such bound for the positive term series in part (b).

25. (a) Let x_0 be any number in $[a, b]$. Given $\epsilon > 0$, let $\delta = \epsilon/L$. If $|x - x_0| < \delta$ and $a \leq x \leq b$, then $|f(x) - f(x_0)| \leq L|x - x_0| < \epsilon$.

(b) Using the Mean Value Theorem, we have
$$|f(x_2) - f(x_1)| = |f'(\xi)||x_2 - x_1|,$$
for some ξ between x_1 and x_2, so
$$|f(x_2) - f(x_1)| \leq L|x_2 - x_1|.$$

(c) One example is $f(x) = x^{1/3}$ on $[0, 1]$.

26. Let $m = \min\{f(x_1), f(x_2)\}$ and $M = \max\{f(x_1), f(x_2)\}$. Then
$$m \leq f(x_1) \leq M \quad \text{and} \quad m \leq f(x_2) \leq M,$$
so
$$c_1 m \leq c_1 f(x_1) \leq c_1 M \quad \text{and} \quad c_2 m \leq c_2 f(x_2) \leq c_2 M.$$
Thus,
$$(c_1 + c_2)m \leq c_1 f(x_1) + c_2 f(x_2) \leq (c_1 + c_2)M,$$
so
$$m \leq \frac{c_1 f(x_1) + c_2 f(x_2)}{c_1 + c_2} \leq M.$$
By applying the Intermediate Value Theorem to the closed interval with endpoints x_1 and x_2, there exists a number ζ between x_1 and x_2 for which
$$f(\zeta) = \frac{c_1 f(x_1) + c_2 f(x_2)}{c_1 + c_2}.$$

27. (a) Since f is continuous at p and $f(p) \neq 0$, there exists a $\delta > 0$ with
$$|f(x) - f(p)| < \frac{|f(p)|}{2},$$
for $|x - p| < \delta$ and $a < x < b$. We restrict δ so that $[p - \delta, p + \delta]$ is a subset of $[a, b]$. Thus, for $x \in [p - \delta, p + \delta]$, we have $x \in [a, b]$. So
$$-\frac{|f(p)|}{2} < f(x) - f(p) < \frac{|f(p)|}{2} \quad \text{and} \quad f(p) - \frac{|f(p)|}{2} < f(x) < f(p) + \frac{|f(p)|}{2}.$$
If $f(p) > 0$, then
$$f(p) - \frac{|f(p)|}{2} = \frac{f(p)}{2} > 0, \quad \text{so} \quad f(x) > f(p) - \frac{|f(p)|}{2} > 0.$$
If $f(p) < 0$, then $|f(p)| = -f(p)$, and
$$f(x) < f(p) + \frac{|f(p)|}{2} = f(p) - \frac{f(p)}{2} = \frac{f(p)}{2} < 0.$$
In either case, $f(x) \neq 0$, for $x \in [p - \delta, p + \delta]$.

(b) Since f is continuous at p and $f(p) = 0$, there exists a $\delta > 0$ with
$$|f(x) - f(p)| < k, \quad \text{for} \quad |x - p| < \delta \quad \text{and} \quad a < x < b.$$
We restrict δ so that $[p - \delta, p + \delta]$ is a subset of $[a, b]$. Thus, for $x \in [p - \delta, p + \delta]$, we have
$$|f(x)| = |f(x) - f(p)| < k.$$

Exercise Set 1.2, page 26

1.
	Absolute error	Relative error
(a)	0.001264	4.025×10^{-4}
(b)	7.346×10^{-6}	2.338×10^{-6}
(c)	2.818×10^{-4}	1.037×10^{-4}
(d)	2.136×10^{-4}	1.510×10^{-4}
(e)	2.647×10^{1}	1.202×10^{-3}
(f)	1.454×10^{1}	1.050×10^{-2}
(g)	420	1.042×10^{-2}
(h)	3.343×10^{3}	9.213×10^{-3}

2. The largest intervals are:

   (a) $(3.1412784, 3.1419068)$ (b) $(2.7180100, 2.7185536)$

   (c) $(1.4140721, 1.4143549)$ (d) $(1.9127398, 1.9131224)$

3. The largest intervals are

   (a) $(149.85, 150.15)$ (b) $(899.1, 900.9)$

   (c) $(1498.5, 1501.5)$ (d) $(89.91, 90.09)$

4. The calculations and their errors are:

   (a) (i) $17/15$ (ii) 1.13 (iii) 1.13 (iv) both 3×10^{-3}
   (b) (i) $4/15$ (ii) 0.266 (iii) 0.266 (iv) both 2.5×10^{-3}
   (c) (i) $139/660$ (ii) 0.211 (iii) 0.210 (iv) $2 \times 10^{-3}, 3 \times 10^{-3}$
   (d) (i) $301/660$ (ii) 0.455 (iii) 0.456 (iv) $2 \times 10^{-3}, 1 \times 10^{-4}$

5.
	Approximation	Absolute error	Relative error
(a)	134	0.079	5.90×10^{-4}
(b)	133	0.499	3.77×10^{-3}
(c)	2.00	0.327	0.195
(d)	1.67	0.003	1.79×10^{-3}
(e)	1.80	0.154	0.0786
(f)	-15.1	0.0546	3.60×10^{-3}
(g)	0.286	2.86×10^{-4}	10^{-3}
(h)	0.00	0.0215	1.00

6.

	Approximation	Absolute error	Relative error
(a)	133.9	0.021	1.568×10^{-4}
(b)	132.5	0.001	7.55×10^{-6}
(c)	1.700	0.027	0.01614
(d)	1.673	0	0
(e)	1.986	0.03246	0.01662
(f)	-15.16	0.005377	3.548×10^{-4}
(g)	0.2857	1.429×10^{-5}	5×10^{-5}
(h)	-0.01700	0.0045	0.2092

7.

	Approximation	Absolute error	Relative error
(a)	133	0.921	6.88×10^{-3}
(b)	132	0.501	3.78×10^{-3}
(c)	1.00	0.673	0.402
(d)	1.67	0.003	1.79×10^{-3}
(e)	3.55	1.60	0.817
(f)	-15.2	0.0454	0.00299
(g)	0.284	0.00171	0.00600
(h)	0	0.02150	1

8.

	Approximation	Absolute error	Relative error
(a)	133.9	0.021	1.568×10^{-4}
(b)	132.5	0.001	7.55×10^{-6}
(c)	1.600	0.073	0.04363
(d)	1.673	0	0
(e)	1.983	0.02945	0.01508
(f)	-15.15	0.004622	3.050×10^{-4}
(g)	0.2855	2.143×10^{-4}	7.5×10^{-4}
(h)	-0.01700	0.0045	0.2092

9.

	Approximation	Absolute error	Relative error
(a)	3.14557613	3.983×10^{-3}	1.268×10^{-3}
(b)	3.14162103	2.838×10^{-5}	9.032×10^{-6}

10.

	Approximation	Absolute error	Relative error
(a)	2.7166667	0.0016152	5.9418×10^{-4}
(b)	2.718281801	2.73×10^{-8}	1.00×10^{-8}

11. (a) We have

$$\lim_{x \to 0} \frac{x \cos x - \sin x}{x - \sin x} = \lim_{x \to 0} \frac{-x \sin x}{1 - \cos x}$$
$$= \lim_{x \to 0} \frac{-\sin x - x \cos x}{\sin x}$$
$$= \lim_{x \to 0} \frac{-2 \cos x + x \sin x}{\cos x} = -2$$

(b) $f(0.1) \approx -1.941$

(c) $\dfrac{x(1 - \frac{1}{2}x^2) - (x - \frac{1}{6}x^3)}{x - (x - \frac{1}{6}x^3)} = -2$

(d) The relative error in part (b) is 0.029. The relative error in part (c) is 0.00050.

12. (a) $\lim_{x \to 0} \dfrac{e^x - e^{-x}}{x} = \lim_{x \to 0} \dfrac{e^x + e^{-x}}{1} = 2$

(b) $f(0.1) \approx 2.05$

(c) $\frac{1}{x}\left(\left(1 + x + \frac{1}{2}x^2 + \frac{1}{6}x^3\right) - \left(1 - x + \frac{1}{2}x^2 - \frac{1}{6}x^3\right) \right) = \frac{1}{x}\left(2x + \frac{1}{3}x^3\right) = 2 + \frac{1}{3}x^2$; using three-digit rounding arithmetic and $x = 0.1$, we obtain 2.00

(d) The relative error in part (b) is $= 0.0233$. The relative error in part (c) is $= 0.00166$.

13.

	x_1	Absolute error	Relative error	x_2	Absolute error	Relative error
(a)	92.26	0.01542	1.672×10^{-4}	0.005419	6.273×10^{-7}	1.157×10^{-4}
(b)	0.005421	1.264×10^{-6}	2.333×10^{-4}	-92.26	4.580×10^{-3}	4.965×10^{-5}
(c)	10.98	6.875×10^{-3}	6.257×10^{-4}	0.001149	7.566×10^{-8}	6.584×10^{-5}
(d)	-0.001149	7.566×10^{-8}	6.584×10^{-5}	-10.98	6.875×10^{-3}	6.257×10^{-4}

14.

	Approximation for x_1	Absolute error	Relative error
(a)	92.24	0.004580	4.965×10^{-5}
(b)	0.005417	2.736×10^{-6}	5.048×10^{-4}
(c)	10.98	6.875×10^{-3}	6.257×10^{-4}
(d)	-0.001149	7.566×10^{-8}	6.584×10^{-5}

	Approximation for x_2	Absolute error	Relative error
(a)	0.005418	2.373×10^{-6}	4.377×10^{-4}
(b)	-92.25	5.420×10^{-3}	5.875×10^{-5}
(c)	0.001149	7.566×10^{-8}	6.584×10^{-5}
(d)	-10.98	6.875×10^{-3}	6.257×10^{-4}

15. The machine numbers are equivalent to

    (a) 3224
    (b) -3224
    (c) 1.32421875

    (d) 1.3242187500000002220446049250313080847263336181640625

16. (a) Next Largest: 3224.00000000000045474735088646411895751953125;
    Next Smallest: 3223.99999999999954525264911353588104248046875

    (b) Next Largest: $-3224.00000000000045474735088646411895751953125$;
    Next Smallest: $-3223.99999999999954525264911353588104248046875$

    (c) Next Largest: 1.3242187500000002220446049250313080847263336181640625;
    Next Smallest: 1.3242187499999997779553950749686919152736663818359375

    (d) Next Largest: 1.324218750000000444089209850062616169452667236328125;
    Next Smallest: 1.32421875

17. (b) The first formula gives -0.00658, and the second formula gives -0.0100. The true three-digit value is -0.0116.

18. (a) -1.82
    (b) 7.09×10^{-3}

    (a) The formula in (b) is more accurate since subtraction is not involved.

19. The approximate solutions to the systems are

    (a) $x = 2.451$, $y = -1.635$
    (b) $x = 507.7$, $y = 82.00$

20. (a) $x = 2.460$ $y = -1.634$
    (b) $x = 477.0$ $y = 76.93$

21. (a) In nested form, we have

    $$f(x) = (((1.01e^x - 4.62)e^x - 3.11)e^x + 12.2)e^x - 1.99.$$

    (b) -6.79
    (c) -7.07

(d) The absolute errors are

$$|-7.61-(-6.71)|=0.82 \quad \text{and} \quad |-7.61-(-7.07)|=0.54.$$

Nesting is significantly better since the relative errors are

$$\left|\frac{0.82}{-7.61}\right|=0.108 \quad \text{and} \quad \left|\frac{0.54}{-7.61}\right|=0.071,$$

22. We have $39.375 \leq$ Volume ≤ 86.625 and $71.5 \leq$ Surface Area ≤ 119.5.

23. (a) $n = 77$ \hspace{2cm} (b) $n = 35$

24. When $d_{k+1} < 5$,

$$\left|\frac{y-fl(y)}{y}\right| = \frac{0.d_{k+1}\ldots \times 10^{n-k}}{0.d_1 \ldots \times 10^n} \leq \frac{0.5 \times 10^{-k}}{0.1} = 0.5 \times 10^{-k+1}.$$

When $d_{k+1} > 5$,

$$\left|\frac{y-fl(y)}{y}\right| = \frac{(1-0.d_{k+1}\ldots) \times 10^{n-k}}{0.d_1 \ldots \times 10^n} < \frac{(1-0.5) \times 10^{-k}}{0.1} = 0.5 \times 10^{-k+1}.$$

25. (a) $m = 17$

    (b)
    $$\binom{m}{k} = \frac{m!}{k!(m-k)!} = \frac{m(m-1)\cdots(m-k-1)(m-k)!}{k!(m-k)!}$$
    $$= \binom{m}{k}\binom{m-1}{k-1}\cdots\binom{m-k-1}{1}$$

    (c) $m = 181707$

    (d) 2,597,000; actual error 1960; relative error 7.541×10^{-4}

26. (a) The actual error is $|f'(\xi)\epsilon|$, and the relative error is $|f'(\xi)\epsilon| \cdot |f(x_0)|^{-1}$, where the number ξ is between x_0 and $x_0 + \epsilon$.

    (b) (i) 1.4×10^{-5}; 5.1×10^{-6} (ii) 2.7×10^{-6}; 3.2×10^{-6}

    (c) (i) 1.2; 5.1×10^{-5} (ii) 4.2×10^{-5}; 7.8×10^{-5}

27. (a) 124.03 \hspace{1cm} (b) 124.03 \hspace{1cm} (c) -124.03 \hspace{1cm} (d) -124.03

    (e) 0.0065 \hspace{1cm} (f) 0.0065 \hspace{1cm} (g) -0.0065 \hspace{1cm} (h) -0.0065

28. Since $0.995 \leq P \leq 1.005$, $0.0995 \leq V \leq 0.1005$, $0.082055 \leq R \leq 0.082065$, and $0.004195 \leq N \leq 0.004205$, we have $287.61° \leq T \leq 293.42°$. Note that $15°C = 288.16K$.
    When P is doubled and V is halved, $1.99 \leq P \leq 2.01$ and $0.0497 \leq V \leq 0.0503$ so that $286.61° \leq T \leq 293.72°$. Note that $19°C = 292.16K$. The laboratory figures are within an acceptable range.

Mathematical Preliminaries

Exercise Set 1.3, page 36

1. (a) $\frac{1}{1} + \frac{1}{4} + \ldots + \frac{1}{100} = 1.53$; $\quad \frac{1}{100} + \frac{1}{81} + \ldots + \frac{1}{1} = 1.54$.

    The actual value is 1.549. Significant round-off error occurs much earlier in the first method.

    (b) The following algorithm will sum the series $\sum_{i=1}^{N} x_i$ in the reverse order.
    INPUT $N; x_1, x_2, \ldots, x_N$
    OUTPUT SUM

    STEP 1   Set $SUM = 0$
    STEP 2   For $j = 1, \ldots, N$ set $\quad i = N - j + 1$
    $\qquad\qquad\qquad\qquad\qquad\qquad SUM = SUM + x_i$
    STEP 3   OUTPUT(SUM);
    $\qquad\quad\;\;$ STOP.

2.

	Approximation	Absolute Error	Relative Error
(a)	2.715	3.282×10^{-3}	1.207×10^{-3}
(b)	2.716	2.282×10^{-3}	8.394×10^{-4}
(c)	2.716	2.282×10^{-3}	8.394×10^{-4}
(d)	2.718	2.818×10^{-4}	1.037×10^{-4}

3. (a) 2000 terms   (b) 20,000,000,000 terms

4. 4 terms

5. 3 terms

6. (a) $O\left(\frac{1}{n}\right)$ (b) $O\left(\frac{1}{n^2}\right)$ (c) $O\left(\frac{1}{n^2}\right)$ (d) $O\left(\frac{1}{n}\right)$

7. The rates of convergence are:

    (a) $O(h^2)$ (b) $O(h)$ (c) $O(h^2)$ (d) $O(h)$

8. (a) $n(n+1)/2$ multiplications; $(n+2)(n-1)/2$ additions.
    (b) $\sum_{i=1}^{n} a_i \left(\sum_{j=1}^{i} b_j \right)$ requires n multiplications; $(n+2)(n-1)/2$ additions.

9. The following algorithm computes $P(x_0)$ using nested arithmetic.
    INPUT $n, a_0, a_1, \ldots, a_n, x_0$
    OUTPUT $y = P(x_0)$

    STEP 1   Set $y = a_n$.
    STEP 2   For $i = n-1, n-2, \ldots, 0$ set $y = x_0 y + a_i$.
    STEP 3   OUTPUT (y);
    $\qquad\quad\;\;$ STOP.

10. The following algorithm uses the most effective formula for computing the roots of a quadratic equation.

INPUT A, B, C.
OUTPUT x_1, x_2.

STEP 1 If $A = 0$ then
  if $B = 0$ then OUTPUT ('NO SOLUTIONS');
   STOP.
  else set $x_1 = -C/B$;
   OUTPUT ('ONE SOLUTION', x_1);
   STOP.

STEP 2 Set $D = B^2 - 4AC$.

STEP 3 If $D = 0$ then set $x_1 = -B/(2A)$;
   OUTPUT ('MULTIPLE ROOTS', x_1);
   STOP.

STEP 4 If $D < 0$ then set
   $b = \sqrt{-D}/(2A)$;
   $a = -B/(2A)$;
   OUTPUT ('COMPLEX CONJUGATE ROOTS');
   $x_1 = a + bi$;
   $x_2 = a - bi$;
   OUTPUT (x_1, x_2);
   STOP.

STEP 5 If $B \geq 0$ then set
   $d = B + \sqrt{D}$;
   $x_1 = -2C/d$;
   $x_2 = -d/(2A)$
  else set
   $d = -B + \sqrt{D}$;
   $x_1 = d/(2A)$;
   $x_2 = 2C/d$.

STEP 6 OUTPUT (x_1, x_2);
   STOP.

11. The following algorithm produces the product $P = (x - x_0), \ldots, (x - x_n)$.

INPUT $n, x_0, x_1, \cdots, x_n, x$
OUTPUT P.

STEP 1 Set $P = x - x_0$;
   $i = 1$.

STEP 2 While $P \neq 0$ and $i \leq n$ set
   $P = P \cdot (x - x_i)$;
   $i = i + 1$

STEP 3 OUTPUT (P);
   STOP.

12. The following algorithm determines the number of terms needed to satisfy a given tolerance.

    INPUT number x, tolerance TOL, maximum number of iterations M.
    OUTPUT number N of terms or a message of failure.

    STEP 1   Set $SUM = (1 - 2x)/(1 - x + x^2)$;
    $S = (1 + 2x)/(1 + x + x^2)$;
    $N = 2$.

    STEP 2   While $N \leq M$ do Steps 3–5.

         STEP 3   Set $j = 2^{N-1}$;
    $y = x^j$
    $t_1 = \frac{jy}{x}(1 - 2y)$;
    $t_2 = y(y - 1) + 1$;
    $SUM = SUM + t_1/t_2$.

         STEP 4   If $|SUM - S| < TOL$ then
                                                  OUTPUT (N);
                                                  STOP.

         STEP 5   Set $N = N + 1$.

    STEP 6   OUTPUT('Method failed');
    STOP.

    When $TOL = 10^{-6}$, we need to have $N \geq 4$.

13. (a) If $|\alpha_n - \alpha|/(1/n^p) \leq K$, then $|\alpha_n - \alpha| \leq K(1/n^p) \leq K(1/n^q)$ since $0 < q < p$. Thus, $|\alpha_n - \alpha|/(1/n^p) \leq K$ and $\{\alpha_n\}_{n=1}^\infty \to \alpha$ with rate of convergence $O(1/n^p)$.

    (b)

n	$1/n$	$1/n^2$	$1/n^3$	$1/n^5$
5	0.2	0.04	0.008	0.0016
10	0.1	0.01	0.001	0.0001
50	0.02	0.0004	8×10^{-6}	1.6×10^{-7}
100	0.01	10^{-4}	10^{-6}	10^{-8}

    The most rapid convergence rate is $O(1/n^4)$.

14. (a) If $F(h) = L + O(h^p)$, there is a constant $k > 0$ such that
    $$|F(h) - L| \leq kh^p,$$
    for sufficiently small $h > 0$. If $0 < q < p$ and $0 < h < 1$, then $h^q > h^p$. Thus, $kh^p < kh^q$, so
    $$|F(h) - L| \leq kh^q \quad \text{and} \quad F(h) = L + O(h^q).$$

    (b) For various powers of h we have the entries in the following table.

h	h^2	h^3	h^4
0.5	0.25	0.125	0.0625
0.1	0.01	0.001	0.0001
0.01	0.0001	0.00001	10^{-8}
0.001	10^{-6}	10^{-9}	10^{-12}

The most rapid convergence rate is $O\left(h^4\right)$.

15. Suppose that for sufficiently small $|x|$ we have positive constants k_1 and k_2 independent of x, for which
$$|F_1(x) - L_1| \le K_1|x|^\alpha \quad \text{and} \quad |F_2(x) - L_2| \le K_2|x|^\beta.$$
Let $c = \max(|c_1|, |c_2|, 1)$, $K = \max(K_1, K_2)$, and $\delta = \max(\alpha, \beta)$.

(a) We have
$$\begin{aligned} |F(x) - c_1 L_1 - c_2 L_2| &= |c_1(F_1(x) - L_1) + c_2(F_2(x) - L_2)| \\ &\le |c_1|K_1|x|^\alpha + |c_2|K_2|x|^\beta \\ &\le cK[|x|^\alpha + |x|^\beta] \\ &\le cK|x|^\gamma[1 + |x|^{\delta-\gamma}] \\ &\le \tilde{K}|x|^\gamma, \end{aligned}$$
for sufficiently small $|x|$ and some constant $\tilde{K}$. Thus, $F(x) = c_1 L_1 + c_2 L_2 + O(x^\gamma)$.

(b) We have
$$\begin{aligned} |G(x) - L_1 - L_2| &= |F_1(c_1 x) + F_2(c_2 x) - L_1 - L_2| \\ &\le K_1|c_1 x|^\alpha + K_2|c_2 x|^\beta \\ &\le Kc^\delta[|x|^\alpha + |x|^\beta] \\ &\le Kc^\delta|x|^\gamma[1 + |x|^{\delta-\gamma}] \\ &\le \tilde{K}|x|^\gamma, \end{aligned}$$
for sufficiently small $|x|$ and some constant $\tilde{K}$. Thus, $G(x) = L_1 + L_2 + O(x^\gamma)$.

16. Since $\lim_{n\to\infty} x_n = \lim_{n\to\infty} x_{n+1} = x$ and $x_{n+1} = 1 + \frac{1}{x_n}$, we have $x = 1 + \frac{1}{x}$. This implies that $x = \left(1 + \sqrt{5}\right)/2$. This number is called the *golden ratio*. It appears frequently in mathematics and the sciences.

17. (a) 354224848179261915075   (b) $0.3542248538 \times 10^{21}$

(c) The result in part (a) is computed using exact integer arithmetic, and the result in part (b) is computed using 10-digit rounding arithmetic.

(d) The result in part (a) required traversing a loop 98 times.

(e) The result is the same as the result in part (a).

18. (a) $n = 50$ (b) $n = 500$

Solutions of Equations of One Variable

Exercise Set 2.1, page 51

1. $p_3 = 0.625$

2. (a) $p_3 = -0.6875$ (b) $p_3 = 1.09375$

3. The Bisection method gives:

   (a) $p_7 = 0.5859$ (b) $p_8 = 3.002$ (c) $p_7 = 3.419$

4. The Bisection method gives:

   (a) $p_7 = -1.414$ (b) $p_8 = 1.414$ (c) $p_7 = 2.727$ (d) $p_7 = -0.7265$

5. The Bisection method gives:

   (a) $p_{17} = 0.641182$ (b) $p_{17} = 0.257530$

   (c) For the interval $[-3, -2]$, we have $p_{17} = -2.191307$, and for the interval $[-1, 0]$, we have $p_{17} = -0.798164$.

   (d) For the interval $[0.2, 0.3]$, we have $p_{14} = 0.297528$, and for the interval $[1.2, 1.3]$, we have $p_{14} = 1.256622$.

6. (a) $p_{17} = 1.51213837$ (b) $p_{17} = 0.97676849$

   (c) For the interval $[1, 2]$, we have $p_{17} = 1.41239166$, and for the interval $[2, 4]$, we have $p_{18} = 3.05710602$.

   (d) For the interval $[0, 0.5]$, we have $p_{16} = 0.20603180$, and for the interval $[0.5, 1]$, we have $p_{16} = 0.68196869$.

7. (a)

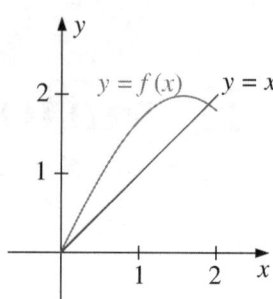

(b) Using $[1.5, 2]$ from part (a) gives $p_{16} = 1.89550018$.

8. (a)

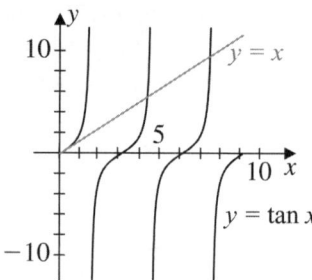

(b) Using $[4.2, 4.6]$ from part (a) gives $p_{16} = 4.4934143$.

9. (a)

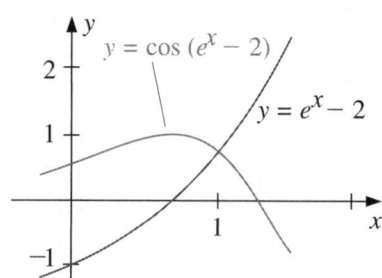

(b) $p_{17} = 1.00762177$

10. (a) 0 (b) 0 (c) 2 (d) −2

11. (a) 2 (b) −2 (c) −1 (d) 1

12. We have $\sqrt{3} \approx p_{14} = 1.7320$, using $[1, 2]$.

13. The third root of 25 is approximately $p_{14} = 2.92401$, using $[2, 3]$.

14. A bound for the number of iterations is $n \geq 12$ and $p_{12} = 1.3787$.

Solutions of Equations of One Variable

15. A bound is $n \geq 14$, and $p_{14} = 1.32477$.

16. For $n > 1$,
$$|f(p_n)| = \left(\frac{1}{n}\right)^{10} \leq \left(\frac{1}{2}\right)^{10} = \frac{1}{1024} < 10^{-3},$$
so
$$|p - p_n| = \frac{1}{n} < 10^{-3} \Leftrightarrow 1000 < n.$$

17. Since $\lim_{n \to \infty}(p_n - p_{n-1}) = \lim_{n \to \infty} 1/n = 0$, the difference in the terms goes to zero. However, p_n is the nth term of the divergent harmonic series, so $\lim_{n \to \infty} p_n = \infty$.

18. Since $-1 < a < 0$ and $2 < b < 3$, we have $1 < a + b < 3$ or $1/2 < 1/2(a+b) < 3/2$ in all cases. Further,
$$f(x) < 0, \quad \text{for } -1 < x < 0 \quad \text{and} \quad 1 < x < 2;$$
$$f(x) > 0, \quad \text{for } 0 < x < 1 \quad \text{and} \quad 2 < x < 3.$$

Thus, $a_1 = a$, $f(a_1) < 0$, $b_1 = b$, and $f(b_1) > 0$.

(a) Since $a + b < 2$, we have $p_1 = \frac{a+b}{2}$ and $1/2 < p_1 < 1$. Thus, $f(p_1) > 0$. Hence, $a_2 = a_1 = a$ and $b_2 = p_1$. The only zero of f in $[a_2, b_2]$ is $p = 0$, so the convergence will be to 0.

(b) Since $a + b > 2$, we have $p_1 = \frac{a+b}{2}$ and $1 < p_1 < 3/2$. Thus, $f(p_1) < 0$. Hence, $a_2 = p_1$ and $b_2 = b_1 = b$. The only zero of f in $[a_2, b_2]$ is $p = 2$, so the convergence will be to 2.

(c) Since $a + b = 2$, we have $p_1 = \frac{a+b}{2} = 1$ and $f(p_1) = 0$. Thus, a zero of f has been found on the first iteration. The convergence is to $p = 1$.

19. The depth of the water is 0.838 ft.

20. The angle θ changes at the approximate rate $w = -0.317059$.

Exercise Set 2.2, page 61

1. For the value of x under consideration we have

   (a) $x = (3 + x - 2x^2)^{1/4} \Leftrightarrow x^4 = 3 + x - 2x^2 \Leftrightarrow f(x) = 0$

   (b) $x = \left(\frac{x + 3 - x^4}{2}\right)^{1/2} \Leftrightarrow 2x^2 = x + 3 - x^4 \Leftrightarrow f(x) = 0$

   (c) $x = \left(\frac{x + 3}{x^2 + 2}\right)^{1/2} \Leftrightarrow x^2(x^2 + 2) = x + 3 \Leftrightarrow f(x) = 0$

   (d) $x = \frac{3x^4 + 2x^2 + 3}{4x^3 + 4x - 1} \Leftrightarrow 4x^4 + 4x^2 - x = 3x^4 + 2x^2 + 3 \Leftrightarrow f(x) = 0$

2. (a) $p_4 = 1.10782$; (b) $p_4 = 0.987506$; (c) $p_4 = 1.12364$; (d) $p_4 = 1.12412$;

   (b) Part (d) gives the best answer since $|p_4 - p_3|$ is the smallest for (d).

3. The order in descending speed of convergence is (b), (d), and (a). The sequence in (c) does not converge.

4. The sequence in (c) converges faster than in (d). The sequences in (a) and (b) diverge.

5. With $g(x) = (3x^2 + 3)^{1/4}$ and $p_0 = 1$, $p_6 = 1.94332$ is accurate to within 0.01.

6. With $g(x) = \sqrt{1 + \frac{1}{x}}$ and $p_0 = 1$, we have $p_4 = 1.324$.

7. Since $g'(x) = \frac{1}{4}\cos\frac{x}{2}$, g is continuous and g' exists on $[0, 2\pi]$. Further, $g'(x) = 0$ only when $x = \pi$, so that $g(0) = g(2\pi) = \pi \le g(x) =\le g(\pi) = \pi + \frac{1}{2}$ and $|g'(x)| \le \frac{1}{4}$, for $0 \le x \le 2\pi$. Theorem 2.2 implies that a unique fixed point p exists in $[0, 2\pi]$. With $k = \frac{1}{4}$ and $p_0 = \pi$, we have $p_1 = \pi + \frac{1}{2}$. Corollary 2.4 implies that

$$|p_n - p| \le \frac{k^n}{1-k}|p_1 - p_0| = \frac{2}{3}\left(\frac{1}{4}\right)^n.$$

   For the bound to be less than 0.1, we need $n \ge 4$. However, $p_3 = 3.626996$ is accurate to within 0.01.

8. Using $p_0 = 1$ gives $p_{12} = 0.6412053$. Since $|g'(x)| = 2^{-x}\ln 2 \le 0.551$ on $\left[\frac{1}{3}, 1\right]$ with $k = 0.551$, Corollary 2.4 gives a bound of 16 iterations.

9. For $p_0 = 1.0$ and $g(x) = 0.5(x + \frac{3}{x})$, we have $\sqrt{3} \approx p_4 = 1.73205$.

10. For $g(x) = 5/\sqrt{x}$ and $p_0 = 2.5$, we have $p_{14} = 2.92399$.

11. (a) With $[0, 1]$ and $p_0 = 0$, we have $p_9 = 0.257531$.

    (b) With $[2.5, 3.0]$ and $p_0 = 2.5$, we have $p_{17} = 2.690650$.

    (c) With $[0.25, 1]$ and $p_0 = 0.25$, we have $p_{14} = 0.909999$.

    (d) With $[0.3, 0.7]$ and $p_0 = 0.3$, we have $p_{39} = 0.469625$.

    (e) With $[0.3, 0.6]$ and $p_0 = 0.3$, we have $p_{48} = 0.448059$.

    (f) With $[0, 1]$ and $p_0 = 0$, we have $p_6 = 0.704812$.

12. The inequalities in Corollary 2.4 give $|p_n - p| < k^n \max(p_0 - a, b - p_0)$. We want

$$k^n \max(p_0 - a, b - p_0) < 10^{-5} \quad \text{so we need} \quad n > \frac{\ln(10^{-5}) - \ln(\max(p_0 - a, b - p_0))}{\ln k}.$$

   (a) Using $g(x) = 2 + \sin x$ we have $k = 0.9899924966$ so that with $p_0 = 2$ we have $n > \ln(0.00001)/\ln k = 1144.663221$. However, our tolerance is met with $p_{63} = 2.5541998$.

   (b) Using $g(x) = \sqrt[3]{2x + 5}$ we have $k = 0.1540802832$ so that with $p_0 = 2$ we have $n > \ln(0.00001)/\ln k = 6.155718005$. However, our tolerance is met with $p_6 = 2.0945503$.

   (c) Using $g(x) = \sqrt{\frac{e^x}{3}}$ and the interval $[0, 1]$ we have $k = 0.4759448347$ so that with $p_0 = 1$ we have $n > \ln(0.00001)/\ln k = 15.50659829$. However, our tolerance is met with $p_{12} = 0.91001496$.

Solutions of Equations of One Variable

(d) Using $g(x) = \cos x$ and the interval $[0, 1]$ we have $k = 0.8414709848$ so that with $p_0 = 0$ we have $n > \ln(0.00001)/\ln k > 66.70148074$. However, our tolerance is met with $p_{30} = 0.73908230$.

13. For $g(x) = (2x^2 - 10\cos x)/(3x)$, we have the following:

$$p_0 = 3 \Rightarrow p_8 = 3.16193; \quad p_0 = -3 \Rightarrow p_8 = -3.16193.$$

For $g(x) = \arccos(-0.1x^2)$, we have the following:

$$p_0 = 1 \Rightarrow p_{11} = 1.96882; \quad p_0 = -1 \Rightarrow p_{11} = -1.96882.$$

14. For $g(x) = 1/\tan x - (1/x) + x$ and $p_0 = 4$, we have $p_4 = 4.493409$.

15. With $g(x) = \frac{1}{\pi}\arcsin\left(-\frac{x}{2}\right) + 2$, we have $p_5 = 1.683855$.

16. (a) If fixed-point iteration converges to the limit p, then

$$p = \lim_{n\to\infty} p_n = \lim_{n\to\infty} 2p_{n-1} - Ap_{n-1}^2 = 2p - Ap^2.$$

Solving for p gives $p = \frac{1}{A}$.

(b) Any subinterval $[c, d]$ of $\left(\frac{1}{2A}, \frac{3}{2A}\right)$ containing $\frac{1}{A}$ suffices.
Since

$$g(x) = 2x - Ax^2, \quad g'(x) = 2 - 2Ax,$$

so $g(x)$ is continuous, and $g'(x)$ exists. Further, $g'(x) = 0$ only if $x = \frac{1}{A}$.
Since

$$g\left(\frac{1}{A}\right) = \frac{1}{A}, \quad g\left(\frac{1}{2A}\right) = g\left(\frac{3}{2A}\right) = \frac{3}{4A},$$

and we have

$$\frac{3}{4A} \leq g(x) \leq \frac{1}{A}.$$

For x in $\left(\frac{1}{2A}, \frac{3}{2A}\right)$, we have

$$\left|x - \frac{1}{A}\right| < \frac{1}{2A}$$

so

$$|g'(x)| = 2A\left|x - \frac{1}{A}\right| < 2A\left(\frac{1}{2A}\right) = 1.$$

17. One of many examples is $g(x) = \sqrt{2x - 1}$ on $\left[\frac{1}{2}, 1\right]$.

18. (a) The proof of existence is unchanged. For uniqueness, suppose p and q are fixed points in $[a, b]$ with $p \neq q$. By the Mean Value Theorem, a number ξ in (a, b) exists with

$$p - q = g(p) - g(q) = g'(\xi)(p - q) \leq k(p - q) < p - q,$$

giving the same contradiction as in Theorem 2.2.

(b) Consider $g(x) = 1 - x^2$ on $[0, 1]$. The function g has the unique fixed point $p = \frac{1}{2}\left(-1 + \sqrt{5}\right)$. With $p_0 = 0.7$, the sequence eventually alternates between 0 and 1.

19. Let $g(x) = x/2 + 1/x$. For $x \neq 0$, $g'(x) = 1/2 - 1/x^2$. If $x > \sqrt{2}$, then $1/x^2 < 1/2$, so $g'(x) > 0$. Also, $g(\sqrt{2}) = \sqrt{2}$.

    (a) Suppose that $x_0 > \sqrt{2}$. Then
    $$x_1 - \sqrt{2} = g(x_0) - g\left(\sqrt{2}\right) = g'(\xi)\left(x_0 - \sqrt{2}\right),$$
    where $\sqrt{2} < \xi < x$. Thus, $x_1 - \sqrt{2} > 0$ and $x_1 > \sqrt{2}$. Further,
    $$x_1 = \frac{x_0}{2} + \frac{1}{x_0} < \frac{x_0}{2} + \frac{1}{\sqrt{2}} = \frac{x_0 + \sqrt{2}}{2}$$
    and $\sqrt{2} < x_1 < x_0$. By an inductive argument,
    $$\sqrt{2} < x_{m+1} < x_m < \ldots < x_0.$$
    Thus, $\{x_m\}$ is a decreasing sequence which has a lower bound and must converge. Suppose $p = \lim_{m \to \infty} x_m$. Then
    $$p = \lim_{m \to \infty} \left(\frac{x_{m-1}}{2} + \frac{1}{x_{m-1}}\right) = \frac{p}{2} + \frac{1}{p}.$$
    Thus,
    $$p = \frac{p}{2} + \frac{1}{p},$$
    which implies that $p = \pm\sqrt{2}$. Since $x_m > \sqrt{2}$ for all m,
    $$\lim_{m \to \infty} x_m = \sqrt{2}.$$

    (b) We have
    $$0 < \left(x_0 - \sqrt{2}\right)^2 = x_0^2 - 2x_0\sqrt{2} + 2,$$
    so $2x_0\sqrt{2} < x_0^2 + 2$ and $\sqrt{2} < \frac{x_0}{2} + \frac{1}{x_0} = x_1$.

    (c) Case 1: $0 < x_0 < \sqrt{2}$, which implies that $\sqrt{2} < x_1$ by part (b). Thus,
    $$0 < x_0 < \sqrt{2} < x_{m+1} < x_m < \ldots < x_1 \quad \text{and} \quad \lim_{m \to \infty} x_m = \sqrt{2}.$$

    Case 2: $x_0 = \sqrt{2}$, which implies that $x_m = \sqrt{2}$ for all m and $\lim_{m \to \infty} x_m = \sqrt{2}$.
    Case 3: $x_0 > \sqrt{2}$, which by part (a) implies that $\lim_{m \to \infty} x_m = \sqrt{2}$.

20. (a) Let $g(x) = x/2 + A/(2x)$. Note that $g\left(\sqrt{A}\right) = \sqrt{A}$. Also, $g'(x) = 1/2 - A/(2x^2)$ if $x \neq 0$ and $g'(x) > 0$ if $x > \sqrt{A}$.

If $x_0 = \sqrt{A}$, then $x_m = \sqrt{A}$ for all m and $\lim_{m\to\infty} x_m = \sqrt{A}$.
If $x_0 > A$, then

$$x_1 - \sqrt{A} = g(x_0) - g\left(\sqrt{A}\right) = g'(\xi)\left(x_0 - \sqrt{A}\right) > 0.$$

Further,

$$x_1 = \frac{x_0}{2} + \frac{A}{2x_0} < \frac{x_0}{2} + \frac{A}{2\sqrt{A}} = \frac{1}{2}\left(x_0 + \sqrt{A}\right).$$

Thus, $\sqrt{A} < x_1 < x_0$. Inductively,

$$\sqrt{A} < x_{m+1} < x_m < \ldots < x_0$$

and $\lim_{m\to\infty} x_m = \sqrt{A}$ by an argument similar to that in Exercise 19(a).
If $0 < x_0 < \sqrt{A}$, then

$$0 < \left(x_0 - \sqrt{A}\right)^2 = x_0^2 - 2x_0\sqrt{A} + A$$

and

$$2x_0\sqrt{A} < x_0^2 + A,$$

which leads to

$$\sqrt{A} < \frac{x_0}{2} + \frac{A}{2x_0} = x_1.$$

Thus,

$$0 < x_0 < \sqrt{A} < x_{m+1} < x_m < \ldots < x_1,$$

and by the preceding argument, $\lim_{m\to\infty} x_m = \sqrt{A}$.
(b) If $x_0 < 0$, then $\lim_{m\to\infty} x_m = -\sqrt{A}$.

21. Replace the second sentence in the proof with: "Since g satisfies a Lipschitz condition on $[a,b]$ with a Lipschitz constant $L < 1$, we have, for each n,

$$|p_n - p| = |g(p_{n-1}) - g(p)| \le L|p_{n-1} - p|."$$

The rest of the proof is the same, with k replaced by L.

22. Let $\varepsilon = (1 - |g'(p)|)/2$. Since g' is continuous at p, there exists a number $\delta > 0$ such that for $x \in [p-\delta, p+\delta]$, we have $|g'(x) - g'(p)| < \varepsilon$. Thus, $|g'(x)| < |g'(p)| + \varepsilon < 1$ for $x \in [p-\delta, p+\delta]$. By the Mean Value Theorem

$$|g(x) - g(p)| = |g'(c)||x - p| < |x - p|,$$

for $x \in [p-\delta, p+\delta]$. Applying the Fixed-Point Theorem completes the problem.

23. With $g(t) = 501.0625 - 201.0625 e^{-0.4t}$ and $p_0 = 5.0$, $p_3 = 6.0028$ is within 0.01 s of the actual time.

24. Since g' is continuous at p and $|g'(p)| > 1$, by letting $\epsilon = |g'(p)| - 1$ there exists a number $\delta > 0$ such that $|g'(x) - g'(p)| < |g'(p)| - 1$ whenever $0 < |x - p| < \delta$. Hence, for any x satisfying $0 < |x - p| < \delta$, we have

$$|g'(x)| \geq |g'(p)| - |g'(x) - g'(p)| > |g'(p)| - (|g'(p)| - 1) = 1.$$

If p_0 is chosen so that $0 < |p - p_0| < \delta$, we have by the Mean Value Theorem that

$$|p_1 - p| = |g(p_0) - g(p)| = |g'(\xi)||p_0 - p|,$$

for some ξ between p_0 and p. Thus, $0 < |p - \xi| < \delta$ so $|p_1 - p| = |g'(\xi)||p_0 - p| > |p_0 - p|$.

Exercise Set 2.3, page 71

1. $p_2 = 2.60714$

2. $p_2 = -0.865684$; If $p_0 = 0$, $f'(p_0) = 0$ and p_1 cannot be computed.

3. (a) 2.45454 (b) 2.44444 (c) Part (a) is better.

4. (a) -1.25208 (b) -0.841355

5. (a) For $p_0 = 2$, we have $p_5 = 2.69065$.
   (b) For $p_0 = -3$, we have $p_3 = -2.87939$.
   (c) For $p_0 = 0$, we have $p_4 = 0.73909$.
   (d) For $p_0 = 0$, we have $p_3 = 0.96434$.

6. (a) For $p_0 = 1$, we have $p_8 = 1.829384$.
   (b) For $p_0 = 1.5$, we have $p_4 = 1.397748$.
   (c) For $p_0 = 2$, we have $p_4 = 2.370687$; and for $p_0 = 4$, we have $p_4 = 3.722113$.
   (d) For $p_0 = 1$, we have $p_4 = 1.412391$; and for $p_0 = 4$, we have $p_5 = 3.057104$.
   (e) For $p_0 = 1$, we have $p_4 = 0.910008$; and for $p_0 = 3$, we have $p_9 = 3.733079$.
   (f) For $p_0 = 0$, we have $p_4 = 0.588533$; for $p_0 = 3$, we have $p_3 = 3.096364$; and for $p_0 = 6$, we have $p_3 = 6.285049$.

7. Using the endpoints of the intervals as p_0 and p_1, we have:
   (a) $p_{11} = 2.69065$ (b) $p_7 = -2.87939$ (c) $p_6 = 0.73909$ (d) $p_5 = 0.96433$

8. Using the endpoints of the intervals as p_0 and p_1, we have:
   (a) $p_7 = 1.829384$ (b) $p_9 = 1.397749$

Solutions of Equations of One Variable

  (c) $p_6 = 2.370687; p_7 = 3.722113$ (d) $p_8 = 1.412391; p_7 = 3.057104$
  (e) $p_6 = 0.910008; p_{10} = 3.733079$
  (f) $p_6 = 0.588533; p_5 = 3.096364; p_5 = 6.285049$

9. Using the endpoints of the intervals as p_0 and p_1, we have:

  (a) $p_{16} = 2.69060$ (b) $p_6 = -2.87938$ (c) $p_7 = 0.73908$ (d) $p_6 = 0.96433$

10. Using the endpoints of the intervals as p_0 and p_1, we have:

  (a) $p_8 = 1.829383$ (b) $p_9 = 1.397749$
  (c) $p_6 = 2.370687; p_8 = 3.722112$ (d) $p_{10} = 1.412392; p_{12} = 3.057099$
  (e) $p_7 = 0.910008; p_{29} = 3.733065$
  (f) $p_9 = 0.588533; p_5 = 3.096364; p_5 = 6.285049$

11. (a) Newton's method with $p_0 = 1.5$ gives $p_3 = 1.51213455$.
   The Secant method with $p_0 = 1$ and $p_1 = 2$ gives $p_{10} = 1.51213455$.
   The Method of False Position with $p_0 = 1$ and $p_1 = 2$ gives $p_{17} = 1.51212954$.

  (b) Newton's method with $p_0 = 0.5$ gives $p_5 = 0.976773017$.
   The Secant method with $p_0 = 0$ and $p_1 = 1$ gives $p_5 = 10.976773017$.
   The Method of False Position with $p_0 = 0$ and $p_1 = 1$ gives $p_5 = 0.976772976$.

12. (a)

	Initial Approximation	Result	Initial Approximation	Result
Newton's	$p_0 = 1.5$	$p_4 = 1.41239117$	$p_0 = 3.0$	$p_4 = 3.05710355$
Secant	$p_0 = 1, p_1 = 2$	$p_8 = 1.41239117$	$p_0 = 2, p_1 = 4$	$p_{10} = 3.05710355$
False Position	$p_0 = 1, p_1 = 2$	$p_{13} = 1.41239119$	$p_0 = 2, p_1 = 4$	$p_{19} = 3.05710353$

(b)

	Initial Approximation	Result	Initial Approximation	Result
Newton's	$p_0 = 0.25$	$p_4 = 0.206035120$	$p_0 = 0.75$	$p_4 = 0.681974809$
Secant	$p_0 = 0, p_1 = 0.5$	$p_9 = 0.206035120$	$p_0 = 0.5, p_1 = 1$	$p_8 = 0.681974809$
False Position	$p_0 = 0, p_1 = 0.5$	$p_{12} = 0.206035125$	$p_0 = 0.5, p_1 = 1$	$p_{15} = 0.681974791$

13. For $p_0 = 1$, we have $p_5 = 0.589755$. The point has the coordinates $(0.589755, 0.347811)$.

14. For $p_0 = 2$, we have $p_2 = 1.866760$. The point is $(1.866760, 0.535687)$.

15. The equation of the tangent line is

$$y - f(p_{n-1}) = f'(p_{n-1})(x - p_{n-1}).$$

  To complete this problem, set $y = 0$ and solve for $x = p_n$.

16. Newton's method gives $p_{15} = 1.895488$, for $p_0 = \frac{\pi}{2}$; and $p_{19} = 1.895489$, for $p_0 = 5\pi$. The sequence does not converge in 200 iterations for $p_0 = 10\pi$. The results do not indicate the fast convergence usually associated with Newton's method.

17. (a) For $p_0 = -1$ and $p_1 = 0$, we have $p_{17} = -0.04065850$, and for $p_0 = 0$ and $p_1 = 1$, we have $p_9 = 0.9623984$.

  (b) For $p_0 = -1$ and $p_1 = 0$, we have $p_5 = -0.04065929$, and for $p_0 = 0$ and $p_1 = 1$, we have $p_{12} = -0.04065929$.

  (c) For $p_0 = -0.5$, we have $p_5 = -0.04065929$, and for $p_0 = 0.5$, we have $p_{21} = 0.9623989$.

18. (a) The Bisection method yields $p_{10} = 0.4476563$.

  (b) The method of False Position yields $p_{10} = 0.442067$.

  (c) The Secant method yields $p_{10} = -195.8950$.

19. This formula involves the subtraction of nearly equal numbers in both the numerator and denominator if p_{n-1} and p_{n-2} are nearly equal.

20. Newton's method for the various values of p_0 gives the following results.

  (a) $p_8 = -1.379365$ (b) $p_7 = -1.379365$ (c) $p_7 = 1.379365$

  (d) $p_7 = -1.379365$ (e) $p_7 = 1.379365$ (f) $p_8 = 1.379365$

21. Newton's method for the various values of p_0 gives the following results.

  (a) $p_0 = -10, p_{11} = -4.30624527$
  (b) $p_0 = -5, p_5 = -4.30624527$
  (c) $p_0 = -3, p_5 = 0.824498585$
  (d) $p_0 = -1, p_4 = -0.824498585$
  (e) $p_0 = 0$, p_1 cannot be computed since $f'(0) = 0$
  (f) $p_0 = 1, p_4 = 0.824498585$
  (g) $p_0 = 3, p_5 = -0.824498585$
  (h) $p_0 = 5, p_5 = 4.30624527$
  (i) $p_0 = 10, p_{11} = 4.30624527$

22. The required accuracy is met in 7 iterations of Newton's method.

23. For $f(x) = \ln(x^2 + 1) - e^{0.4x} \cos \pi x$, we have the following roots.

  (a) For $p_0 = -0.5$, we have $p_3 = -0.4341431$.

  (b) For $p_0 = 0.5$, we have $p_3 = 0.4506567$.
  For $p_0 = 1.5$, we have $p_3 = 1.7447381$.
  For $p_0 = 2.5$, we have $p_5 = 2.2383198$.
  For $p_0 = 3.5$, we have $p_4 = 3.7090412$.

  (c) The initial approximation $n - 0.5$ is quite reasonable.

  (d) For $p_0 = 24.5$, we have $p_2 = 24.4998870$.

24. We have $\lambda \approx 0.100998$ and $N(2) \approx 2{,}187{,}950$.

25. The two numbers are approximately 6.512849 and 13.487151.

26. The minimal annual interest rate is 6.67%.

27. The borrower can afford to pay at most 8.10%.

28. (a) $\frac{1}{3}e, t = 3$ hours (b) 11 hours and 5 minutes (c) 21 hours and 14 minutes

29. (a) `solve(3^(3*x+1)-7*5^(2*x),x)` and `fsolve(3^(3*x+1)-7*5^(2*x),x)` both fail.
    (b) `plot(3^(3*x+1)-7*5^(2*x),x=a..b)` generally yields no useful information. However, $a = 10.5$ and $b = 11.5$ in the plot command show that $f(x)$ has a root near $x = 11$.
    (c) With $p_0 = 11$, $p_5 = 11.0094386442681716$ is accurate to 10^{-16}.
    (d) $p = \dfrac{\ln(3/7)}{\ln(25/27)}$

30. (a) `solve(2^(x^2)-3*7^(x+1),x)` fails and `fsolve(2^(x^2)-3*7^(x+1),x)` returns -1.118747530.
    (b) `plot(2^(x^2)-3*7^(x+1),x=-2..4)` shows there is also a root near $x = 4$.
    (c) With $p_0 = 1$, $p_4 = -1.1187475303988963$ is accurate to 10^{-16}; with $p_0 = 4$, $p_6 = 3.9261024524565005$ is accurate to 10^{-16}
    (d) The roots are
    $$\frac{\ln(7) \pm \sqrt{[\ln(7)]^2 + 4\ln(2)\ln(4)}}{2\ln(2)}.$$

31. We have $P_L = 265816$, $c = -0.75658125$, and $k = 0.045017502$. The 1980 population is $P(30) = 222{,}248{,}320$, and the 2010 population is $P(60) = 252{,}967{,}030$.

32. $P_L = 290228$, $c = 0.6512299$, and $k = 0.03020028$;
    The 1980 population is $P(30) = 223{,}069{,}210$, and the 2010 population is $P(60) = 260{,}943{,}806$.

33. Using $p_0 = 0.5$ and $p_1 = 0.9$, the Secant method gives $p_5 = 0.842$.

34. (b) Newton's method gives $\alpha \approx 33.2°$.

Exercise Set 2.4, page 82

1. (a) For $p_0 = 0.5$, we have $p_{13} = 0.567135$.
   (b) For $p_0 = -1.5$, we have $p_{23} = -1.414325$.
   (c) For $p_0 = 0.5$, we have $p_{22} = 0.641166$.
   (d) For $p_0 = -0.5$, we have $p_{23} = -0.183274$.

2. (a) For $p_0 = 0.5$, we have $p_{15} = 0.739076589$.
   (b) For $p_0 = -2.5$, we have $p_9 = -1.33434594$.
   (c) For $p_0 = 3.5$, we have $p_5 = 3.14156793$.

(d) For $p_0 = 4.0$, we have $p_{44} = 3.37354190$.

3. Modified Newton's method in Eq. (2.11) gives the following:

    (a) For $p_0 = 0.5$, we have $p_3 = 0.567143$.
    (b) For $p_0 = -1.5$, we have $p_2 = -1.414158$.
    (c) For $p_0 = 0.5$, we have $p_3 = 0.641274$.
    (d) For $p_0 = -0.5$, we have $p_5 = -0.183319$.

4. (a) For $p_0 = 0.5$, we have $p_4 = 0.739087439$.
    (b) For $p_0 = -2.5$, we have $p_{53} = -1.33434594$.
    (c) For $p_0 = 3.5$, we have $p_5 = 3.14156793$.
    (d) For $p_0 = 4.0$, we have $p_3 = -3.72957639$.

5. Newton's method with $p_0 = -0.5$ gives $p_{13} = -0.169607$. Modified Newton's method in Eq. (2.11) with $p_0 = -0.5$ gives $p_{11} = -0.169607$.

6. (a) Since
$$\lim_{n\to\infty} \frac{|p_{n+1} - p|}{|p_n - p|} = \lim_{n\to\infty} \frac{\frac{1}{n+1}}{\frac{1}{n}} = \lim_{n\to\infty} \frac{n}{n+1} = 1,$$
we have linear convergence. To have $|p_n - p| < 5 \times 10^{-2}$, we need $n \geq 20$.

    (b) Since
$$\lim_{n\to\infty} \frac{|p_{n+1} - p|}{|p_n - p|} = \lim_{n\to\infty} \frac{\frac{1}{(n+1)^2}}{\frac{1}{n^2}} = \lim_{n\to\infty} \left(\frac{n}{n+1}\right)^2 = 1,$$
we have linear convergence. To have $|p_n - p| < 5 \times 10^{-2}$, we need $n \geq 5$.

7. (a) For $k > 0$,
$$\lim_{n\to\infty} \frac{|p_{n+1} - 0|}{|p_n - 0|} = \lim_{n\to\infty} \frac{\frac{1}{(n+1)^k}}{\frac{1}{n^k}} = \lim_{n\to\infty} \left(\frac{n}{n+1}\right)^k = 1,$$
so the convergence is linear.

    (b) We need to have $N > 10^{m/k}$.

8. (a) Since
$$\lim_{n\to\infty} \frac{|p_{n+1} - 0|}{|p_n - 0|^2} = \lim_{n\to\infty} \frac{10^{-2^{n+1}}}{(10^{-2^n})^2} = \lim_{n\to\infty} \frac{10^{-2^{n+1}}}{10^{-2^{n+1}}} = 1,$$
the sequence is quadratically convergent.

    (b) We have
$$\lim_{n\to\infty} \frac{|p_{n+1} - 0|}{|p_n - 0|^2} = \lim_{n\to\infty} \frac{10^{-(n+1)^k}}{(10^{-n^k})^2} = \lim_{n\to\infty} \frac{10^{-(n+1)^k}}{10^{-2n^k}}$$
$$= \lim_{n\to\infty} 10^{2n^k - (n+1)^k} = \lim_{n\to\infty} 10^{n^k\left(2 - \left(\frac{n+1}{n}\right)^k\right)} = \infty,$$
so the sequence $p_n = 10^{-n^k}$ does not converge quadratically.

9. Typical examples are

   (a) $p_n = 10^{-3^n}$

   (b) $p_n = 10^{-\alpha^n}$

10. Suppose $f(x) = (x-p)^m q(x)$. Since
$$g(x) = x - \frac{m(x-p)q(x)}{mq(x) + (x-p)q'(x)},$$
we have $g'(p) = 0$.

11. This follows from the fact that
$$\lim_{n \to \infty} \frac{\left|\frac{b-a}{2^{n+1}}\right|}{\left|\frac{b-a}{2^n}\right|} = \frac{1}{2}.$$

12. If f has a zero of multiplicity m at p, then f can be written as
$$f(x) = (x-p)^m q(x),$$
for $x \neq p$, where
$$\lim_{x \to p} q(x) \neq 0.$$
Thus,
$$f'(x) = m(x-p)^{m-1}q(x) + (x-p)^m q'(x)$$
and $f'(p) = 0$. Also,
$$f''(x) = m(m-1)(x-p)^{m-2}q(x) + 2m(x-p)^{m-1}q'(x) + (x-p)^m q''(x)$$
and $f''(p) = 0$. In general, for $k \leq m$,
$$f^{(k)}(x) = \sum_{j=0}^{k} \binom{k}{j} \frac{d^j (x-p)^m}{dx^j} q^{(k-j)}(x)$$
$$= \sum_{j=0}^{k} \binom{k}{j} m(m-1)\cdots(m-j+1)(x-p)^{m-j} q^{(k-j)}(x).$$

Thus, for $0 \leq k \leq m-1$, we have $f^{(k)}(p) = 0$, but
$$f^{(m)}(p) = m! \lim_{x \to p} q(x) \neq 0.$$

Conversely, suppose that $f(p) = f'(p) = \ldots = f^{(m-1)}(p) = 0$ and $f^{(m)}(p) \neq 0$. Consider the $(m-1)$th Taylor polynomial of f expanded about p:
$$f(x) = f(p) + f'(p)(x-p) + \ldots + \frac{f^{(m-1)}(p)(x-p)^{m-1}}{(m-1)!} + \frac{f^{(m)}(\xi(x))(x-p)^m}{m!}$$
$$= (x-p)^m \frac{f^{(m)}(\xi(x))}{m!},$$

where $\xi(x)$ is between x and p. Since $f^{(m)}$ is continuous, let

$$q(x) = \frac{f^{(m)}(\xi(x))}{m!}.$$

Then $f(x) = (x-p)^m q(x)$ and

$$\lim_{x \to p} q(x) = \frac{f^{(m)}(p)}{m!} \neq 0.$$

13. If
$$\frac{|p_{n+1} - p|}{|p_n - p|^3} = 0.75 \quad \text{and} \quad |p_0 - p| = 0.5,$$

then
$$|p_n - p| = (0.75)^{(3^n - 1)/2} |p_0 - p|^{3^n}.$$

To have $|p_n - p| \leq 10^{-8}$ requires that $n \geq 3$.

14. Let $e_n = p_n - p$. If
$$\lim_{n \to \infty} \frac{|e_{n+1}|}{|e_n|^\alpha} = \lambda > 0,$$

then for sufficiently large values of n, $|e_{n+1}| \approx \lambda |e_n|^\alpha$. Thus,

$$|e_n| \approx \lambda |e_{n-1}|^\alpha \quad \text{and} \quad |e_{n-1}| \approx \lambda^{-1/\alpha} |e_n|^{1/\alpha}.$$

Using the hypothesis gives

$$\lambda |e_n|^\alpha \approx |e_{n+1}| \approx C |e_n| \lambda^{-1/\alpha} |e_n|^{1/\alpha},$$

so
$$|e_n|^\alpha \approx C \lambda^{-1/\alpha - 1} |e_n|^{1 + 1/\alpha}.$$

Since the powers of $|e_n|$ must agree,

$$\alpha = 1 + 1/\alpha \quad \text{and} \quad \alpha = \frac{1 + \sqrt{5}}{2} \approx 1.62.$$

The number α is the *golden ratio* that appeared in Exercise 16 of section 1.3.

Exercise Set 2.5, page 86

1. The results are listed in the following table.

	(a)	(b)	(c)	(d)
$\hat{p}_0$	0.258684	0.907859	0.548101	0.731385
$\hat{p}_1$	0.257613	0.909568	0.547915	0.736087
$\hat{p}_2$	0.257536	0.909917	0.547847	0.737653
$\hat{p}_3$	0.257531	0.909989	0.547823	0.738469
$\hat{p}_4$	0.257530	0.910004	0.547814	0.738798
$\hat{p}_5$	0.257530	0.910007	0.547810	0.738958

Solutions of Equations of One Variable

2. Newton's Method gives $p_6 = -0.1828876$ and $\hat{p}_6 = -0.183387$.

3. Steffensen's method gives $p_0^{(1)} = 0.826427$.

4. Steffensen's method gives $p_0^{(1)} = 2.152905$ and $p_0^{(2)} = 1.873464$.

5. Steffensen's method gives $p_1^{(0)} = 1.5$.

6. Steffensen's method gives $p_2^{(0)} = 1.73205$.

7. For $g(x) = \sqrt{1 + \frac{1}{x}}$ and $p_0 = 1$, we have $p_3 = 1.32472$.

8. For $g(x) = 2^{-x}$ and $p_0 = 1$, we have $p_3 = 0.64119$.

9. For $g(x) = 0.5(x + \frac{3}{x})$ and $p_0 = 0.5$, we have $p_4 = 1.73205$.

10. For $g(x) = \frac{5}{\sqrt{x}}$ and $p_0 = 2.5$, we have $p_3 = 2.92401774$.

11. (a) For $g(x) = \left(2 - e^x + x^2\right)/3$ and $p_0 = 0$, we have $p_3 = 0.257530$.

    (b) For $g(x) = 0.5(\sin x + \cos x)$ and $p_0 = 0$, we have $p_4 = 0.704812$.

    (c) With $p_0 = 0.25$, $p_4 = 0.910007572$.

    (d) With $p_0 = 0.3$, $p_4 = 0.469621923$.

12. (a) For $g(x) = 2 + \sin x$ and $p_0 = 2$, we have $p_4 = 2.55419595$.

    (b) For $g(x) = \sqrt[3]{2x + 5}$ and $p_0 = 2$, we have $p_2 = 2.09455148$.

    (c) With $g(x) = \sqrt{\frac{e^x}{3}}$ and $p_0 = 1$, we have $p_3 = 0.910007574$.

    (d) With $g(x) = \cos x$, and $p_0 = 0$, we have $p_4 = 0.739085133$.

13. Aitken's Δ^2 method gives:

    (a) $\hat{p}_{10} = 0.0\overline{45}$

    (b) $\hat{p}_2 = 0.0\overline{363}$

14. (a) A positive constant λ exists with
    $$\lambda = \lim_{n \to \infty} \frac{|p_{n+1} - p|}{|p_n - p|^\alpha}.$$
    Hence,
    $$\lim_{n \to \infty} \left|\frac{p_{n+1} - p}{p_n - p}\right| = \lim_{n \to \infty} \frac{|p_{n+1} - p|}{|p_n - p|^\alpha} \cdot |p_n - p|^{\alpha - 1} = \lambda \cdot 0 = 0$$
    and
    $$\lim_{n \to \infty} \frac{p_{n+1} - p}{p_n - p} = 0.$$

    (b) One example is $p_n = \frac{1}{n^n}$.

15. We have
$$\frac{|p_{n+1} - p_n|}{|p_n - p|} = \frac{|p_{n+1} - p + p - p_n|}{|p_n - p|} = \left|\frac{p_{n+1} - p}{p_n - p} - 1\right|,$$

so
$$\lim_{n \to \infty} \frac{|p_{n+1} - p_n|}{|p_n - p|} = \lim_{n \to \infty} \left|\frac{p_{n+1} - p}{p_n - p} - 1\right| = 1.$$

16.
$$\frac{\hat{p}_n - p}{p_n - p} = \frac{\lambda(\delta_n + \delta_{n+1}) - 2\delta_n + \delta_n \delta_{n+1} - 2\delta_n(\lambda - 1) - \delta_n^2}{(\lambda - 1)^2 + \lambda(\delta_n + \delta_{n+1}) - 2\delta_n + \delta_n \delta_{n+1}}$$

17. (a) First use the Taylor series for e^x to show that
$$p_n - p = -\frac{1}{(n+1)!} e^{\xi} x^{n+1},$$

where ξ is between 0 and 1. This implies that for large values of n we have
$$\left|\frac{p_{n+1} - p}{p_n - p}\right| = \left|\frac{e^{(\xi_1 - \xi_2)}}{n+2} x\right| \leq 1.$$

(b)

n	p_n	$\hat{p}_n$
0	1	3
1	2	2.75
2	2.5	$2.7\overline{2}$
3	$2.\overline{6}$	2.71875
4	$2.708\overline{3}$	$2.718\overline{3}$
5	$2.71\overline{6}$	2.7182870
6	$2.7180\overline{5}$	2.7182823
7	2.7182539	2.7182818
8	2.7182787	2.7182818
9	2.7182815	
10	2.7182818	

Exercise Set 2.6, page 96

1. (a) For $p_0 = 1$, we have $p_{22} = 2.69065$.

   (b) For $p_0 = 1$, we have $p_5 = 0.53209$; for $p_0 = -1$, we have $p_3 = -0.65270$; and for $p_0 = -3$, we have $p_3 = -2.87939$.

   (c) For $p_0 = 1$, we have $p_5 = 1.32472$.

   (d) For $p_0 = 1$, we have $p_4 = 1.12412$; and for $p_0 = 0$, we have $p_8 = -0.87605$.

   (e) For $p_0 = 0$, we have $p_6 = -0.47006$; for $p_0 = -1$, we have $p_4 = -0.88533$; and for $p_0 = -3$, we have $p_4 = -2.64561$.

Solutions of Equations of One Variable   31

   (f) For $p_0 = 0$, we have $p_{10} = 1.49819$.

2. (a) For $p_0 = 0$, we have $p_9 = -4.123106$; and for $p_0 = 3$, we have $p_6 = 4.123106$. The complex roots are $-2.5 \pm 1.322879i$.

   (b) For $p_0 = 1$, we have $p_7 = -3.548233$; and for $p_0 = 4$, we have $p_5 = 4.38111$. The complex roots are $0.5835597 \pm 1.494188i$.

   (c) The only roots are complex, and they are $\pm\sqrt{2}i$ and $-0.5 \pm 0.5\sqrt{3}i$.

   (d) For $p_0 = 1$, we have $p_5 = -0.250237$; for $p_0 = 2$, we have $p_5 = 2.260086$; and for $p_0 = -11$, we have $p_6 = -12.612430$. The complex roots are $-0.1987094 \pm 0.8133125i$.

   (e) For $p_0 = 0$, we have $p_8 = 0.846743$; and for $p_0 = -1$, we have $p_9 = -3.358044$. The complex roots are $-1.494350 \pm 1.744219i$.

   (f) For $p_0 = 0$, we have $p_8 = 2.069323$; and for $p_0 = 1$, we have $p_3 = 0.861174$. The complex roots are $-1.465248 \pm 0.8116722i$.

   (g) For $p_0 = 0$, we have $p_6 = -0.732051$; for $p_0 = 1$, we have $p_4 = 1.414214$; for $p_0 = 3$, we have $p_5 = 2.732051$; and for $p_0 = -2$, we have $p_6 = -1.414214$.

   (h) For $p_0 = 0$, we have $p_5 = 0.585786$; for $p_0 = 2$, we have $p_2 = 3$; and for $p_0 = 4$, we have $p_6 = 3.414214$.

3. The following table lists the initial approximation and the roots.

	p_0	p_1	p_2	Approximate roots	Complex Conjugate roots
(a)	-1	0	1	$p_7 = -0.34532 - 1.31873i$	$-0.34532 + 1.31873i$
	0	1	2	$p_6 = 2.69065$	
(b)	0	1	2	$p_6 = 0.53209$	
	1	2	3	$p_9 = -0.65270$	
	-2	-3	-2.5	$p_4 = -2.87939$	
(c)	0	1	2	$p_5 = 1.32472$	
	-2	-1	0	$p_7 = -0.66236 - 0.56228i$	$-0.66236 + 0.56228i$
(d)	0	1	2	$p_5 = 1.12412$	
	2	3	4	$p_{12} = -0.12403 + 1.74096i$	$-0.12403 - 1.74096i$
	-2	0	-1	$p_5 = -0.87605$	
(e)	0	1	2	$p_{10} = -0.88533$	
	1	0	-0.5	$p_5 = -0.47006$	
	-1	-2	-3	$p_5 = -2.64561$	
(f)	0	1	2	$p_6 = 1.49819$	
	-1	-2	-3	$p_{10} = -0.51363 - 1.09156i$	$-0.51363 + 1.09156i$
	1	0	-1	$p_8 = 0.26454 - 1.32837i$	$0.26454 + 1.32837i$

4. The following table lists the initial approximation and the roots.

	p_0	p_1	p_2	Approximate roots	Complex Conjugate roots
(a)	0	1	2	$p_{11} = -2.5 - 1.322876i$	$-2.5 + 1.322876i$
	1	2	3	$p_6 = 4.123106$	
	-3	-4	-5	$p_5 = -4.123106$	
(b)	0	1	2	$p_7 = 0.583560 - 1.494188i$	$0.583560 + 1.494188i$
	2	3	4	$p_6 = 4.381113$	
	-2	-3	-4	$p_5 = -3.548233$	
(c)	0	1	2	$p_{11} = 1.414214i$	$-1.414214i$
	-1	-2	-3	$p_{10} = -0.5 + 0.866025i$	$-0.5 - 0.866025i$
(d)	0	1	2	$p_7 = 2.260086$	
	3	4	5	$p_{14} = -0.198710 + 0.813313i$	$-0.198710 + 0.813313i$
	11	12	13	$p_{22} = -0.250237$	
	-9	-10	-11	$p_6 = -12.612430$	
(e)	0	1	2	$p_6 = 0.846743$	
	3	4	5	$p_{12} = -1.494349 + 1.744218i$	$-1.494349 - 1.744218i$
	-1	-2	-3	$p_7 = -3.358044$	
(f)	0	1	2	$p_6 = 2.069323$	
	-1	0	1	$p_5 = 0.861174$	
	-1	-2	-3	$p_8 = -1.465248 + 0.811672i$	$-1.465248 - 0.811672i$
(g)	0	1	2	$p_6 = 1.414214$	
	-2	-1	0	$p_7 = -0.732051$	
	0	-2	-1	$p_7 = -1.414214$	
	2	3	4	$p_6 = 2.732051$	
(h)	0	1	2	$p_8 = 3$	
	-1	0	1	$p_5 = 0.585786$	
	2.5	3.5	4	$p_6 = 3.414214$	

5. (a) The roots are 1.244, 8.847, and -1.091, and the critical points are 0 and 6.

   (b) The roots are 0.5798, 1.521, 2.332, and -2.432, and the critical points are 1, 2.001, and -1.5.

6. We get convergence to the root 0.27 with $p_0 = 0.28$. We need p_0 closer to 0.29 since $f'(0.28\overline{3}) = 0$.

7. The methods all find the solution 0.23235.

8. The width is approximately $W = 16.2121$ ft.

9. The minimal material is approximately 573.64895 cm^2.

10. Fibonacci's answer was 1.3688081078532, and Newton's Method gives 1.36880810782137 with a tolerance of 10^{-16}, so Fibonacci's answer is within 4×10^{-11}. This accuracy is amazing for the time.

Interpolation and Polynomial Approximation

Exercise Set 3.1, page 115

1. The interpolation polynomials are as follows.

    (a) $P_1(x) = -0.148878x + 1$; $P_1(0.45) = 0.933005$;
    $|f(0.45) - P_1(0.45)| = 0.032558$;
    $P_2(x) = -0.452592x^2 - 0.0131009x + 1$; $P_2(0.45) = 0.902455$;
    $|f(0.45) - P_2(0.45)| = 0.002008$

    (b) $P_1(x) = 0.467251x + 1$; $P_1(0.45) = 1.210263$;
    $|f(0.45) - P_1(0.45)| = 0.006104$;
    $P_2(x) = -0.0780026x^2 + 0.490652x + 1$; $P_2(0.45) = 1.204998$;
    $|f(0.45) - P_2(0.45)| = 0.000839$

    (c) $P_1(x) = 0.874548x$; $P_1(0.45) = 0.393546$;
    $|f(0.45) - P_1(0.45)| = 0.0212983$;
    $P_2(x) = -0.268961x^2 + 0.955236x$; $P_2(0.45) = 0.375392$;
    $|f(0.45) - P_2(0.45)| = 0.003828$

    (d) $P_1(x) = 1.031121x$; $P_1(0.45) = 0.464004$;
    $|f(0.45) - P_1(0.45)| = 0.019051$;
    $P_2(x) = 0.615092x^2 + 0.846593x$; $P_2(0.45) = 0.505523$;
    $|f(0.45) - P_2(0.45)| = 0.022468$

2. The interpolation polynomials are as follows.

    (a) $P_1(x) = -0.6969992408x + 0.1641422691$; $P_1(1.4) = -0.8116566680$;
    $|f(1.4) - P_1(1.4)| = 0.1393998486$;
    $P_2(x) = 3.552379809x^2 - 10.82128170x + 7.268901887$; $P_2(1.4) = -0.918228067$;
    $|f(1.4) - P_2(1.4)| = 0.0328284496$

    (b) $P_1(x) = 0.6099204008x - 0.1324399760$; $P_1(1.4) = 0.7214485851$;
    $|f(1.4) - P_1(1.4)| = 0.0153577147$;
    $P_2(x) = -3.183202832x^2 + 9.682048472x - 6.498845640$; $P_2(1.4) = 0.816944669$;
    $|f(1.4) - P_2(1.4)| = 0.0801383692$

    (c) $P_1(x) = 0.4012882937x - 0.0622776733$; $P_1(1.4) = 0.4995259379$;
    $|f(1.4) - P_1(1.4)| = 0.0056240404$;
    $P_2(x) = -0.2532041643x^2 + 1.122920162x - 0.5686860021$; $P_2(1.4) = 0.5071220629$;
    $|f(1.4) - P_2(1.4)| = 0.0019720846$

(d) $P_1(x) = 34.28581783x - 31.92477833$; $P_1(1.4) = 16.07536663$;
$|f(1.4) - P_1(1.4)| = 1.03071986$;
$P_2(x) = 26.85344400x^2 - 42.24649756x + 21.78210966$; $P_2(1.4) = 15.26976332$;
$|f(1.4) - P_2(1.4)| = 0.22511655$

3. Error bounds for the polynomials in Exercise 1 are as follows.

   (a) For $P_1(x)$: $\left|\frac{f''(\xi)}{2}(0.45-0)(0.45-0.6)\right| \leq 0.135$;

   For $P_2(x)$: $\left|\frac{f'''(\xi)}{6}(0.45-0)(0.45-0.6)(0.45-0.9)\right| \leq 0.00397$

   (b) For $P_1(x)$: $\left|\frac{f''(\xi)}{2}(0.45-0)(0.45-0.6)\right| \leq 0.03375$;

   For $P_2(x)$: $\left|\frac{f'''(\xi)}{6}(0.45-0)(0.45-0.6)(0.45-0.9)\right| \leq 0.001898$

   (c) For $P_1(x)$: $\left|\frac{f''(\xi)}{2}(0.45-0)(0.45-0.6)\right| \leq 0.135$;

   For $P_2(x)$: $\left|\frac{f'''(\xi)}{6}(0.45-0)(0.45-0.6)(0.45-0.9)\right| \leq 0.010125$

   (d) For $P_1(x)$: $\left|\frac{f''(\xi)}{2}(0.45-0)(0.45-0.6)\right| \leq 0.06779$;

   For $P_2(x)$: $\left|\frac{f'''(\xi)}{6}(0.45-0)(0.45-0.6)(0.45-0.9)\right| \leq 0.151$

4. Error bounds for the polynomials in Exercise 2 are as follows.

   (a) For $P_1(x)$: 0.1480440661; For $P_2(x)$: 0.2170439368

   (b) For $P_1(x)$: 0.03359789466; There is no bound since the derivative goes to ∞.

   (c) For $P_1(x)$: 0.004169227026; For $P_2(x)$: 0.006080122747

   (d) For $P_1(x)$: 1.471951812; For $P_2(x)$: 1.373821691

5. Interpolation polynomials give the following results.

(a)

n	$x_0, x_1, \ldots, x_n$	$P_n(8.4)$
1	8.3, 8.6	17.87833
2	8.3, 8.6, 8.7	17.87716
3	8.3, 8.6, 8.7, 8.1	17.87714

(b)

n	$x_0, x_1, \ldots, x_n$	$P_n(-1/3)$
1	$-0.5, -0.25$	0.21504167
2	$-0.5, -0.25, 0.0$	0.16988889
3	$-0.5, -0.25, 0.0, -0.75$	0.17451852

(c)

n	$x_0, x_1, \ldots, x_n$	$P_n(0.25)$
1	0.2, 0.3	-0.13869287
2	0.2, 0.3, 0.4	-0.13259734
3	0.2, 0.3, 0.4, 0.1	-0.13277477

(d)

n	$x_0, x_1, \ldots, x_n$	$P_n(0.9)$
1	0.8, 1.0	0.44086280
2	0.8, 1.0, 0.7	0.43841352
3	0.8, 1.0, 0.7, 0.6	0.44198500

Interpolation and Polynomial Approximation 35

6. Interpolation polynomials give the following results.

   (a) $P_1(x) = 4.278240000x + 0.579160000$; $P_1(0.43) = 2.418803200$
   $|f(0.43) - P_1(0.43)| = 0.055642506$;
   $P_2(x) = 5.550800000x^2 + 0.115140000x + 1.273010000$; $P_2(0.43) = 2.348863120$;
   $|f(0.43) - P_2(0.43)| = 0.014297574$
   $P_3(x) = 2.912106668x^3 + 1.182639999x^2 + 2.117213334x + 1.0$; $P_3(0.43) = 2.360604734$;
   $|f(0.43) - P_3(0.43)| = 0.002555960e$

   (b) $P_1(x) = -1.062498000x + 1.066405500$; $P_1(0.0) = 1.066405500$
   $|f(0.0) - P_1(0.0)| = 0.066405500$;
   $P_2(x) = 1.812509334x^2 - 1.062497999x + 0.9531236670$; $P_2(0.0) = 0.9531236670$;
   $|f(0.0) - P_2(0.0)| = 0.0468763330$
   $P_3(x) = -1.000010667x^3 + 1.312504000x^2 - 0.9999973330x + 0.9843740000$; $P_3(0.0) = 0.9843740000$;
   $|f(0.0) - P_3(0.0)| = 0.0156260000$

   (c) $P_1(x) = -2.7074748x - 0.01930238$; $P_1(0.18) = -0.506647844$
   $|f(0.18) - P_1(0.18)| = 0.0014756204$;
   $P_2(x) = 0.8762550000x^2 - 2.970351300x - 0.0017772800$; $P_2(0.18) = -0.5080498520$;
   $|f(0.18) - P_2(0.18)| = 0.0000736124$
   $P_3(x) = -0.4855333334x^3 + 1.167575000x^2 - 3.023759967x + 0.0011359200$; $P_3(0.18) = -0.5081430745$;
   $|f(0.18) - P_3(0.18)| = 0.0000196101$

   (d) $P_1(x) = 0.3915288000x + 1.0986123$; $P_1(0.25) = 1.196494500$
   $|f(0.25) - P_1(0.25)| = 0.007424569$;
   $P_2(x) = 0.1103443800x^2 + 0.3363566100x + 1.098612300$; $P_2(0.25) = 1.189597976$;
   $|f(0.25) - P_2(0.25)| = 0.000528045$
   $P_3(x) = 0.01414036000x^3 + 0.1103443800x^2 + 0.3328215200x + 1.098612300$; $P_3(0.25) = 1.188935147$;
   $|f(0.25) - P_3(0.25)| = 0.000134784$

7. The approximations are the same as in Exercise 5.

8. The approximations are the same as in Exercise 6.

9. (a) $P_2(x) = -11.22388889x^2 + 3.810500000x + 1$, and an error bound is 0.11371294.

   (b) $P_2(x) = -0.1306344167x^2 + 0.8969979335x - 0.63249693$, and an error bound is 9.45762×10^{-4}.

   (c) $P_3(x) = 0.1970056667x^3 - 1.06259055x^2 + 2.532453189x - 1.666868305$, and an error bound is 10^{-4}.

   (d) $P_3(x) = -0.07932x^3 - 0.545506x^2 + 1.0065992x + 1$, and an error bound is 1.591376×10^{-3}.

10. Error bounds when $n = 1$ and $n = 2$ are as follows.

    (a) 0.06850070205 and 0.02409356045   (b) 0.2656250000 and 0.09375000000

(c) 0.001552099938 and 0.0001109161632   (d) 0.007740087700 and 0.0007457301283

11. (a) We have $\sqrt{3} \approx P_4(1/2) = 1.708\overline{3}$.   (b) We have $\sqrt{3} \approx P_4(3) = 1.690607$.

    (c) Absolute error in part (a) is approximately 0.0237, and the absolute error in part (b) is 0.0414, so part (a) is more accurate.

12. The largest value is $x_1 = 0.872677996$.

13. We have $y = 1.25$.

14. The approximation is $\cos 0.75 \approx 0.7313$. The actual error is 0.0004, and an error bound is 2.7×10^{-8}. The discrepancy is due to the fact that the data are given only to four decimal places and four digit arithmetic is used.

15. We have $f(1.09) \approx 0.2826$. The actual error is 4.3×10^{-5}, and an error bound is 7.4×10^{-6}. The discrepancy is due to the fact that the data are given to only four decimal places, and only four-digit arithmetic is used.

16. Using 10 digits gives $P_3(x) = 1.302637066x^3 - 3.511333118x^2 + 4.071141936x - 1.670043560$, $P_3(1.09)$ 0.282639050, and $|f(1.09) - P_3(1.09)| = 3.8646 \times 10^{-6}$.

17. $P_2 = f(0.7) = 6.4$

18. $P_2 = f(0.5) = 4$

19. (a) $P_2(x) = -11.22388889x^2 + 3.810500000x + 1$.
    An error bound is 0.11371294.
    (b) $P_2(x) = -0.1306344167x^2 + 0.8969979335x - 0.63249693$.
    An error bound is 9.45762×10^{-4}.
    (c) $P_3(x) = 0.1970056667x^3 - 1.06259055x^2 + 2.532453189x - 1.666868305$.
    An error bound is 10^{-4}.
    (d) $P_3(x) = -0.07932x^3 - 0.545506x^2 + 1.0065992x + 1$.
    An error bound is 1.591376×10^{-3}.

20. (a) 1.32436   (b) 2.18350   (c) 1.15277, 2.01191

    (c) Parts (a) and (b) are better due to the spacing of the nodes.

21. The largest possible step size is 0.004291932, so 0.004 would be a reasonable choice.

22. $P_{0,1,2,3}(1.5) = 3.625$

23. $P_{0,1,2,3}(2.5) = 2.875$

24. The difference between the actual value and the computed value is $\frac{2}{3}$.

25. The first ten terms of the sequence are 0.038462, 0.333671, 0.116605, -0.371760, -0.0548919, 0.605935, 0.190249, -0.513353, -0.0668173, and 0.448335. Since $f(1+\sqrt{10}) = 0.0545716$, the sequence does not appear to converge.

Interpolation and Polynomial Approximation

26. The solution is approximately 0.567142.

27. Change Algorithm 3.1 as follows:

    INPUT numbers $y_0, y_1, ..., y_n$; values $x_0, x_1, ..., x_n$ as the first column $Q_{0,0}, Q_{1,0}, ..., Q_{n,0}$ of Q.
    OUTPUT the table Q with $Q_{n,n}$ approximating $f^{-1}(0)$.

    STEP 1 For $i = 1, 2, ..., n$
    for $j = 1, 2, ..., i$
    set
    $$Q_{i,j} = \frac{y_i Q_{i-1,j-1} - y_{i-j} Q_{i,j-1}}{y_i - y_{i-j}}.$$

28. (a) $P(1930) = 169{,}649{,}000$, $P(1965) = 191{,}767{,}000$, $P(2010) = 171{,}351{,}000$

    (b) The 1965 figure may not be very accurate, but the 2010 figure is likely to be extremely inaccurate.

29. (a) Sample 1: $P_6(x) = 6.67 - 42.6434x + 16.1427x^2 - 2.09464x^3 + 0.126902x^4 - 0.00367168x^5 + 0.0000409458x^6$;

    Sample 2: $P_6(x) = 6.67 - 5.67821x + 2.91281x^2 - 0.413799x^3 + 0.0258413x^4 - 0.000752546x^5 + 0.00000836160x^6$

    (b) Sample 1: 42.71 mg; Sample 2: 19.42 mg

30. (a)

x	erf(x)
0.0	0
0.2	0.2227
0.4	0.4284
0.6	0.6039
0.8	0.7421
1.0	0.8427

    (b) Linear interpolation with $x_0 = 0.2$ and $x_1 = 0.4$ gives erf$(\frac{1}{3}) \approx 0.3598$, and quadratic interpolation with $x_0 = 0.2$, $x_1 = 0.4$, and $x_2 = 0.6$ gives erf$(\frac{1}{3}) \approx 0.3632$. Since erf$(\frac{1}{3}) \approx 0.3626$, quadratic interpolation is more accurate.

31. Since $g(x) = g(x_0) = 0$, there exists a number ξ_1 between x and x_0, for which $g'(\xi_1) = 0$. Also, $g'(x_0) = 0$, so there exists a number ξ_2 between x_0 and ξ_1, for which $g''(\xi_2) = 0$. The process is continued by induction to show that a number ξ_{n+1} between x_0 and ξ_n exists with $g^{(n+1)}(\xi_{n+1}) = 0$. The error formula for Taylor polynomials follows.

32. Since $g'\left(\left(j + \frac{1}{2}\right)h\right) = 0$,
    $$\max |g(x)| = \max\left\{|g(jh)|, \left|g\left(\left(j+\frac{1}{2}\right)h\right)\right|, |g((j+1)h)|\right\} = \max\left(0, \frac{h^2}{4}\right),$$
    so $|g(x)| \le h^2/4$.

33. (a) (i) $B_3(x) = x$ (ii) $B_3(x) = 1$ (d) $n \geq 250{,}000$

Exercise Set 3.2, page 127

1. The interpolating polynomials are as follows.

    (a) $P_1(x) = 16.9441 + 3.1041(x - 8.1); P_1(8.4) = 17.87533$
    $P_2(x) = P_1(x) + 0.06(x - 8.1)(x - 8.3); P_2(8.4) = 17.87713$
    $P_3(x) = P_2(x) + -0.00208333(x - 8.1)(x - 8.3)(x - 8.6); P_3(8.4) = 17.87714$

    (b) $P_1(x) = -0.1769446 + 1.9069687(x - 0.6); P_1(0.9) = 0.395146$
    $P_2(x) = P_1(x) + 0.959224(x - 0.6)(x - 0.7); P_2(0.9) = 0.4526995$
    $P_3(x) = P_2(x) - 1.785741(x - 0.6)(x - 0.7)(x - 0.8); P_3(0.9) = 0.4419850$

2. The interpolating polynomials are as follows.

    (a) $P_1(x) = 1.0 + 2.594880000x; P_1(0.43) = 2.115798400$
    $P_2(x) = P_1(x) + 3.366720000x(x - 0.25); P_2(0.43) = 2.376382528$
    $P_3(x) = P_2(x) + 2.912106667x(x - 0.25)(x - 0.5); P_3(0.43) = 2.360604734$

    (b) $P_1(x) = 0.726560000 - 2.421880000x; P_1(0) = 0.726560000$
    $P_2(x) = P_1(x) + 1.812509333(x + 0.5)(x + 0.25); P_2(0) = 0.9531236666$
    $P_3(x) = P_2(x) - 1.000010666(x + 0.5)(x + 0.25)(x - 0.25); P_3(0) = 0.9843739999$

3. In the following equations, we have $s = (1/h)(x - x_0)$.

    (a) $P_1(s) = -0.718125 - 0.0470625s; P_1\left(-\frac{1}{3}\right) = -0.006625$
    $P_2(s) = P_1(s) + 0.312625s(s - 1)/2; P_2\left(-\frac{1}{3}\right) = 0.1803056$
    $P_3(s) = P_2(s) + 0.09375s(s - 1)(s - 2)/6; P_3\left(-\frac{1}{3}\right) = 0.1745185$

    (b) $P_1(s) = -0.62049958 + 0.3365129s; P_1(0.25) = -0.1157302$
    $P_2(s) = P_1(s) - 0.04592527s(s - 1)/2; P_2(0.25) = -0.1329522$
    $P_3(s) = P_2(s) - 0.00283891s(s - 1)(s - 2)/6; P_3(0.25) = -0.1327748$

4. In the following equations, we have $s = (1/h)(x - x_0)$.

    (a) $P_1(s) = 1.0 + 0.6487200000s; P_1(0.43) = 2.115798400$
    $P_2(s) = P_1(s) + 0.2104200000s(s - 1); P_2(0.43) = 2.376382528$
    $P_3(s) = P_2(s) + 0.04550166667s(s - 1)(s - 2); P_3(0.43) = 2.360604734$

    (b) $P_1(s) = -0.29004986 - 0.2707474800s; P_1(0.18) = -0.5066478440$
    $P_2(s) = P_1(s) + 0.008762550000s(s - 1); P_2(0.18) = -0.5080498520$
    $P_3(s) = P_2(s) - 0.0004855333333s(s - 1)(s - 2); P_3(0.18) = -0.5081430744$

5. In the following equations, we have $s = (1/h)(x - x_n)$.

    (a) $P_1(s) = 1.101 + 0.7660625s;\ f\left(-\frac{1}{3}\right) \approx P_1\left(-\frac{4}{3}\right) = 0.07958333\ P_2(s) = P_1(s) + 0.406375s(s+1)/2;\ f\left(-\frac{1}{3}\right) \approx P_2\left(-\frac{4}{3}\right) = 0.1698889\ P_3(s) = P_2(s) + 0.09375s(s+1)(s+2)/6;\ f\left(-\frac{1}{3}\right) \approx P_3\left(-\frac{4}{3}\right) = 0.1745185$

(b) $P_1(s) = 0.2484244 + 0.2418235s$; $f(0.25) \approx P_1(-1.5) = -0.1143108$ $P_2(s) = P_1(s) - 0.04876419s(s+1)/2$; $f(0.25) \approx P_2(-1.5) = -0.1325973$
$P_3(s) = P_2(s) - 0.00283891s(s+1)(s+2)/6$; $f(0.25) \approx P_3(-1.5) = -0.1327748$

6. In the following equations, we have $s = (1/h)(x - x_0)$.

   (a) $P_1(s) = 4.48169 + 1.763410000s$; $P_1(0.43) = 2.224525200$
   $P_2(s) = P_1(s) + 0.3469250000s(s+1)$; $P_2(0.43) = 2.348863120$
   $P_3(s) = P_2(s) + 0.04550166667s(s+1)(s+2)$; $P_3(0.43) = 2.360604734$

   (b) $P_1(s) = 1.2943767 + 0.1957644000s$; $P_1(0.25) = 1.196494500$
   $P_2(s) = P_1(s) + 0.02758609500s(s+1)$; $P_2(0.25) = 1.189597976$
   $P_3(s) = P_2(s) + 0.001767545000s(s+1)(s+2)$; $P_3(0.25) = 1.188935147$

7. (a) $P_3(x) = 5.3 - 33(x + 0.1) + 129.8\overline{3}(x + 0.1)x - 556.\overline{6}(x + 0.1)x(x - 0.2)$
   (b) $P_4(x) = P_3(c) + 2730.243387(x + 0.1)x(x - 0.2)(x - 0.3)$

8. (a) $P_4(x) = -6 + 1.05170x + 0.57250x(x - 0.1) + 0.21500x(x - 0.1)(x - 0.3) + 0.063016x(x - 0.1)(x - 0.3)(x - 0.6)$

   (b) Add $0.014159x(x - 0.1)(x - 0.3)(x - 0.6)(x - 1)$ to the answer in part (a).

9. (a) $f(0.05) \approx 1.05126$ (b) $f(0.65) \approx 1.91555$ (c) $f(0.43) \approx 1.53725$

10. $\Delta^3 f(x_0) = -6$, $\Delta^4 f(x_0) = \Delta^5 f(x_0) = 0$, so the interpolating polynomial has degree 3.

11. (a) $P(-2) = Q(-2) = -1$, $P(-1) = Q(-1) = 3$, $P(0) = Q(0) = 1$, $P(1) = Q(1) = -1$, $P(2) = Q(2) = 3$

    (b) The format of the polynomial is not unique. If $P(x)$ and $Q(x)$ are expanded, they are identical. There is only one interpolating polynomial if the degree is less than or equal to four for the given data. However, it can be expressed in various ways depending on the application.

12. $\Delta^2 P(10) = 1140$

13. The coefficient of x^2 is 3.5.

14. The coefficient of x^3 is $-11/12$.

15. The approximation to $f(0.3)$ should be increased by 5.9375.

16. $f(0.75) = 10$

17. $f[x_0] = f(x_0) = 1$, $f[x_1] = f(x_1) = 3$, $f[x_0, x_1] = 5$

18. (a) $P(1930) = 169,649,000$, $P(1965) = 191,767,000$, $P(2010) = 171,351,000$

    (b) The 1965 figure may not be very accurate, but the 2010 figure is likely to be extremely inaccurate.

19. Since $f[x_2] = f[x_0] + f[x_0, x_1](x_2 - x_0) + a_2(x_2 - x_0)(x_2 - x_1)$,
$$a_2 = \frac{f[x_2] - f[x_0]}{(x_2 - x_0)(x_2 - x_1)} - \frac{f[x_0, x_1]}{(x_2 - x_1)}.$$
This simplifies to $f[x_0, x_1, x_2]$.

20. Theorem 3.3 gives
$$f(x) = P_n(x) + \frac{f^{n+1}(\xi(x))}{(n+1)!}(x - x_0)\ldots(x - x_n).$$
Let $x_{n+1} = x$. The interpolation polynomial of degree $n+1$ on $x_0, x_1, \ldots, x_{n+1}$ is
$$P_{n+1}(t) = P_n(t) + f[x_0, x_1, \ldots, x_n, x_{n+1}](t - x_0)(t - x_1)\ldots(t - x_n).$$
Since $f(x) = P_{n+1}(x)$, we have
$$P_n(x) + \frac{f^{n+1}(\xi(x))}{(n+1)!}(x - x_0)\ldots(x - x_n) = P_n(x) + f[x_0, \ldots, x_n, x](x - x_0)\ldots(x - x_n).$$
Thus,
$$f[x_0, \ldots, x_n, x] = \frac{f^{n+1}(\xi(x))}{(n+1)!}.$$

21. Let $\tilde{P}(x) = f[x_{i_0}] + \sum_{k=1}^{n} f[x_{i_0}, \ldots, x_{i_k}](x - x_{i_0})\cdots(x - x_{i_k})$ and $\hat{P}(x) = f[x_0] + \sum_{k=1}^{n} f[x_0, \ldots, x_k](x - x_0)\cdots(x - x_k)$. The polynomial $\tilde{P}(x)$ interpolates $f(x)$ at the nodes $x_{i_0}, \ldots, x_{i_n}$, and the polynomial $\hat{P}(x)$ interpolates $f(x)$ at the nodes $x_0, \ldots, x_n$. Since both sets of nodes are the same and the interpolating polynomial is unique, we have $\tilde{P}(x) = \hat{P}(x)$. The coefficient of x^n in $\tilde{P}(x)$ is $f[x_{i_0}, \ldots, x_{i_n}]$, and the coefficient of x^n in $\hat{P}(x)$ is $f[x_0, \ldots, x_n]$. Thus, $f[x_{i_0}, \ldots, x_{i_n}] = f[x_0, \ldots, x_n]$.

Exercise Set 3.3, page 135

1. The coefficients for the polynomials in divided-difference form are given in the following tables. For example, the polynomial in part (a) is
$$H_3(x) = 17.56492 + 3.116256(x - 8.3) + 0.05948(x - 8.3)^2 - 0.00202222(x - 8.3)^2(x - 8.6).$$

(a)	(b)	(c)	(d)
17.56492	0.22363362	−0.02475	−0.62049958
3.116256	2.1691753	0.751	3.5850208
0.05948	0.01558225	2.751	−2.1989182
−0.00202222	−3.2177925	1	−0.490447
		0	0.037205
		0	0.040475
			−0.0025277777
			0.0029629628

Interpolation and Polynomial Approximation   41

2. The coefficients for the polynomials in divided-difference form are given in the following tables. For example, the polynomial in part (a) is $H_3(x) = 1 + 2x + 2.87312x^2 + 2.25376x^2(x - 0.5)$.

(a)	(b)	(c)	(d)
1.0	1.33203	−0.29004996	0.8619948
2.0	0.4375	−2.8019975	0.1553624
2.87312	−2.999996	0.945237	0.07337636
2.25376	7.749984	−0.297	0.01583112
		−0.47935	−0.00014728
		0.05	−0.00089244
			−0.00007672
			0.00005975111111

3. The following table shows the approximations.

	x	Approximation to $f(x)$	Actual $f(x)$	Error
(a)	8.4	17.877144	17.877146	2.33×10^{-6}
(b)	0.9	0.44392477	0.44359244	3.3323×10^{-4}
(c)	$-\frac{1}{3}$	0.1745185	0.17451852	1.85×10^{-8}
(d)	0.25	−0.1327719	−0.13277189	5.42×10^{-9}

4. The following table shows the approximations.

	x	Approximation to $f(x)$	Actual $f(x)$	Error
(a)	0.43	2.362069472	2.363160694	0.001091222
(b)	0.0	1.132811175	1.000000000	0.132811750
(c)	0.18	−0.5081234697	−0.5081234644	0.53×10^{-8}
(d)	0.25	1.189069883	1.189069931	0.48×10^{-7}

5. (a) We have $\sin 0.34 \approx H_5(0.34) = 0.33349$.
   (b) The formula gives an error bound of 3.05×10^{-14}, but the actual error is 2.91×10^{-6}. The discrepancy is due to the fact that the data are given to only five decimal places.

(c) We have $\sin 0.34 \approx H_7(0.34) = 0.33350$. Although the error bound is now 5.4×10^{-20}, the accuracy of the given data dominates the calculations. This result is actually less accurate than the approximation in part (b), since $\sin 0.34 = 0.333487$.

6. (a) $H(1.03) = 0.80932485$. The actual error is 1.24×10^{-6}, and error bound is 1.31×10^{-6}.

   (b) $H(1.03) = 0.809323619263$. The actual error is 3.63×10^{-10}, and an error bound is 3.86×10^{-10}.

7. For 3(a), we have an error bound of 5.9×10^{-8}. The error bound for 3(c) is 0 since $f^{(n)}(x) \equiv 0$, for $n > 3$.

8. For 4(a), we have an error bound of 1.6×10^{-3}. The error bound for 4(c) is 1.5×10^{-7}.

9. $H_3(1.25) = 1.169080403$ with an error bound of 4.81×10^{-5}, and $H_5(1.25) = 1.169016064$ with an error bound of 4.43×10^{-4}.

10. The Hermite polynomial generated from these data is

$$H_9(x) = 75x + 0.222222x^2(x-3) - 0.0311111x^2(x-3)^2$$
$$- 0.00644444x^2(x-3)^2(x-5) + 0.00226389x^2(x-3)^2(x-5)^2$$
$$- 0.000913194x^2(x-3)^2(x-5)^2(x-8) + 0.000130527x^2(x-3)^2(x-5)^2(x-8)^2$$
$$- 0.0000202236x^2(x-3)^2(x-5)^2(x-8)^2(x-13).$$

   (a) The Hermite polynomial predicts a position of $H_9(10) = 743$ ft and a speed of $H_9'(10) = 48$ ft/sec. Although the position approximation is reasonable, the low speed prediction is suspect.

   (b) To find the first time the speed exceeds 55 mi/hr, which is equivalent to $80.\bar{6}$ ft/sec, we solve for the smallest value of t in the equation $80.\bar{6} = H_9'(x)$. This gives $x \approx 5.6488092$.

   (c) The estimated maximum speed is $H_9'(12.37187) = 119.423$ ft/sec ≈ 81.425 mi/hr.

11. (a) Suppose $P(x)$ is another polynomial with $P(x_k) = f(x_k)$ and $P'(x_k) = f'(x_k)$, for $k = 0, ..., n$, and the degree of $P(x)$ is at most $2n + 1$. Let

$$D(x) = H_{2n+1}(x) - P(x).$$

Then $D(x)$ is a polynomial of degree at most $2n + 1$ with $D(x_k) = 0$, and $D'(x_k) = 0$, for each $k = 0, 1, ..., n$. Thus, D has zeros of multiplicity 2 at each x_k and

$$D(x) = (x - x_0)^2 \ldots (x - x_n)^2 Q(x).$$

Hence, $D(x)$ must be of degree $2n$ or more, which would be a contradiction, or $Q(x) \equiv 0$ which implies that $D(x) \equiv 0$. Thus, $P(x) \equiv H_{2n+1}(x)$.

   (b) First note that the error formula holds if $x = x_k$ for any choice of ξ. Let $x \neq x_k$, for $k = 0, ..., n$, and define

$$g(t) = f(t) - H_{2n+1}(t) - \frac{(t-x_0)^2 \ldots (t-x_n)^2}{(x-x_0)^2 \ldots (x-x_n)^2} [f(x) - H_{2n+1}(x)].$$

Note that $g(x_k) = 0$, for $k = 0, ..., n$, and $g(x) = 0$. Thus, g has $n + 2$ distinct zeros in $[a, b]$. By Rolle's Theorem, g' has $n + 1$ distinct zeros $\xi_0, ..., \xi_n$, which are between the

numbers $x_0, ..., x_n, x$.
In addition, $g'(x_k) = 0$, for $k = 0, ..., n$, so g' has $2n + 2$ distinct zeros $\xi_0, ..., \xi_n, x_0, ..., x_n$. Since g' is $2n+1$ times differentiable, the Generalized Rolle's Theorem implies that a number ξ in $[a, b]$ exists with $g^{(2n+2)}(\xi) = 0$. But,

$$g^{(2n+2)}(t) = f^{(2n+2)}(t) - \frac{d^{2n+2}}{dt^{2n+2}}H_{2n+1}(t) - \frac{[f(x) - H_{2n+1}(x)] \cdot (2n+2)!}{(x-x_0)^2 \cdots (x-x_n)^2}$$

and

$$0 = g^{(2n+2)}(\xi) = f^{(2n+2)}(\xi) - \frac{(2n+2)![f(x) - H_{2n+1}(x)]}{(x-x_0)^2 \cdots (x-x_n)^2}.$$

The error formula follows.

12. Let

$$H(x) = f[z_0] + f[z_0, z_1](x - x_0) + f[z_0, z_1, z_2](x - x_0)^2 + f[z_0, z_1, z_2, z_3](x - x_0)^2(x - x_1).$$

Substituting $f[z_0] = f(x_0)$, $f[z_0, z_1] = f'(x_0)$,

$$f[z_0, z_1, z_2] = \frac{f(x_1) - f(x_0) - f'(x_0)(x_1 - x_0)}{x_1 - x_0},$$

and

$$f[z_0, z_1, z_2, z_3] = \frac{f'(x_1)(x_1 - x_0) - 2f(x_1) + 2f(x_0) + f'(x_0)(x_1 - x_0)}{(x_1 - x_0)^3}$$

into $H(x)$ and simplifying gives

$$H(x) = f(x_0) + f'(x_0)(x - x_0) + \frac{f(x_1) - f(x_0) - f'(x_0)(x_1 - x_0)}{(x_1 - x_0)^2}(x - x_0)^2$$
$$+ \frac{f'(x_1)(x_1 - x_0) - 2f(x_1) + 2f(x_0) + f'(x_0)(x_1 - x_0)}{(x_1 - x_0)^3}(x - x_0)^2(x - x_1).$$

Thus, $H(x_0) = f(x_0)$ and

$$H(x_1) = f(x_0) + f'(x_0)(x_1 - x_0) + [f(x_1) - f(x_0) - f'(x_0)(x_1 - x_0)] = f(x_1).$$

Further,

$$H'(x) = f'(x_0) + 2\frac{f(x_1) - f(x_0) - f'(x_0)(x_1 - x_0)}{(x_1 - x_0)^2}(x - x_0)$$
$$+ \frac{f'(x_1)(x_1 - x_0) - 2f(x_1) + 2f(x_0) + f'(x_0)(x_1 - x_0)}{(x_1 - x_0)^3}[2(x - x_0)(x - x_1) + (x - x_0)^2],$$

so

$$H'(x_0) = f'(x_0)$$

and

$$H'(x_1) = f'(x_0) + \frac{2f(x_1)}{x_1 - x_0} - \frac{2f(x_0)}{x_1 - x_0} - 2f'(x_0) + f'(x_1) - \frac{2f(x_1)}{x_1 - x_0} + \frac{2f(x_0)}{x_1 - x_0} + f'(x_0)$$
$$= f'(x_1).$$

Thus, H satisfies the requirements of the cubic Hermite polynomial H_3, and the uniqueness of H_3 implies $H_3 = H$.

Exercise Set 3.4, page 153

1. We have $S(x) = x$ on $[0, 2]$.

2. We have $s(x) = x$ on $[0, 2]$.

3. The equations of the respective free cubic splines are
$$S(x) = S_i(x) = a_i + b_i(x - x_i) + c_i(x - x_i)^2 + d_i(x - x_i)^3,$$
for x in $[x_i, x_{i+1}]$, where the coefficients are given in the following tables.

(a)

i	a_i	b_i	c_i	d_i
0	17.564920	3.13410000	0.00000000	0.00000000

(b)

i	a_i	b_i	c_i	d_i
0	0.22363362	2.17229175	0.00000000	0.00000000

(c)

i	a_i	b_i	c_i	d_i
0	−0.02475000	1.03237500	0.00000000	6.50200000
1	0.33493750	2.25150000	4.87650000	−6.50200000

(d)

i	a_i	b_i	c_i	d_i
0	−0.62049958	3.45508693	0.00000000	−8.9957933
1	−0.28398668	3.18521313	−2.69873800	−0.94630333
2	0.00660095	2.61707643	−2.98262900	9.9420966

4. The equations of the respective free cubic splines are
$$s(x) = s_i(x) = a_i + b_i(x - x_i) + c_i(x - x_i)^2 + d_i(x - x_i)^3$$
for x in $[x_i, x_{i+1}]$, where the coefficients are given in the following table.

	i	a_i	b_i	c_i	d_i
(a)	0	1.00000000	3.43656000	0.00000000	0.00000000
(b)	0	1.33203000	-1.06249800	0.00000000	0.00000000
(c)	0	-0.29004996	-2.75128630	0.00000000	4.38125000
	1	-0.56079734	-2.61984880	1.31437500	-4.38125000
(d)	0	0.86199480	0.17563785	0.00000000	0.06565093
	1	0.95802009	0.22487604	0.09847639	0.02828072
	2	1.09861230	0.34456298	0.14089747	−0.09393165

5. The following tables show the approximations.

	x	Approximation to $f(x)$	Actual $f(x)$	Error
(a)	8.4	17.87833	17.877146	1.1840×10^{-3}
(b)	0.9	0.4408628	0.44359244	2.7296×10^{-3}
(c)	$-\frac{1}{3}$	0.1774144	0.17451852	2.8959×10^{-3}
(d)	0.25	-0.1315912	-0.13277189	1.1807×10^{-3}

	x	Approximation to $f'(x)$	Actual $f'(x)$	Error
(a)	8.4	3.134100	3.128232	5.86829×10^{-3}
(b)	0.9	2.172292	2.204367	0.0320747
(c)	$-\frac{1}{3}$	1.574208	1.668000	0.093792
(d)	0.25	2.908242	2.907061	1.18057×10^{-3}

6. The following tables show the approximations.

	x	$f(x)$	$s(x)$	Error
(a)	0.43	2.363160694	2.4777208	0.114560106
(b)	0.0	1.000000000	1.066405500	0.066405500
(c)	0.18	-0.5081234644	-0.5079096640	0.0002138004
(d)	0.25	1.189069931	1.192091455	0.003021524

	x	$f'(x)$	$s'(x)$	Error
(a)	0.43	4.726321388	3.436560000	1.289761388
(b)	0.0	-1.000000000	-1.06249800	0.06249800
(c)	0.18	-2.651616829	-2.66716630	0.015549471
(d)	0.25	0.3909913152	0.3973995306	0.0064082154

7. The equations of the respective clamped cubic splines are

$$s(x) = s_i(x) = a_i + b_i(x - x_i) + c_i(x - x_i)^2 + d_i(x - x_i)^3,$$

for x in $[x_i, x_{i+1}]$, where the coefficients are given in the following tables.

(a)

i	a_i	b_i	c_i	d_i
0	17.564920	3.1162560	0.0600867	-0.00202222

(b)

i	a_i	b_i	c_i	d_i
0	0.22363362	2.1691753	0.65914075	-3.2177925

(c)

i	a_i	b_i	c_i	d_i
0	-0.02475000	0.75100000	2.5010000	1.0000000
1	0.33493750	2.18900000	3.2510000	1.0000000

(d)

i	a_i	b_i	c_i	d_i
0	-0.62049958	3.5850208	-2.1498407	-0.49077413
1	-0.28398668	3.1403294	-2.2970730	-0.47458360
2	0.006600950	2.6666773	-2.4394481	-0.44980146

Interpolation and Polynomial Approximation

8. The coefficients of the clamped cubic spline interpolation are given in the following table.

	i	a_i	b_i	c_i	d_i
(a)	0	1.00000000	2.00000000	1.74624000	2.25376000
(b)	0	1.33203000	0.43750000	-6.87498800	7.74998400
(c)	0	-0.29004996	-2.80199750	0.97498700	-0.29750000
	1	-0.56079734	-2.61592510	0.88573700	-0.48724000
(d)	0	0.86199480	0.15536240	0.06537475	0.01600323
	1	0.95802009	0.23273957	0.08937959	0.01502024
	2	1.09861230	0.33338433	0.11190995	0.00875797

9. $B = \frac{1}{4}$, $D = \frac{1}{4}$, $b = -\frac{1}{2}$, $d = \frac{1}{4}$

10. The following tables show the approximations.

	x	$f(x)$	$s(x)$	Error
(a)	0.43	2.363160694	2.362069472	0.001091222
(b)	0.0	1.000000000	1.132811750	0.132811750
(c)	0.18	-0.5081234644	-0.4443014992	0.0638219652
(d)	0.25	1.189069931	1.189089597	0.000019666

	x	$f'(x)$	$s'(x)$	Error
(a)	0.43	4.726321388	4.751927072	0.025605684
(b)	0.0	-1.000000000	-1.546872000	0.546872000
(c)	0.18	-2.651616829	-2.325976780	0.325640049
(d)	0.25	0.3909913152	0.3909814244	0.98908×10^{-5}

11. $b = -1$, $c = -3$, $d = 1$

12. $a = 4$, $b = 4$, $c = -1$, $d = \frac{1}{3}$

13. $B = \frac{1}{4}$, $D = \frac{1}{4}$, $b = -\frac{1}{2}$, $d = \frac{1}{4}$

14. $f'(0) = 0$, $f'(2) = 11$

15. (a) The equation of the spline is
$$S(x) = S_i(x) = a_i + b_i(x - x_i) + c_i(x - x_i)^2 + d_i(x - x_i)^3,$$
for x in $[x_i, x_{i+1}]$, where the coefficients are given in the following table.

x_i	a_i	b_i	c_i	d_i
0	1.0	-0.7573593	0.0	-6.627417
0.25	0.7071068	-2.0	-4.970563	6.627417
0.5	0.0	-3.242641	0.0	6.627417
0.75	-0.7071068	-2.0	4.970563	-6.627417

(b) $\int_0^1 S(x)\,dx = 0.000000$ (c) $S'(0.5) = -3.24264$ (d) $S''(0.5) = 0.0$

16. The equation of the spline is
$$S(x) = S_i(x) = a_i + b_i(x - x_i) + c_i(x - x_i)^2 + d_i(x - x_i)^3,$$
for x in $[x_i, x_{i+1}]$, where the results are given in the following table.

x_i	a_i	b_i	c_i	d_i
0	1.00000	-0.923601	0	0.620865
0.25	0.778801	-0.807189	0.465649	-0.154017
0.75	0.472367	-0.457052	0.234624	-0.312832

We have $\int_0^1 S(x)\,dx = 0.631967$, $S'(0.5) = -0.603243$, and $S''(0.5) = 0.700274$. Also, $\int_0^1 e^{-x}\,dx = 0.63212056$, $f'(0.5) = -0.6065307$, and $f''(0.5) = 0.6065307$.

17. The equation of the spline is
$$s(x) = s_i(x) = a_i + b_i(x - x_i) + c_i(x - x_i)^2 + d_i(x - x_i)^3,$$
for x in $[x_i, x_{i+1}]$, where the coefficients are given in the following table.

x_i	a_i	b_i	c_i	d_i
0	1.0	0.0	-5.193321	2.028118
0.25	0.7071068	-2.216388	-3.672233	4.896310
0.5	0.0	-3.134447	0.0	4.896310
0.75	-0.7071068	-2.216388	3.672233	2.028118

$\int_0^1 s(x)\,dx = 0.000000$, $s'(0.5) = -3.13445$, and $s''(0.5) = 0.0$

18. The equation of the spline is
$$s(x) = s_i(x) = a_i + b_i(x - x_i) + c_i(x - x_i)^2 + d_i(x - x_i)^3,$$
for x in $[x_i, x_{i+1}]$, where the coefficients are given in the following table.

x_i	a_i	b_i	c_i	d_i
0	1.00000	-1.00000	0.499440	-0.154515
0.25	0.778801	-0.779251	0.383555	-0.101580
0.75	0.472367	-0.471881	0.231185	-0.0618174

We have $\int_0^1 s(x)\,dx = 0.623078$, $s'(0.5) = -0.606520$, and $s''(0.5) = 0.614740$. Also, $\int_0^1 e^{-x}\,dx = 0.6321205$, $f'(0.5) = -0.6065307$, and $f''(0.5) = 0.6065307$.

19. Let $f(x) = a + bx + cx^2 + dx^3$. Clearly, f satisfies properties (a), (c), (d), and (e) of Definition 3.10, and f interpolates itself for any choice of $x_0, \ldots, x_n$. Since (ii) of property (f) in Definition 3.10 holds, f must be its own clamped cubic spline. However, $f''(x) = 2c + 6dx$ can be zero only at $x = -c/3d$. Thus, part (i) of property (f) in Definition 3.10 cannot hold at two values x_0 and x_n. Thus, f cannot be a natural cubic spline.

20. The free cubic spline must be the linear function $L(x)$ through all the data $\{x_i, f(x_i)\}_{i=1}^n$ since $L''(x) = 0$ for all x. So properties (a), (b), (c), (d), (e), (f), (i) of Definition 3.10 would be satisfied.
    If f is linear, then f is its own clamped cubic spline. If, for example, f satisfies $f(0) = 0$, $f(1) = 1$, $f(2) = 2$, $f'(0) = 1$, and $f'(2) = 0$, then the data lie on a straight line but the function f is not linear. In that case the spline is
$$s(x) = \begin{cases} x - \frac{1}{4}x^2 + \frac{1}{4}x^3, & 0 \leq x \leq 1 \\ 1 + \frac{5}{4}(x-1) + \frac{1}{2}(x-1)^2 - \frac{3}{4}(x-1)^3, & 1 \leq x \leq 2, \end{cases}$$
which is not a linear function.

21. The piecewise linear approximation to f is given by
$$F(x) = \begin{cases} 20(e^{0.1} - 1)x + 1, & \text{for } x \text{ in } [0, 0.05] \\ 20(e^{0.2} - e^{0.1})x + 2e^{0.1} - e^{0.2}, & \text{for } x \text{ in } (0.05, 1]. \end{cases}$$

We have
$$\int_0^{0.1} F(x)\,dx = 0.1107936 \quad \text{and} \quad \int_0^{0.1} f(x)\,dx = 0.1107014.$$

22. $|f(x) - F(x)| \leq \frac{M}{8} \max_{0 \leq j \leq n-1} |x_{j+1} - x_j|^2$, where $M = \max_{a \leq x \leq b} |f''(x)|$.
    Error bounds for Exercise 21 are on $[0, 0.1]$, $|f(x) - F(x)| \leq 1.53 \times 10^{-3}$ and
$$\left| \int_0^{0.1} F(x)\,dx - \int_0^{0.1} e^{2x}\,dx \right| \leq 1.53 \times 10^{-4}.$$

23. Insert the following before Step 7 in Algorithm 3.4 and Step 8 in Algorithm 3.5:
    For $j = 0, 1, \ldots, n-1$ set
    $$l_1 = b_j; \text{ (Note that } l_1 = s'(x_j).)$$
    $$l_2 = 2c_j; \text{ (Note that } l_2 = s''(x_j).)$$
    $$\text{OUTPUT } (l_1, l_2)$$

    Set
    $$l_1 = b_{n-1} + 2c_{n-1}h_{n-1} + 3d_{n-1}h_{n-1}^2; \text{(Note that } l_1 = s'(x_n).)$$
    $$l_2 = 2c_{n-1} + 6d_{n-1}h_{n-1}; \text{(Note that } l_2 = s''(x_n).)$$
    $$\text{OUTPUT } (l_1, l_2).$$

24. Before STEP 7 in Algorithm 3.4 and STEP 8 in Algorithm 3.5 insert the following:
    Set $I = 0$;
    For $j = 0, \ldots, n-1$ set
    $$I = a_j h_j + \frac{b_j}{2} h_j^2 + \frac{c_j}{3} h_j^3 + \frac{d_j}{4} h_j^4 + I. \ \left(\text{Accumulate } \int_{x_j}^{x_{j+1}} S(x)\,dx.\right)$$
    OUTPUT (I).

25. (a) On $[0, 0.05]$, we have $s(x) = 1.000000 + 1.999999x + 1.998302x^2 + 1.401310x^3$, and on $(0.05, 0.1]$, we have $s(x) = 1.105170 + 2.210340(x - 0.05) + 2.208498(x - 0.05)^2 + 1.548758(x - 0.05)^3$.

    (b) $\int_0^{0.1} s(x)\,dx = 0.110701$

    (c) 1.6×10^{-7}

    (d) On $[0, 0.05]$, we have $S(x) = 1 + 2.04811x + 22.12184x^3$, and on $(0.05, 0.1]$, we have $S(x) = 1.105171 + 2.214028(x-0.05) + 3.318277(x-0.05)^2 - 22.12184(x-0.05)^3$. $S(0.02) = 1.041139$ and $S(0.02) = 1.040811$.

26. The five equations are $a_0 = f(x_0)$, $a_1 = f(x_1)$, $a_1 + b_1(x_2 - x_1) + c_1(x_2 - x_1)^2 = f(x_2)$, $a_0 + b_0(x_1 - x_0) + c_0(x_1 - x_0)^2 = a_1$, and $b_0 + 2c_0(x_1 - x_0) = b_1$.
    If $S \in C^2$, then S is a quadratic on $[x_0, x_2]$ and the solution may not be meaningful.

27. We have
    $$S(x) = \begin{cases} 2x - x^2, & 0 \le x \le 1 \\ 1 + (x-1)^2, & 1 \le x \le 2 \end{cases}$$

28. (a)

x_i	a_i	b_i	c_i	d_i
1940	132165	1651.85	0.00000	2.64248
1950	151326	2444.59	79.2744	−4.37641
1960	179323	2717.16	−52.0179	2.00918
1970	203302	2279.55	8.25746	−0.381311
1980	226542	2330.31	−3.18186	0.106062

    $S(1930) = 113004$, $S(1965) = 191860$, and $S(2010) = 296451$.

    (b) Probably not very accurate.

Interpolation and Polynomial Approximation

29. The spline has the equation

$$s(x) = s_i(x) = a_i + b_i(x - x_i) + c_i(x - x_i)^2 + d_i(x - x_i)^3,$$

for x in $[x_i, x_{i+1}]$, where the coefficients are given in the following table.

x_i	a_i	b_i	c_i	d_i
0	0	75	−0.659292	0.219764
3	225	76.9779	1.31858	−0.153761
5	383	80.4071	0.396018	−0.177237
8	623	77.9978	−1.19912	0.0799115

The spline predicts a position of $s(10) = 774.84$ ft and a speed of $s'(10) = 74.16$ ft/s. To maximize the speed, we find the single critical point of $s'(x)$, and compare the values of $s(x)$ at this point and the endpoints. We find that max $s'(x) = s'(5.7448) = 80.7$ ft/s = 55.02 mi/h. The speed 55 mi/h was first exceeded at approximately 5.5 s.

30. (a) The coefficients are given in the following table.

a_i	b_i	c_i	d_i
0.00000000	91.39016393	0.00000000	9.11737705
22.99000000	93.09967213	6.83803279	2.41311476
46.73000000	96.97114754	8.64786886	-.22032787
97.35000000	105.45377050	8.31737705	-11.08983607

(b) The predicted time at the three-quarter mile pole was 1 : 24.48.

(c) The starting speed is predicted to be 39.39 mi/h and the speed at the finish line is predicted to be 33.48 mi/h.

31. The equation of the spline is

$$S(x) = S_i(x) = a_i + b_i(x - x_i) + c_i(x - x_i)^2 + d_i(x - x_i)^3,$$

for x in $[x_i, x_{i+1}]$, where the coefficients are given in the following table.

	Sample 1				Sample 2			
x_i	a_i	b_i	c_i	d_i	a_i	b_i	c_i	d_i
0	6.67	−0.44687	0	0.06176	6.67	1.6629	0	−0.00249
6	17.33	6.2237	1.1118	−0.27099	16.11	1.3943	−0.04477	−0.03251
10	42.67	2.1104	−2.1401	0.28109	18.89	−0.52442	−0.43490	0.05916
13	37.33	−3.1406	0.38974	−0.01411	15.00	−1.5365	0.09756	0.00226
17	30.10	−0.70021	0.22036	−0.02491	10.56	−0.64732	0.12473	−0.01113
20	29.31	−0.05069	−0.00386	0.00016	9.44	−0.19955	0.02453	−0.00102

32. The three clamped splines have equations of the form

$$s_i(x) = a_i + b_i(x - x_i) + c_i(x - x_i)^2 + d_i(x - x_i)^3,$$

for x in $[x_i, x_{i+1}]$, where the values of the coefficients are given in the following tables.

Spline 1

i	x_i	$a_i = f(x_i)$	b_i	c_i	d_i	$f'(x_i)$
0	1	3.0	1.0	−0.347	−0.049	1.0
1	2	3.7	0.447	−0.206	0.027	
2	5	3.9	−0.074	0.033	0.342	
3	6	4.2	1.016	1.058	−0.575	
4	7	5.7	1.409	−0.665	0.156	
5	8	6.6	0.547	−0.196	0.024	
6	10	7.1	0.048	−0.053	−0.003	
7	13	6.7	−0.339	−0.076	0.006	
8	17	4.5				−0.67

Spline 2

i	x_i	$a_i = f(x_i)$	b_i	c_i	d_i	$f'(x_i)$
0	17	4.5	3.0	−1.101	−0.126	3.0
1	20	7.0	−0.198	0.035	−0.023	
2	23	6.1	−0.609	−0.172	0.280	
3	24	5.6	−0.111	0.669	−0.357	
4	25	5.8	0.154	−0.403	0.088	
5	27	5.2	−0.401	0.126	−2.568	
6	27.7	4.1				−4.0

Spline 3

i	x_i	$a_i = f(x_i)$	b_i	c_i	d_i	$f'(x_i)$
0	27.7	4.1	0.330	2.262	−3.800	0.33
1	28	4.3	0.661	−1.157	0.296	
2	29	4.1	−0.765	−0.269	−0.065	
3	30	3.0				−1.5

Interpolation and Polynomial Approximation

33. The three natural splines have equations of the form

$$S_i(x) = a_i + b_i(x - x_i) + c_i(x - x_i)^2 + d_i(x - x_i)^3,$$

for x in $[x_i, x_{i+1}]$, where the values of the coefficients are given in the following tables.

Spline 1

i	x_i	$a_i = f(x_i)$	b_i	c_i	d_i
0	1	3.0	0.786	0.0	−0.086
1	2	3.7	0.529	−0.257	0.034
2	5	3.9	−0.086	0.052	0.334
3	6	4.2	1.019	1.053	−0.572
4	7	5.7	1.408	−0.664	0.156
5	8	6.6	0.547	−0.197	0.024
6	10	7.1	0.049	−0.052	−0.003
7	13	6.7	−0.342	−0.078	0.007
8	17	4.5			

Spline 2

i	x_i	$a_i = f(x_i)$	b_i	c_i	d_i
0	17	4.5	1.106	0.0	−0.030
1	20	7.0	0.289	−0.272	0.025
2	23	6.1	−0.660	−0.044	0.204
3	24	5.6	−0.137	0.567	−0.230
4	25	5.8	0.306	−0.124	−0.089
5	27	5.2	−1.263	−0.660	0.314
6	27.7	4.1			

Spline 3

i	x_i	$a_i = f(x_i)$	b_i	c_i	d_i
0	27.7	4.1	0.749	0.0	−0.910
1	28	4.3	0.503	−0.819	0.116
2	29	4.1	−0.787	−0.470	0.157
3	30	3.0			

Exercise Set 3.5, page 163

1. The parametric cubic Hermite approximations are as follows.

   (a) $x(t) = -10t^3 + 14t^2 + t, \quad y(t) = -2t^3 + 3t^2 + t$
   (b) $x(t) = -10t^3 + 14.5t^2 + 0.5t, \quad y(t) = -3t^3 + 4.5t^2 + 0.5t$
   (c) $x(t) = -10t^3 + 14t^2 + t, \quad y(t) = -4t^3 + 5t^2 + t$

(d) $x(t) = -10t^3 + 13t^2 + 2t, \quad y(t) = 2t$

2. The parametric cubic Bézier approximations are as follows.

    (a) $x(t) = -10t^3 + 12t^2 + 3t, \quad y(t) = 2t^3 - 3t^2 + 3t$
    (b) $x(t) = -10t^3 + 13.5t^2 + 1.5t, \quad y(t) = -t^3 + 1.5t^2 + 1.5t$
    (c) $x(t) = -10t^3 + 12t^2 + 3t, \quad y(t) = -4t^3 + 3t^2 + 3t$
    (d) $x(t) = -10t^3 + 9t^2 + 6t, \quad y(t) = 8t^3 - 12t^2 + 6t$

3. The parametric cubic Bézier approximations are as follows.

    (a) $x(t) = -11.5t^3 + 15t^2 + 1.5t + 1, \quad y(t) = -4.25t^3 + 4.5t^2 + 0.75t + 1$
    (b) $x(t) = -6.25t^3 + 10.5t^2 + 0.75t + 1, \quad y(t) = -3.5t^3 + 3t^2 + 1.5t + 1$
    (c) For t between $(0,0)$ and $(4,6)$, we have
    $$x(t) = -5t^3 + 7.5t^2 + 1.5t, \quad y(t) = -13.5t^3 + 18t^2 + 1.5t,$$
    and for t between $(4,6)$ and $(6,1)$, we have
    $$x(t) = -5.5t^3 + 6t^2 + 1.5t + 4, \quad y(t) = 4t^3 - 6t^2 - 3t + 6.$$
    (d) For t between $(0,0)$ and $(2,1)$, we have
    $$x(t) = -5.5t^3 + 6t^2 + 1.5t, \quad y(t) = -0.5t^3 + 1.5t,$$
    for t between $(2,1)$ and $(4,0)$, we have
    $$x(t) = -4t^3 + 3t^2 + 3t + 2, \quad y(t) = -t^3 + 1,$$
    and for t between $(4,0)$ and $(6,-1)$, we have
    $$x(t) = -8.5t^3 + 13.5t^2 - 3t + 4, \quad y(t) = -3.25t^3 + 5.25t^2 - 3t.$$

4. Between $(3,6)$ and $(2,2)$, we have
$$x(t) = 0.5t^3 - 2.4t^2 + 0.9t + 3, \quad y(t) = 6.5t^3 - 12t^2 + 1.5t + 6;$$
between $(2,2)$ and $(6,6)$, we have
$$x(t) = -5.9t^3 + 8.4t^2 + 1.5t + 2, \quad y(t) = -3.5t^3 + 6t^2 + 1.5t + 2;$$
between $(6,6)$ and $(5,2)$, we have
$$x(t) = -2.5t^3 + 4.5t^2 - 3t + 6, \quad y(t) = 6.8t^3 - 10.2t^2 - 0.6t + 6;$$
and between $(5,2)$ and $(6.5,3)$, we have
$$x(t) = -4.2t^3 + 7.2t^2 - 1.5t + 5, \quad y(t) = 0.1t^3 - 0.6t^2 + 1.5t + 2.$$

5. (a) Using the forward divided difference gives the following table.

0	u_0			
0	u_0	$3(u_1 - u_0)$		
1	u_3	$u_3 - u_0$	$u_3 - 3u_1 + 2u_0$	
1	u_3	$3(u_3 - u_2)$	$2u_3 - 3u_2 + u_0$	$u_3 - 3u_2 + 3u_1 - u_0$

Therefore,

$$u(t) = u_0 + 3(u_1 - u_0)t + (u_3 - 3u_1 + 2u_0)t^2 + (u_3 - 3u_2 + 3u_1 - u_0)t^2(t-1)$$
$$= u_0 + 3(u_1 - u_0)t + (-6u_1 + 3u_0 + 3u_2)t^2 + (u_3 - 3u_2 + 3u_1 - u_0)t^3.$$

Similarly, $v(t) = v_0 + 3(v_1 - v_0)t + (3v_2 - 6v_1 + 3v_0)t^2 + (v_3 - 3v_2 + 3v_1 - v_0)t^3$.

(b) Using the formula for Bernstein polynomials gives

$$u(t) = u_0(1-t)^3 + 3u_1 t(1-t)^2 + 3u_2 t^2(1-t) + u_3 t^3$$
$$= u_0 + 3(u_1 - u_0)t + (3u_2 - 6u_1 + 3u_0)t^2 + (u_3 - 3u_2 + 3u_1 - u_0)t^3.$$

Similarly,

$$v(t) = \sum_{k=0}^{3} \binom{3}{k} v_k t^k (1-t)^{3-k}$$
$$= v_0 + 3(v_1 - v_0)t + (3v_2 - 6v_1 + 3v_0)t^2 + (v_3 - 3v_2 + 3v_1 - v_0)t^3.$$

Numerical Differentiation and Integration

Exercise Set 4.1, page 176

1. From the forward-backward difference formula (4.1), we have the following approximations:
   (a) $f'(0.5) \approx 0.8520$, $f'(0.6) \approx 0.8520$, $f'(0.7) \approx 0.7960$
   (b) $f'(0.0) \approx 3.7070$, $f'(0.2) \approx 3.1520$, $f'(0.4) \approx 3.1520$

2. The approximations are in the following tables

   (a)

x	$f(x)$	$f'(x)$
-0.3	1.9507	0.9140
-0.2	2.0421	0.9140
-0.1	2.0601	0.1800

   (b)

x	$f(x)$	$f'(x)$
1.0	1.0000	1.3125
1.2	1.2625	1.3125
1.4	1.6595	1.9850

3. The approximations are in the following tables.

   (a)

x	Actual Error	Error Bound
0.5	0.0255	0.0282
0.6	0.0267	0.0282
0.7	0.0312	0.0322

   (b)

x	Actual Error	Error Bound
0.0	0.2930	0.3000
0.2	0.2694	0.2779
0.4	0.2602	0.2779

4. (a)

x	Actual Error	Error Bound
−0.3	0.34457	0.36842
−0.2	0.35633	0.36842
−0.1	0.38533	0.39203

(b)

x	Actual Error	Error Bound
1.0	0.31250	0.33646
1.2	0.32507	0.33646
1.4	0.35712	0.36729

5. For the endpoints of the tables, we use Formula (4.4). The other approximations come from Formula (4.5).

   (a) $f'(1.1) \approx 17.769705$, $f'(1.2) \approx 22.193635$, $f'(1.3) \approx 27.107350$, $f'(1.4) \approx 32.150850$
   (b) $f'(8.1) \approx 3.092050$, $f'(8.3) \approx 3.116150$, $f'(8.5) \approx 3.139975$, $f'(8.7) \approx 3.163525$
   (c) $f'(2.9) \approx 5.101375$, $f'(3.0) \approx 6.654785$, $f'(3.1) \approx 8.216330$, $f'(3.2) \approx 9.786010$
   (d) $f'(2.0) \approx 0.13533150$, $f'(2.1) \approx -0.09989550$, $f'(2.2) \approx -0.3298960$, $f'(2.3) \approx -0.5546700$

6. For the endpoints of the tables, we use Formula (4.4). The other approximations come from Formula (4.5).

(a)

x	$f(x)$	$f'(x)$
−0.3	−0.27652	−0.06030
−0.2	−0.25074	0.57590
−0.1	−0.16134	1.25370
0.0	0.0	1.97310

(b)

x	$f(x)$	$f'(x)$
7.4	−68.3193	−16.6933
7.6	−71.6982	−17.0958
7.8	−75.1576	−17.4980
8.0	−78.6974	−17.9000

(c)

x	$f(x)$	$f'(x)$
1.1	1.52918	1.34360
1.2	1.64024	0.87760
1.3	1.70470	0.36265
1.4	1.71277	−0.20125

(d)

x	$f(x)$	$f'(x)$
−2.7	0.054797	−0.915178
−2.5	0.11342	1.50141
−2.3	0.65536	2.17825
−2.1	0.98472	1.11535

Numerical Differentiation and Integration

7. The errors and error bounds are given in the following tables.

(a)

x	Actual Error	Error Bound
1.1	0.280322	0.359033
1.2	0.147282	0.179517
1.3	0.179874	0.219262
1.4	0.378444	0.438524

(b)

x	Actual Error	Error Bound
8.1	0.00018594	0.000020322
8.3	0.00010551	0.000010161
8.5	9.116×10^{-5}	0.000009677
8.7	0.00020197	0.000019355

(c)

x	Actual Error	Error Bound
2.9	0.011956	0.0180988
3.0	0.0049251	0.00904938
3.1	0.0004765	0.00493920
3.2	0.0013745	0.00987840

(d)

x	Actual Error	Error Bound
2.0	0.00252235	0.00410304
2.1	0.00142882	0.00205152
2.2	0.00204851	0.00260034
2.3	0.00437954	0.00520068

8. (a)

x	Actual Error	Error Bound
-0.3	0.028638	0.029692
-0.2	0.014097	0.014846
-0.1	0.013577	0.014130
0.0	0.026900	0.028260

(b)

x	Actual Error	Error Bound
7.4	0.000367	0.000032
7.6	0.000083	0.000016
7.8	0.000041	0.000015
8.0	0.000000	0.000030

(c)

x	Actual Error	Error Bound
1.1	0.033886	0.034784
1.2	0.016791	0.017392
1.3	0.015740	0.016817
1.4	0.030920	0.033633

(d)

x	Actual Error	Error Bound
-2.7	0.511122	1.440958
-2.5	0.435980	0.720479
-2.3	0.632733	0.720479
-2.1	1.044472	1.440958

9. The approximations and the formulas used are:

   (a) $f'(2.1) \approx 3.899344$ from (4.7) $f'(2.2) \approx 2.876876$ from (4.7) $f'(2.3) \approx 2.249704$ from (4.6) $f'(2.4) \approx 1.837756$ from (4.6) $f'(2.5) \approx 1.544210$ from (4.7) $f'(2.6) \approx 1.355496$ from (4.7)

   (b) $f'(-3.0) \approx -5.877358$ from (4.7) $f'(-2.8) \approx -5.468933$ from (4.7) $f'(-2.6) \approx -5.059884$ from (4.6) $f'(-2.4) \approx -4.650223$ from (4.6) $f'(-2.2) \approx -4.239911$ from (4.7) $f'(-2.0) \approx -3.828853$ from (4.7)

10. The approximations are in the following tables.

(a)

x	$f(x)$	$f'(x)$
1.05	−1.709847	7.798690
1.10	−1.373823	5.753747
1.15	−1.119214	4.499409
1.20	−0.9160143	3.675512
1.25	−0.7470223	3.088414
1.30	−0.6015966	2.710997

(b)

x	$f(x)$	$f'(x)$
−3.0	16.08554	−19.08087
−2.8	12.64465	−15.44088
−2.6	9.863738	−12.46303
−2.4	7.623176	−10.02259
−2.2	5.825013	−8.02097
−2.0	4.389056	−6.38573

11. The approximations are in the following tables.

(a)

x	Actual Error	Error Bound
2.1	0.0242312	0.109271
2.2	0.0105138	0.0386885
2.3	0.0029352	0.0182120
2.4	0.0013262	0.00644808
2.5	0.0138323	0.109271
2.6	0.0064225	0.0386885

(b)

x	Actual Error	Error Bound
−3.0	1.55×10^{-5}	6.33×10^{-7}
−2.8	1.32×10^{-5}	6.76×10^{-7}
−2.6	7.95×10^{-7}	1.05×10^{-7}
−2.4	6.79×10^{-7}	1.13×10^{-7}
−2.2	1.28×10^{-5}	6.76×10^{-7}
−2.0	7.96×10^{-6}	6.76×10^{-7}

12. (a)

x	Actual Error	Error Bound
1.05	0.0484600	0.2185438
1.10	0.0210325	0.0773769
1.15	0.0058693	0.0364240
1.20	0.0026524	0.0128962
1.25	0.0276704	0.2185438
1.30	0.0128401	0.0773769

(b)

x	Actual Error	Error Bound
−3.0	0.004666	0.006427
−2.8	0.003763	0.005262
−2.6	0.000711	0.001071
−2.4	0.000591	0.000877
−2.2	0.004041	0.006427
−2.0	0.003329	0.005262

13. $f'(3) \approx \frac{1}{12}[f(1) - 8f(2) + 8f(4) - f(5)] = 0.21062$, with an error bound given by

$$\max_{1 \leq x \leq 5} \frac{|f^{(5)}(x)|h^4}{30} \leq \frac{23}{30} = 0.7\overline{6}.$$

14. $f'(3) \approx \frac{1}{2}[f(4) - f(2)] = 0.21210$, with an error bound given by

$$\max_{1 \le x \le 5} \frac{|f'''(x)| h^2}{6} \le \frac{4}{2} = 0.6\bar{6}.$$

15. From the forward-backward difference formula (4.1), we have the following approximations:

    (a) $f'(0.5) \approx 0.852$, $f'(0.6) \approx 0.852$, $f'(0.7) \approx 0.7960$

    (b) $f'(0.0) \approx 3.707$, $f'(0.2) \approx 3.153$, $f'(0.4) \approx 3.153$

16. For the endpoints of the tables, we use Formula (4.7). The other approximations come from Formula (4.6).

    (a) $f'(1.1) \approx 17.75$, $f'(1.2) \approx 22.17$, $f'(1.3) \approx 27.10$, $f'(1.4) \approx 32.50$,

    (b) $f'(8.1) \approx 3.075$, $f'(8.3) \approx 3.125$, $f'(8.5) \approx 3.150$, $f'(8.7) \approx 3.150$,

    (c) $f'(2.9) \approx 5.080$, $f'(3.0) \approx 6.655$, $f'(3.1) \approx 8.220$, $f'(3.2) \approx 9.760$,

    (d) $f'(2.0) \approx 0.1600$, $f'(2.1) \approx -0.1000$, $f'(2.2) \approx -0.3300$, $f'(2.3) \approx -0.5500$,

17. For the endpoints of the tables, we use Formula (4.7). The other approximations come from Formula (4.6).

    (a) $f'(2.1) \approx 3.884$ $f'(2.2) \approx 2.896$ $f'(2.3) \approx 2.249$ $f'(2.4) \approx 1.836$ $f'(2.5) \approx 1.550$
    $f'(2.6) \approx 1.348$

    (b) $f'(-3.0) \approx -5.883$ $f'(-2.8) \approx -5.467$ $f'(-2.6) \approx -5.059$ $f'(-2.4) \approx -4.650$
    $f'(-2.2) \approx -4.208$ $f'(-2.0) \approx -3.875$

18. (a)

		$f'(0.4)$			$f''(0.4)$
(4.1)	$h = 0.6$	-0.8889958	(4.8)	$h = 0.2$	-1.191050
	$h = 0.4$	-0.6979043			
	$h = 0.2$	-0.5486810			
	$h = -0.2$	-0.3104710			
(4.4)	$h = 0.2$	-0.3994578			
(4.5)	$h = 0.2$	-0.4295760			

(b)

		$f'(0.4)$			$f''(0.4)$
(4.1)	$h=0.4$	-1.059153	(4.8)	$h=0.4$	-1.573943
	$h=0.2$	-0.8471275		$h=0.2$	-1.492233
	$h=-0.2$	-0.5486810			
	$h=-0.4$	-0.4295760			
(4.4)	$h=0.2$	-0.6351018			
	$h=-0.2$	-0.6677860			
(4.5)	$h=0.4$	-0.7443646			
	$h=0.2$	-0.6979043			
(4.6)	$h=0.2$	-0.6824175			

19. The approximation is -4.8×10^{-9}. $f''(0.5) = 0$. The error bound is 0.35874. The method is very accurate since the function is symmetric about $x = 0.5$.

20. With $h = 0.1$, we have 36.641, and with $h = 0.01$, we have 36.5. The actual value is 36.5935.

21. (a) $f'(0.2) \approx -0.1951027$ (b) $f'(1.0) \approx -1.541415$ (c) $f'(0.6) \approx -0.6824175$

22. We have the Taylor expansions:

$$f(x_0 - h) = f(x_0) - hf'(x_0) + \frac{1}{2}h^2 f''(x_0) - \frac{1}{6}h^3 f'''(x_0) + \frac{1}{24}h^4 f^{(4)}(x_0) + O(h^5);$$

$$f(x_0 + h) = f(x_0) + hf'(x_0) + \frac{1}{2}h^2 f''(x_0) + \frac{1}{6}h^3 f'''(x_0) + \frac{1}{24}h^4 f^{(4)}(x_0) + O(h^5);$$

$$f(x_0 + 2h) = f(x_0) + 2hf'(x_0) + 2h^2 f''(x_0) + \frac{4}{3}h^3 f'''(x_0) + \frac{2}{3}h^4 f^{(4)}(x_0) + O(h^5);$$

$$f(x_0 + 3h) = f(x_0) + 3hf'(x_0) + \frac{9}{2}h^2 f''(x_0) + \frac{9}{2}h^3 f'''(x_0) + \frac{27}{8}h^4 f^{(4)}(x_0) + O(h^5).$$

Thus,

$$Af(x_0 - h) + Bf(x_0 + h) + Cf(x_0 + 2h) + Df(x_0 + 3h) =$$

$$f(x_0)(A + B + C + D) + f'(x_0)h[-A + B + 2C + 3D] + f''(x_0)h^2 \left(\frac{1}{2}A + \frac{1}{2}B + 2C + \frac{9}{2}D\right)$$

$$+ f'''(x_0)h^3 \left(-\frac{1}{6}A + \frac{1}{6}B + \frac{4}{3}C + \frac{9}{2}D\right) + f^{(4)}(x_0)h^4 \left(\frac{1}{24}A + \frac{1}{24}B + \frac{2}{3}C + \frac{27}{8}D\right).$$

We want to eliminate the terms involving $f''(x_0)$, $f'''(x_0)$, and $f^{(4)}(x_0)$ and have the coefficient of $f'(x_0)$ equal 1. Thus,

$$-A + B + 2C + 3D = 1$$
$$\frac{1}{2}A + \frac{1}{2}B + 2C + \frac{9}{2}D = 0$$
$$-\frac{1}{6}A + \frac{1}{6}B + \frac{4}{3}C + \frac{9}{2}D = 0$$
$$\frac{1}{24}A + \frac{1}{24}B + \frac{2}{3}C + \frac{27}{8}D = 0.$$

The solution to this linear system is

$$A = -\frac{1}{4}, \quad B = \frac{3}{2}, \quad C = -\frac{1}{2}, \quad \text{and} \quad D = \frac{1}{12}.$$

Thus,

$$-\frac{1}{4}f(x_0-h) + \frac{3}{2}f(x_0+h) - \frac{1}{2}f(x_0+2h) + \frac{1}{12}f(x_0+3h) = f(x_0)\left(-\frac{1}{4} + \frac{3}{2} - \frac{1}{2} + \frac{1}{12}\right) + hf'(x_0) + O\left(h^5\right).$$

Solving for $f'(x_0)$ gives

$$f'(x_0) = -\frac{1}{h}\left[f(x_0)\frac{10}{12} + \frac{1}{4}f(x_0 - h) - \frac{3}{2}f(x_0 + h) + \frac{1}{2}f(x_0 + 2h) - \frac{1}{12}f(x_0 + 3h)\right] + O\left(h^4\right).$$

Finally,

$$f'(x_0) = \frac{1}{12h}\left[-3f(x_0 - h) - 10f(x_0) + 18f(x_0 + h) - 6f(x_0 + 2h) + f(x_0 + 3h)\right] + O\left(h^4\right).$$

23. $f'(0.4) \approx -0.4249840$ and $f'(0.8) \approx -1.032772$.

24. (a) Assume that the computed values $\tilde{f}(x_0 + h)$ and $\tilde{f}(x_0)$ are related to the true values $f(x_0 + h)$ and $f(x_0)$ by the formulas $f(x_0 + h) = \tilde{f}(x_0 + h) + e(x_0 + h)$ and $f(x_0) = \tilde{f}(x_0) + e(x_0)$. The total error in the approximation becomes

$$f'(x_0) - \frac{\tilde{f}(x_0 + h) - \tilde{f}(x_0)}{h} = \frac{e(x_0 + h) - e(x_0)}{h} - \frac{h}{2}f''(\xi_0).$$

If $|e(x_0 + h)| < \varepsilon$, $|e(x_0)| < \varepsilon$, and $|f''(\xi_0)| \leq M$, then

$$\left| f'(x_0) - \frac{\tilde{f}(x_0 + h) - \tilde{f}(x_0)}{h} \right| \leq \frac{2\varepsilon}{h} + \frac{hM}{2}.$$

(b) The function in Example 2 is

$$f(x) = xe^x, \quad \text{for} \quad 1.8 \leq x \leq 2.2.$$

We have $f'(x) = xe^x + e^x$ and $f''(x) = xe^x + 2e^x$. Thus,

$$M = \max_{1.8 \leq x \leq 2.2} |f''(x)| = f''(2.2) = 37.9050567.$$

The numbers in the table are given to 6 decimal places, so it is reasonable to let $\varepsilon = 0.0000005$. The optimal value of h is

$$h = 2\sqrt{\frac{\varepsilon}{M}} = 2\sqrt{\frac{0.0000005}{37.9050567}} = 0.000229703.$$

25. The three-point formulas give the results in the following table.

Time	0	3	5	8	10	13
Speed	79	82.4	74.2	76.8	69.4	71.2

26. The three-point formulas give the results in the following table.

t	1.00	1.01	1.02	1.03	1.04
$\varepsilon(t)$	2.400	2.403	3.386	5.352	7.320

27. The approximations eventually become zero since the numerator becomes zero.

28. By averaging the Taylor polynomials we have

$$f'''(x_0) = \frac{1}{h^3}\left[-\frac{1}{2}f(x_0 - 2h) + f(x_0 - h) - f(x_0 + h) + \frac{1}{2}f(x_0 + 2h)\right] - \frac{h^2}{4}f^{(5)}(\xi),$$

where ξ is between $x_0 - 2h$ and $x_0 + 2h$.

29. Since $e'(h) = -\varepsilon/h^2 + hM/3$, we have $e'(h) = 0$ if and only if $h = \sqrt[3]{3\varepsilon/M}$. Also, $e'(h) < 0$ if $h < \sqrt[3]{3\varepsilon/M}$ and $e'(h) > 0$ if $h > \sqrt[3]{3\varepsilon/M}$, so an absolute minimum for $e(h)$ occurs at $h = \sqrt[3]{3\varepsilon/M}$.

Exercise Set 4.2, page 184

1. (a) $f'(1) \approx 1.0000109$ (b) $f'(0) \approx 2.0000000$
   (c) $f'(1.05) \approx 2.2751459$ (d) $f'(2.3) \approx -19.646799$

2. (a) $f'(1) \approx 0.99999998$ (b) $f'(0) \approx 1.9999999$
   (c) $f'(1.05) \approx 2.2751458$ (d) $f'(2.3) \approx -19.646796$

3. (a) $f'(1) \approx 1.001$ (b) $f'(0) \approx 1.999$

(c) $f'(1.05) \approx 2.283$ (d) $f'(2.3) \approx -19.61$

4. (a) $f'(1) \approx 0.9999$ (b) $f'(0) \approx 1.997$

   (c) $f'(1.05) \approx 2.282$ (d) $f'(2.3) \approx -19.66$

5. $\int_0^\pi \sin x \, dx \approx 1.999999$

6. $\int_0^{3\pi/2} \cos x \, dx \approx -1.000135$

7. With $h = 0.1$, Formula (4.6) becomes
$$f'(2) \approx \frac{1}{1.2}\left[1.8e^{1.8} - 8\left(1.9e^{1.9}\right) + 8(2.1)e^{2.1} - 2.2e^{2.2}\right] = 22.166995.$$

   With $h = 0.05$, Formula (4.6) becomes
$$f'(2) \approx \frac{1}{0.6}\left[1.9e^{1.9} - 8\left(1.95e^{1.95}\right) + 8(2.05)e^{2.05} - 2.1e^{2.1}\right] = 22.167157.$$

8. The formula $f'(x_0) = \frac{1}{12h}\left[f(x_0 + 4h) - 12f(x_0 + 2h) + 32f(x_0 + h) - 21f(x_0)\right]$ is $O\left(h^3\right)$.

9. Let
$$N_2(h) = N\left(\frac{h}{3}\right) + \left(\frac{N\left(\frac{h}{3}\right) - N(h)}{2}\right) \quad \text{and} \quad N_3(h) = N_2\left(\frac{h}{3}\right) + \left(\frac{N_2\left(\frac{h}{3}\right) - N_2(h)}{8}\right).$$

   Then $N_3(h)$ is an $O(h^3)$ approximation to M.

10. Let $N_2(h) = N\left(\frac{h}{3}\right) + \frac{1}{8}\left(N\left(\frac{h}{3}\right) - N(h)\right)$ and $N_3(h) = N_2\left(\frac{h}{3}\right) + \frac{1}{80}\left(N_2\left(\frac{h}{3}\right) - N_2(h)\right)$. Then $N_3(h)$ is an $O\left(h^6\right)$ approximation to M.

11. Let $N(h) = (1 + h)^{1/h}$, $N_2(h) = 2N\left(\frac{h}{2}\right) - N(h)$, $N_3(h) = N_2\left(\frac{h}{2}\right) + \frac{1}{3}(N_2\left(\frac{h}{2}\right) - N_2(h))$.

    (a) $N(0.04) = 2.665836331$, $N(0.02) = 2.691588029$, $N(0.01) = 2.704813829$

    (b) $N_2(0.04) = 2.717339727$, $N_2(0.02) = 2.718039629$. The $O(h^3)$ approximation is $N_3(0.04) = 2.718272931$.

    (c) Yes, since the errors seem proportioned to h for $N(h)$, to h^2 for $N_2(h)$, and to h^3 for $N_3(h)$.

12. (a) We have
$$\lim_{h \to 0} \frac{\ln(2 + h) - \ln(2 - h)}{h} = \lim_{h \to 0} \frac{1}{2 + h} + \frac{1}{2 - h} = 1,$$
    so
$$\lim_{h \to 0}\left(\frac{2 + h}{2 - h}\right)^{1/h} = \lim_{h \to 0} e^{\frac{1}{h}[\ln(2+h) - \ln(2-h)]} = e^1 = e.$$

(b) $N(0.04) = 2.718644377221219$, $N(0.02) = 2.718372444800607$,
$N(0.01) = 2.718304481241685$

(c) Let $N_2(h) = 2N\left(\frac{h}{2}\right) - N(h)$ and $N_3(h) = N_2\left(\frac{h}{2}\right) + \frac{1}{3}\left[N_2\left(\frac{h}{2}\right) - N_2(h)\right]$. Then $N_2(0.04) = 2.718100512379995$, $N_2(0.02) = 2.718236517682763$ and $N_3(0.04) = 2.718281852783685$. $N_3(0.04)$ is an $O\left(h^3\right)$ approximation satisfying $|e - N_3(0.04)| \leq 0.5 \times 10^{-7}$.

(d)
$$N(-h) = \left(\frac{2-h}{2+h}\right)^{1/-h} = \left(\frac{2+h}{2-h}\right)^{1/h} = N(h)$$

(e) Let
$$e = N(h) + K_1 h + K_2 h^2 + K_3 h^3 + \cdots.$$
Replacing h by $-h$ gives
$$e = N(-h) - K_1 h + K_2 h^2 - K_3 h^3 + \cdots,$$
but $N(-h) = N(h)$, so that
$$e = N(h) - K_1 h + K_2 h^2 - K_3 h^3 + \cdots.$$
Thus,
$$K_1 h + K_3 h^3 + \cdots = -K_1 h - K_3 h^3 \cdots,$$
and it follows that $K_1 = K_3 = K_5 = \cdots = 0$ and
$$e = N(h) + K_2 h^2 + K_4 h^4 + \cdots.$$

(f) Let
$$N_2(h) = N\left(\frac{h}{2}\right) + \frac{1}{3}\left(N\left(\frac{h}{2}\right) - N(h)\right)$$
and
$$N_3(h) = N_2\left(\frac{h}{2}\right) + \frac{1}{15}\left(N_2\left(\frac{h}{2}\right) - N_2(h)\right).$$
Then
$$N_2(0.04) = 2.718281800660402, \quad N_2(0.02) = 2.718281826722043$$
and
$$N_3(0.04) = 2.718281828459487.$$
$N_3(0.04)$ is an $O\left(h^6\right)$ approximation satisfying
$$|e - N_3(0.04)| \leq 0.5 \times 10^{-12}.$$

13. (a) We have
$$P_{0,1}(x) = \frac{(x-h^2) N_1\left(\frac{h}{2}\right)}{\frac{h^2}{4} - h^2} + \frac{\left(x - \frac{h^2}{4}\right) N_1(h)}{h^2 - \frac{h^2}{4}}, \quad \text{so} \quad P_{0,1}(0) = \frac{4 N_1\left(\frac{h}{2}\right) - N_1(h)}{3}.$$
Similarly,
$$P_{1,2}(0) = \frac{4 N_1\left(\frac{h}{4}\right) - N_1\left(\frac{h}{2}\right)}{3}.$$

(b) We have

$$P_{0,2}(x) = \frac{(x-h^4) N_2\left(\frac{h}{2}\right)}{\frac{h^4}{16} - h^4} + \frac{\left(x - \frac{h^4}{16}\right) N_2(h)}{h^4 - \frac{h^4}{16}}, \quad \text{so} \quad P_{0,2}(0) = \frac{16 N_2\left(\frac{h}{2}\right) - N_2(h)}{15}.$$

14. All the approximations of the form $N_{2i}\left(h/2^j\right)$, for $i = 1, 2, \ldots$ and $j = 0, 1, 2, \ldots$, will be upper bounds for M, and all the approximations of the form $N_{2i+1}\left(\frac{h}{2^j}\right)$, for $i = 0, 1, 2, \ldots$ and $j = 0, 1, 2, \ldots$, will be lower bounds for M.

15. (a) The polygonal approximations are in the following table.

k	4	8	16	32	64	128	256	512
p_k	$2\sqrt{2}$	3.0614675	3.1214452	3.1365485	3.1403312	3.1412723	3.1415138	3.1415729
P_k	4	3.3137085	3.1825979	3.1517249	3.144184	3.1422236	3.1417504	3.1416321

(b) Values of p_k and P_k are given in the following tables, together with the extrapolation results:

For p_k we have :

```
2.8284271
3.0614675   3.1391476
3.1214452   3.1414377   3.1415904
3.1365485   3.1415829   3.1415926   3.1415927
3.1403312   3.1415921   3.1415927   3.1415927   3.1415927
```

For P_k we have :

```
4
3.3137085   3.0849447
3.1825979   3.1388943   3.1424910
3.1517249   3.1414339   3.1416032   3.1415891
3.1441184   3.1415829   3.1415928   3.1415926   3.1415927
```

Exercise Set 4.3, page 195

1. The Trapezoidal rule gives the following approximations.

    (a) 0.265625   (b) −0.2678571   (c) −0.17776434   (d) 0.1839397

    (e) −0.8666667   (f) −0.1777643   (g) 0.2180895   (h) 4.1432597

2. The Trapezoidal rule gives the following approximations.

   (a) 0.4693956405   (b) 0.08664339760   (c) −0.03702425262   (d) 0.2863341726

3. For the approximations in Exercise 1 we have the following.

	Actual error	Error bound
(a)	0.071875	0.125
(b)	7.943×10^{-4}	9.718×10^{-4}
(c)	0.0358147	0.0396972
(d)	0.0233369	0.1666667
(e)	0.1326975	0.5617284
(f)	9.443×10^{-4}	1.0707×10^{-3}
(g)	0.0663431	0.0807455
(h)	1.554631	2.298827

4. For the approximations in Exercise 2 we have the following.

	Actual error	Error bound
(a)	0.0203171288	0.02083333333
(b)	0.03407359031	0.0625
(c)	0.01664745664	0.02444080544
(d)	0.0138202920	0.02904245657

5. Simpson's rule gives the following approximations.

   (a) 0.1940104   (b) −0.2670635   (c) 0.1922453   (d) 0.16240168

   (e) −0.7391053   (f) −0.1768216   (g) 0.1513826   (h) 2.5836964

6. Simpson's rule gives the following approximations.

   (a) 0.4897985467   (b) 0.05285463857   (c) −0.02027158961   (d) 0.2762704525

Numerical Differentiation and Integration

7. Simpson's rule gives the following approximations.

	Actual error	Error bound
(a)	2.604×10^{-4}	2.6042×10^{-4}
(b)	7.14×10^{-7}	9.92×10^{-7}
(c)	1.406×10^{-5}	2.170×10^{-5}
(d)	1.7989×10^{-3}	4.1667×10^{-4}
(e)	5.1361×10^{-3}	0.063280
(f)	1.549×10^{-6}	2.095×10^{-6}
(g)	3.6381×10^{-4}	4.1507×10^{-4}
(h)	4.9322×10^{-3}	0.1302826

8.

	Actual error	Error bound
(a)	0.0000857774	0.0000868056
(b)	0.00028483128	0.001215277778
(c)	0.00010520637	0.0001147849363
(d)	0.0001565719	0.0005334208049

9. The Midpoint rule gives the following approximations.

   (a) 0.1582031   (b) −0.2666667   (c) 0.1743309   (d) 0.1516327

   (e) −0.6753247   (f) −0.1768200   (g) 0.1180292   (h) 1.8039148

10. The Midpoint rule gives the following approximations.

    (a) 0.5   (b) 0.03596025906   (c) −0.01189525810   (d) 0.2658385924

11. The Midpoint rule gives the following approximations.

	Actual error	Error bound
(a)	0.0355469	0.0625
(b)	3.961×10^{-4}	4.859×10^{-4}
(c)	0.0179285	0.0198486
(d)	8.9701×10^{-3}	0.0833333
(e)	0.0564448	0.2808642
(f)	4.698×10^{-4}	5.353×10^{-4}
(g)	0.0337172	0.0403728
(h)	0.7847138	1.1494136

12.

	Actual error	Error bound
(a)	0.0102872307	0.01041666667
(b)	0.01660954823	0.03125
(c)	0.00848153788	0.01222040272
(d)	0.0066752882	0.01452122828

13. $f(1) = \frac{1}{2}$

14. Simpson's rule gives the result $\frac{13}{3}$.

15. The degree of precision is 3.

16. The degree of precision is 3.

17. $c_0 = \frac{1}{3}$, $c_1 = \frac{4}{3}$, $c_2 = \frac{1}{3}$

18. $c_0 = \frac{7}{3}$, $c_1 = -\frac{2}{3}$, $c_2 = \frac{1}{3}$

19. $c_0 = c_1 = \frac{1}{2}$ gives the highest degree of precision, which is 2.

20. $c_1 = \frac{1}{2}$, $x_0 = 0.211324865$ and $x_1 = 0.788675135$ give the highest degree of precision, 3.

21. The following approximations are obtained from Formula (4.23) through Formula (4.30), respectively.

   (a) 0.1024404, 0.1024598, 0.1024598, 0.1024598, 0.1024695, 0.1024663, 0.1024598, and 0.1024598

   (b) 0.7853982, 0.7853982, 0.7853982, 0.7853982, 0.7853982, 0.7853982, 0.7853982, and 0.7853982

   (c) 1.497171, 1.477536, 1.477529, 1.477523, 1.467719, 1.470981, 1.477512, and 1.477515

   (d) 4.950000, 2.740909, 2.563393, 2.385700, 1.636364, 1.767857, 2.074893, and 2.116379

   (e) 3.293182, 2.407901, 2.359772, 2.314751, 1.965260, 2.048634, 2.233251, and 2.249001

   (f) 0.5000000, 0.6958004, 0.7126032, 0.7306341, 0.7937005, 0.7834709, 0.7611137, and 0.7593572

Numerical Differentiation and Integration

22.

i	t_i	w_i	$y(t_i)$
(4.23)	(4.24)	(4.26)	(4.27)	(4.29)
5.43476	5.03420	5.03292	4.83393	5.03180

23. The errors in Exercise 16 are 1.6×10^{-6}, 5.3×10^{-8}, -6.7×10^{-7}, -7.2×10^{-7}, and -1.3×10^{-6}, respectively.

24. For
$$f(x) = x : a_0 x_0 + a_1(x_0 + h) + a_2(x_0 + 2h) = 2x_0 h + 2h^2;$$
$$f(x) = x^2 : a_0 x_0^2 + a_1(x_0 + h)^2 + a_2(x_0 + 2h)^2 = 2x_0^2 h + 4x_0 h^2 + \frac{8h^3}{3};$$
$$f(x) = x^3 : a_0 x_0^3 + a_1(x_0 + h)^3 + a_2(x_0 + 2h)^3 = 2x_0^3 h + 6x_0^2 h^2 + 8x_0 h^3 + 4h^4.$$

Solving this linear system for a_0, a_1, and a_2 gives $a_0 = \frac{h}{3}$, $a_1 = \frac{4h}{3}$, and $a_2 = \frac{h}{3}$. Using $f(x) = x^4$ gives $f^{(4)}(\xi) = 24$, so

$$\frac{1}{5}\left(x_2^5 - x_0^5\right) = \frac{h}{3}\left(x_0^4 + 4x_1^4 + x_2^4\right) + 24k.$$

Replacing x_1 with $x_0 + h$, x_2 with $x_0 + 2h$ and simplifying gives $k = -h^5/90$.

25. If $E(x^k) = 0$, for all $k = 0, 1, \ldots, n$ and $E(x^{n+1}) \neq 0$, then with $p_{n+1}(x) = x^{n+1}$, we have a polynomial of degree $n+1$ for which $E(p_{n+1}(x)) \neq 0$. Let $p(x) = a_n x^n + \cdots + a_1 x + a_0$ be any polynomial of degree less than or equal to n. Then $E(p(x)) = a_n E(x^n) + \cdots + a_1 E(x) + a_0 E(1) = 0$. Conversely, if $E(p(x)) = 0$, for all polynomials of degree less than or equal to n, it follows that $E(x^k) = 0$, for all $k = 0, 1, \ldots, n$. Let $p_{n+1}(x) = a_{n+1} x^{n+1} + \cdots + a_0$ be a polynomial of degree $n+1$ for which $E(p_{n+1}(x)) \neq 0$. Since $a_{n+1} \neq 0$, we have

$$x^{n+1} = \frac{1}{a_{n+1}} p_{n+1}(x) - \frac{a_n}{a_{n+1}} x^n - \cdots - \frac{a_0}{a_{n+1}}.$$

Then
$$E(x^{n+1}) = \frac{1}{a_{n+1}} E(p_{n+1}(x)) - \frac{a_n}{a_{n+1}} E(x^n) - \cdots - \frac{a_0}{a_{n+1}} E(1)$$
$$= \frac{1}{a_{n+1}} E(p_{n+1}(x)) \neq 0.$$

Thus, the quadrature formula has degree of precision n.

26. Using $n = 3$ in Theorem 4.2 gives
$$\int_a^b f(x)\,dx = \sum_{i=0}^{3} a_i f(x_i) + \frac{h^5 f^{(4)}(\xi)}{24} \int_0^3 t(t-1)(t-2)(t-3)\,dt.$$

Since
$$\int_0^3 t(t-1)(t-2)(t-3)\,dt = -\frac{9}{10},$$

the error term is
$$-3h^5 f^{(4)}(\xi)/80.$$

Also,
$$a_i = \int_{x_0}^{x_3} \prod_{\substack{j=0 \\ j \neq i}}^{3} \frac{x - x_j}{x_i - x_j} dx, \quad \text{for each} \quad i = 0, 1, 2, 3.$$

Using the change of variables $x = x_0 + th$ gives
$$a_i = h \int_{0}^{3} \prod_{\substack{j=0 \\ j \neq i}}^{3} \frac{t - j}{i - j} dt, \quad \text{for each} \quad i = 0, 1, 2, 3.$$

Evaluating the integrals gives $a_0 = \frac{3h}{8}, a_1 = \frac{9h}{8}, a_2 = \frac{9h}{8}$, and $a_3 = \frac{3h}{8}$.

Exercise Set 4.4, page 203

1. The Composite Trapezoidal rule approximations are:

    (a) 0.639900   (b) 31.3653   (c) 0.784241   (d) −6.42872

    (e) −13.5760   (f) 0.476977   (g) 0.605498   (h) 0.970926

2.
	Composite Trapezoidal Approximation	Actual Integral
(a)	0.91193343	0.92073549
(b)	0.09363001	0.08802039
(c)	−0.66468785	−0.66293045
(d)	0.36487225	0.36423547

3. The Composite Simpson's rule approximations are:

    (a) 0.99999998   (b) 1.9999999   (c) 2.2751458   (d) −19.646796

4.
	Composite Simpson's Approximation	Actual Integral
(a)	0.92088605	0.92073549
(b)	0.08809221	0.08802039
(c)	−0.66292308	−0.66293045
(d)	0.36423967	0.36423547

5. The Composite Midpoint rule approximations are:

   (a) 0.633096   (b) 11.1568   (c) 0.786700   (d) −6.11274

   (e) −14.9985   (f) 0.478751   (g) 0.602961   (h) 0.947868

6.

	Composite Trapezoidal Approximation	Actual Integral
(a)	0.92862909	0.92073549
(b)	0.08177145	0.08802039
(c)	-0.66067279	-0.66293045
(d)	0.36342511	0.36423547

7. (a) The Composite Trapezoidal rule approximation is 3.15947567.

   (b) The Composite Simpson's rule approximation is 3.10933713.

   (c) The Composite Midpoint rule approximation is 3.00906003.

8. (a) The Composite Trapezoidal rule approximation is 0.4215820.

   (b) The Composite Simpson's rule approximation is 0.4227162.

   (c) The Composite Midpoint rule approximation is 0.4249845.

9. $\alpha = 0.75$

10. $f(-1) = 1$, $f(-0.5) = 2$, $f(0) = 6$, $f(0.5) = 3$, $f(1) = 1$

11. (a) The Composite Trapezoidal rule requires $h < 0.000922295$ and $n \geq 2168$.

    (b) The Composite Simpson's rule requires $h < 0.037658$ and $n \geq 54$.

    (c) The Composite Midpoint rule requires $h < 0.00065216$ and $n \geq 3066$.

12. (a) The Composite Trapezoidal rule requires $h < 0.0069669$ and $n \geq 451$.

    (b) The Composite Simpson's rule requires $h < 0.132749$ and $n \geq 24$.

    (c) The Composite Midpoint rule requires $h < 0.0049263$ and $n \geq 636$.

13. (a) The Composite Trapezoidal rule requires $h < 0.04382$ and $n \geq 46$. The approximation is 0.405471.

    (b) The Composite Simpson's rule requires $h < 0.44267$ and $n \geq 6$. The approximation is 0.405466.

    (c) The Composite Midpoint rule requires $h < 0.03098$ and $n \geq 64$. The approximation is 0.405460.

14. (a) The Composite Trapezoidal rule requires $h < 0.01095$ and $n \geq 91$. With $n = 91$, the approximation is 0.6363013.

(b) The Composite Simpson's rule requires $h < 0.173205$ and $n \geq 6$. With $n = 6$, the approximation is 0.6362975.

(c) The Composite Midpoint rule requires $h < 0.0077460$ and $n > 128$. With $n = 130$, the approximation is 0.6362875.

15. (a) Because the right and left limits at 0.1 and 0.2 for f, f', and f'' are the same, the functions are continuous on $[0, 0.3]$. However,

$$f'''(x) = \begin{cases} 6, & 0 \leq x \leq 0.1 \\ 12, & 0.1 < x \leq 0.2 \\ 12, & 0.2 < x \leq 0.3 \end{cases}$$

is discontinuous at $x = 0.1$.

(b) We have 0.302506 with an error bound of 1.9×10^{-4}.

(c) We have 0.302425, and the value of the actual integral is the same.

16. To show that the sum

$$\sum_{j=1}^{n/2} f^{(4)}(\xi_j) 2h$$

is a Riemann Sum, let $y_i = x_{2i}$, for $i = 0, 1, \ldots \frac{n}{2}$. Then $\Delta y_i = y_{i+1} - y_i = 2h$ and $y_{i-1} \leq \xi_i \leq y_i$. Thus,

$$\sum_{j=1}^{n/2} f^{(4)}(\xi_j) \Delta y_j = \sum_{j=1}^{n/2} f^{(4)}(\xi_j) 2h$$

is a Riemann Sum for $\int_a^b f^{(4)}(x) dx$. Hence,

$$E(f) = -\frac{h^5}{90} \sum_{j=1}^{n/2} f^{(4)}(\xi_j) = -\frac{h^4}{180} \left[\sum_{j=1}^{n/2} f^{(4)}(\xi_j) 2h \right]$$

$$\approx -\frac{h^4}{180} \int_a^b f^{(4)}(x) \, dx = -\frac{h^4}{180} \left[f'''(b) - f'''(a) \right].$$

17. (a) For the Composite Trapezoidal rule, we have

$$E(f) = -\frac{h^3}{12} \sum_{j=1}^{n} f''(\xi_j) = -\frac{h^2}{12} \sum_{j=1}^{n} f''(\xi_j) h = -\frac{h^2}{12} \sum_{j=1}^{n} f''(\xi_j) \Delta x_j,$$

where $\Delta x_j = x_{j+1} - x_j = h$ for each j. Since $\sum_{j=1}^{n} f''(\xi_j) \Delta x_j$ is a Riemann sum for $\int_a^b f''(x) \, dx = f'(b) - f'(a)$, we have

$$E(f) \approx -\frac{h^2}{12} [f'(b) - f'(a)].$$

(b) For the Composite Midpoint rule, we have

$$E(f) = \frac{h^3}{3}\sum_{j=1}^{n/2} f''(\xi_j) = \frac{h^2}{6}\sum_{j=1}^{n/2} f''(\xi_j)(2h).$$

But $\sum_{j=1}^{n/2} f''(\xi_j)(2h)$ is a Riemann sum for $\int_a^b f''(x)\,dx = f'(b) - f'(a)$, so

$$E(f) \approx \frac{h^2}{6}[f'(b) - f'(a)].$$

18. (a) Composite Trapezoidal Rule: With $h = 0.0069669$, the error estimate is 2.541×10^{-5}.
    (b) Composite Simpson's Rule: With $h = 0.132749$, the error estimate is 3.252×10^{-5}.
    (c) Composite Midpoint Rule: With $h = 0.0049263$, the error estimate is 2.541×10^{-5}.

19. (a) The estimate using the Composite Trapezoidal rule is $-\frac{1}{2}h^2 \ln 2 = -6.296 \times 10^{-6}$.
    (b) The estimate using the Composite Simpson's rule is $-\frac{1}{240}h^2 = -3.75 \times 10^{-6}$.
    (c) The estimate using the Composite Midpoint rule is $\frac{1}{6}h^2 \ln 2 = 6.932 \times 10^{-6}$.

20. (a) 0.68269822 obtained using $n = 10$ in Composite Simpson's rule.
    (b) 0.95449101 obtained using $n = 14$ in Composite Simpson's rule.
    (c) 0.99729312 obtained using $n = 20$ in Composite Simpson's rule.

21. The length is approximately 15.8655.

22. The length of the track is approximately 9858 ft.

23. Composite Simpson's rule with $h = 0.25$ gives 2.61972 s.

24. An approximation for T is 1054.694.

25. The length is approximately 58.47082, using $n = 100$ in the Composite Simpson's rule.

26. (a) For $p_0 = 0.5$, we have $p_6 = 1.644854$ with $n = 20$.
    (b) For $p_0 = 0.5$, we have $p_6 = 1.645085$ with $n = 40$.

Exercise Set 4.5, page 211

1. Romberg integration gives $R_{3,3}$ as follows:

   (a) 0.1922593   (b) 0.1606105   (c) −0.1768200   (d) 0.08875677

   (e) 2.5879685   (f) −0.7341567   (g) 0.6362135   (h) 0.6426970

2. Romberg integration gives $R_{3,3}$ as follows:

   (a) 1.45281435 (b) 0.32795861 (c) -10.51261013 (d) 0.52681555

3. Romberg integration gives $R_{4,4}$ as follows:

   (a) 0.1922594 (b) 0.1606028 (c) -0.1768200 (d) 0.08875528

   (e) 2.5886272 (f) -0.7339728 (g) 0.6362134 (h) 0.6426991

4. Romberg integration gives $R_{4,4}$ as follows:

   (a) 1.45466031 (b) 0.32456706 (c) -10.52012212 (d) 0.52659385

5. Romberg integration gives:

   (a) 0.19225936 with $n = 4$ (b) 0.16060279 with $n = 5$

   (c) -0.17682002 with $n = 4$ (d) 0.088755284 with $n = 5$

   (e) 2.5886286 with $n = 6$ (f) -0.73396918 with $n = 6$

   (g) 0.63621335 with $n = 4$ (h) 0.64269908 with $n = 5$

6. (a) $R_{6,6} = 1.45464871$, Actual Integral= 1.454648713
   (b) $R_{7,7} = 0.32433216$, Actual Integral= 0.3243321549
   (c) $R_{6,6} = -10.52001521$, Actual Integral= -10.52001520
   (d) $R_{6,6} = 0.52658903$, Actual Integral= 0.5265890342

7. $R_{33} = 11.5246$

8. $R_{21} = 0.2361$

9. $f(2.5) \approx 0.43459$

10. $f(1/2) = 5.5$

11. $R_{31} = 5$

12. Romberg integration gives:

    (a) 62.4373714, 57.2885616, 56.4437507, 56.2630547, and 56.2187727 yields a prediction of 56.2.
    (b) 55.5722917, 56.2014707, 56.2055989, and 56.2040624 yields a prediction of 56.20.

(c) 58.3626837, 59.0773207, 59.2688746, 59.3175220, 59.3297316, and 59.3327870 yields a prediction of 59.330.

(d) 58.4220930, 58.4707174, 58.4704791, and 58.4704691 yields a prediction of 58.47047.

(e) Consider the graph of the function.

13. We have

$$R_{k,2} = \frac{4R_{k,1} - R_{k-1,1}}{3}$$

$$= \frac{1}{3}\left[R_{k-1,1} + 2h_{k-1}\sum_{i=1}^{2^{k-2}} f(a + (i - 1/2))h_{k-1})\right], \quad \text{from (4.35)},$$

$$= \frac{1}{3}\left[\frac{h_{k-1}}{2}(f(a) + f(b)) + h_{k-1}\sum_{i=1}^{2^{k-2}-1} f(a + ih_{k-1})\right.$$

$$\left. + 2h_{k-1}\sum_{i=1}^{2^{k-2}} f(a + (i - 1/2)h_{k-1})\right],$$

from (4.34) with $k - 1$ instead of k. Hence,

$$R_{k,2} = \frac{1}{3}\left[h_k(f(a) + f(b)) + 2h_k\sum_{i=1}^{2^{k-2}-1} f(a + 2ih_k) + 4h_k\sum_{i=1}^{2^{k-2}} f(a + (2i - 1)h)\right]$$

$$= \frac{h}{3}\left[f(a) + f(b) + 2\sum_{i=1}^{M-1} f(a + 2ih) + 4\sum_{i=1}^{M} f(a + (2i - 1)h)\right],$$

where $h = h_k$ and $M = 2^{k-2}$.

14. First consider

$$\sum_{i=1}^{2N-1} g(i) = g(1) + g(2) + g(3) + \cdots + g(2N - 2) + g(2N - 1)$$

$$= [g(1) + g(3) + \cdots + g(2N - 1)] + [g(2) + g(4) + \cdots + g(2N - 2)]$$

$$= \sum_{i=1}^{N} g(2i - 1) + \sum_{i=1}^{N-1} g(2i).$$

The result follows by setting

$$g(i) = f\left(a + \frac{i}{2}h_{k-1}\right) \quad \text{and} \quad N = 2^{k-2}.$$

15. Equation (4.35) follows from

$$R_{k,1} = \frac{h_k}{2}\left[f(a)+f(b)+2\sum_{i=1}^{2^{k-1}-1} f(a+ih_k)\right]$$

$$= \frac{h_k}{2}\left[f(a)+f(b)+2\sum_{i=1}^{2^{k-1}-1} f(a+\frac{i}{2}h_{k-1})\right]$$

$$= \frac{h_k}{2}\left[f(a)+f(b)+2\sum_{i=1}^{2^{k-1}-1} f(a+ih_{k-1})+2\sum_{i=1}^{2^{k-2}} f(a+(i-1/2)h_{k-1})\right]$$

$$= \frac{1}{2}\left\{\frac{h_{k-1}}{2}\left[f(a)+f(b)+2\sum_{i=1}^{2^{k-2}-1} f(a+ih_{k-1})\right]+h_{k-1}\sum_{i=1}^{2^{k-2}} f(a+(i-1/2)h_{k-1})\right\}$$

$$= \frac{1}{2}\left[R_{k-1,1}+h_{k-1}\sum_{i=1}^{2^{k-2}} f(a+(i-1/2)h_{k-1})\right].$$

16. The approximation erf(1) ≈ 0.84270079 is obtained using $n=6$.

Exercise Set 4.6, page 218

1. Simpson's rule gives

    (a) $S(1,1.5) = 0.19224530$, $S(1,1.25) = 0.039372434$, $S(1.25,1.5) = 0.15288602$, and the actual value is 0.19225935.

    (b) $S(0,1) = 0.16240168$, $S(0,0.5) = 0.028861071$, $S(0.5,1) = 0.13186140$, and the actual value is 0.16060279.

    (c) $S(0,0.35) = -0.17682156$, $S(0,0.175) = -0.087724382$, $S(0.175,0.35) = -0.089095736$, and the actual value is -0.17682002.

    (d) $S(0,\frac{\pi}{4}) = 0.087995669$, $S(0,\frac{\pi}{8}) = 0.0058315797$, $S(\frac{\pi}{8},\frac{\pi}{4}) = 0.082877624$, and the actual value is 0.088755285.

    (e) $S(0,\frac{\pi}{4}) = 2.5836964$, $S(0,\frac{\pi}{8}) = 0.33088926$, $S(\frac{\pi}{8},\frac{\pi}{4}) = 2.2568121$, and the actual value is 2.5886286.

    (f) $S(1,1.6) = -0.73910533$, $S(1,1.3) = -0.26141244$, $S(1.3,1.6) = -0.47305351$, and the actual value is -0.73396917.

    (g) $S(3,3.5) = 0.63623873$, $S(3,3.25) = 0.32567095$, $S(3.25,3.5) = 0.31054412$, and the actual value is 0.63621334.

    (h) $S(0,\frac{\pi}{4}) = 0.64326905$, $S(0,\frac{\pi}{8}) = 0.37315002$, $S(\frac{\pi}{8},\frac{\pi}{4}) = 0.26958270$, and the actual value is 0.64269908.

2. Adaptive quadrature gives:

   (a) 0.19226   (b) 0.16072   (c) −0.17682   (d) 0.088709

   (e) 2.58770   (f) −0.73447   (g) 0.63622   (h) 0.64273

3. Adaptive quadrature gives:

   (a) 108.555281   (b) −1724.966983   (c) −15.306308   (d) −18.945949

4.

	Adaptive Quadrature Approximation	Actual Integral
(a)	2.00000103	2.00000000
(b)	1.37296499	1.372964103
(c)	0.23222233	0.23222150
(d)	5.11383291	5.113832671

5. Adaptive quadrature gives:

	Simpson's rule	Number evaluation	Error	Adaptive quadrature	Number evaluation	Error
(a)	−0.21515695	57	6.3×10^{-6}	−0.21515062	229	1.0×10^{-8}
(b)	0.95135226	83	9.6×10^{-6}	0.95134257	217	1.1×10^{-7}
(c)	−6.2831813	41	4.0×10^{-6}	−6.2831852	109	1.1×10^{-7}
(d)	5.8696024	27	2.6×10^{-6}	5.8696044	109	4.0×10^{-9}

6. Adaptive quadrature gives

   $$\int_{0.1}^{2} \sin \frac{1}{x}\, dx \approx 1.1454 \quad \text{and} \quad \int_{0.1}^{2} \cos \frac{1}{x}\, dx \approx 0.67378.$$

7. $\int_{0}^{2\pi} u(t)\, dt \approx 0.00001$

8. (a) $c_1 = -\frac{1}{40}$, $c_2 = \frac{9}{680}$ (b) $\int_{0}^{2\pi} u(t)\, dt \approx -0.02348194$

9. We have, for $h = b - a$,

   $$\left| T(a,b) - T\left(a, \frac{a+b}{2}\right) - T\left(\frac{a+b}{2}, b\right) \right| \approx \frac{h^3}{16} |f''(\mu)|$$

and

$$\left| \int_a^b f(x) \, dx - T\left(a, \frac{a+b}{2}\right) - T\left(\frac{a+b}{2}, b\right) \right| \approx \frac{h^3}{48} |f''(\mu)|.$$

So

$$\left| \int_a^b f(x) \, dx - T\left(a, \frac{a+b}{2}\right) - T\left(\frac{a+b}{2}, b\right) \right| \approx \frac{1}{3} \left| T(a,b) - T\left(a, \frac{a+b}{2}\right) - T\left(\frac{a+b}{2}, b\right) \right|.$$

10. For t between 0 and 1 we have the following values.

t	$c(t)$	$s(t)$
0.1	0.0999975	0.000523589
0.2	0.199921	0.00418759
0.3	0.299399	0.0141166
0.4	0.397475	0.0333568
0.5	0.492327	0.0647203
0.6	0.581061	0.110498
0.7	0.659650	0.172129
0.8	0.722844	0.249325
0.9	0.764972	0.339747
1.0	0.779880	0.438245

Exercise Set 4.7, page 226

1. Gaussian quadrature gives:

   (a) 0.1922687
   (b) 0.1594104
   (c) −0.1768190
   (d) 0.08926302

   (e) 2.5913247
   (f) −0.7307230
   (g) 0.6361966
   (h) 0.6423172

2. Gaussian quadrature with $n = 3$ gives:

   (a) 0.1922594
   (b) 0.1605954
   (c) −0.1768200
   (d) 0.08875385

   (e) 2.5892580
   (f) −0.7337990
   (g) 0.6362132
   (h) 0.6427011

Numerical Differentiation and Integration

3. Gaussian quadrature gives:

   (a) 0.1922594   (b) 0.1606028   (c) −0.1768200   (d) 0.08875529

   (e) 2.5886327   (f) −0.7339604   (g) 0.6362133   (h) 0.6426991

4. Gaussian quadrature with $n = 5$ gives:

   (a) 0.1922594   (b) 0.1606028   (c) −0.1768200   (d) 0.08875528

   (e) 2.5886286   (f) −0.7339687   (g) 0.6362133   (h) 0.6426991

5. $a = 1$, $b = 1$, $c = \frac{1}{3}$, $d = -\frac{1}{3}$

6. $a = \frac{7}{15}$, $b = \frac{16}{15}$, $c = \frac{7}{15}$, $d = \frac{1}{15}$, $e = -\frac{1}{15}$

7. The Legendre polynomials $P_2(x)$ and $P_3(x)$ are given by

$$P_2(x) = \frac{1}{2}\left(3x^2 - 1\right) \quad \text{and} \quad P_3(x) = \frac{1}{2}\left(5x^3 - 3x\right),$$

so their roots are easily verified.
For $n = 2$,

$$c_1 = \int_{-1}^{1} \frac{x + 0.5773502692}{1.1547005}\, dx = 1$$

and

$$c_2 = \int_{-1}^{1} \frac{x - 0.5773502692}{-1.1547005}\, dx = 1.$$

For $n = 3$,

$$c_1 = \int_{-1}^{1} \frac{x(x + 0.7745966692)}{1.2}\, dx = \frac{5}{9},$$

$$c_2 = \int_{-1}^{1} \frac{(x + 0.7745966692)(x - 0.7745966692)}{-0.6}\, dx = \frac{8}{9},$$

and

$$c_3 = \int_{-1}^{1} \frac{x(x - 0.7745966692)}{1.2}\, dx = \frac{5}{9}.$$

8. Let $P(x) = \prod_{i=1}^{n}(x - x_i)^2$. Then $Q(P) = 0$ and $\int_{-1}^{1} P(x)\, dx \neq 0$.

Exercise Set 4.8, page 239

1. Algorithm 4.4 with $n = m = 4$ gives:

    (a) 0.3115733 (b) 0.2552526 (c) 16.50864 (d) 1.476684

2. Algorithm 4.4 gives:

    (a) 0.3115733 with $n = m = 2$
    (b) 0.2552526 with $n = m = 4$

    (c) 16.50864 with $n = m = 4$
    (d) No result since it requires $n, m > 800$.

3. Algorithm 4.4 with $n = 4$ and $m = 8$, $n = 8$ and $m = 4$, and $n = m = 6$ gives:

    (a) 0.5119875, 0.5118533, 0.5118722
    (b) 1.718857, 1.718220, 1.718385

    (c) 1.001953, 1.000122, 1.000386
    (d) 0.7838542, 0.7833659, 0.7834362

    (e) $-1.985611, -1.999182, -1.997353$
    (f) 2.004596, 2.000879, 2.000980

    (g) 0.3084277, 0.3084562, 0.3084323
    (h) $-22.61612, -19.85408, -20.14117$

4. Algorithm 4.4 gives:

    (a) 0.51184555 with $n = m = 14$
    (b) 1.7182827 with $n = m = 20$

    (c) 1.00000081 with $n = m = 28$
    (d) 0.78333417 with $n = m = 20$

    (e) -1.99999913 with $n = m = 44$
    (f) 2.00000092 with $n = m = 34$

    (g) 0.30842563 with $n = m = 12$
    (h) -19.73920977 with $n = m = 144$

5. Algorithm 4.5 with $n = m = 2$ gives:

    (a) 0.3115733 (b) 0.2552446 (c) 16.50863 (d) 1.488875

6. Algorithm 4.5 gives:

    (a) 0.3115733 with $n = m = 2$ and 4 function evaluations
    (b) 0.2552519 with $n = m = 3$ and 9 function evaluations

(c) 16.508640 with $n = m = 3$ and 9 function evaluations

(d) no result, since it requires $n, m > 5$

7. Algorithm 4.5 with $n = m = 3$, $n = 3$ and $m = 4$, $n = 4$ and $m = 3$, and $n = m = 4$ gives:

   (a) 0.5118655, 0.5118445, 0.5118655, 0.5118445, 2.1×10^{-5}, 1.3×10^{-7}, 2.1×10^{-5}, 1.3×10^{-7}
   (b) 1.718163, 1.718302, 1.718139, 1.718277, 1.2×10^{-4}, 2.0×10^{-5}, 1.4×10^{-4}, 4.8×10^{-6}
   (c) 1.000000, 1.000000, 1.0000000, 1.000000, 0, 0, 0, 0
   (d) 0.7833333, 0.7833333, 0.7833333, 0.7833333, 0, 0, 0, 0
   (e) -1.991878, -2.000124, -1.991878, -2.000124, 8.1×10^{-3}, 1.2×10^{-4}, 8.1×10^{-3}, 1.2×10^{-4}
   (f) 2.001494, 2.000080, 2.001388, 1.999984, 1.5×10^{-3}, 8×10^{-5}, 1.4×10^{-3}, 1.6×10^{-5}
   (g) 0.3084151, 0.3084145, 0.3084246, 0.3084245, 10^{-5}, 5.5×10^{-7}, 1.1×10^{-5}, 6.4×10^{-7}
   (h) -12.74790, -21.21539, -11.83624, -20.30373, 7.0, 1.5, 7.9, 0.564

8. Algorithm 4.5 with $n = m = 5$ gives:

   (a) 0.51184464, error 3×10^{-10} (b) 1.7182816, error 2.2×10^{-7}

   (c) 1.0000000, error 0   (d) 0.78333333, error 0

   (e) -1.9999989, error 1.1×10^{-6} (f) 2.0000001, error 1.1×10^{-7}

   (g) 0.30842509, error 4.3×10^{-8} (h) -19.712428, error 0.0268

9. Algorithm 4.4 with $n = m = 14$ gives 0.1479103, and Algorithm 4.5 with $n = m = 4$ gives 0.1506823.

10. $\iint_R \sqrt{xy + y^2}\, dA \approx 13.15229$

11. The approximation to the center of mass is $(\bar{x}, \bar{y})$, where $\bar{x} = 0.3806333$ and $\bar{y} = 0.3822558$.

12. The approximation from Algorithm 4.5 with $n = m = 5$ is $\bar{x} = 0.3820547$ and $\bar{y} = 0.3813976$.

13. The area is approximately 1.0402528.

14. The area approximation from Algorithm 4.5 is 1.0402523.

15. Algorithm 4.6 with $n = m = p = 2$ gives the first listed value. The second is the exact result.

   (a) 5.204036, $e(e^{0.5} - 1)(e - 1)^2$ (b) 0.08429784, $\frac{1}{12}$

   (c) 0.08641975, $\frac{1}{14}$ (d) 0.09722222, $\frac{1}{12}$

(e) 7.103932, $2 + \frac{1}{2}\pi^2$ (f) 1.428074, $\frac{1}{2}(e^2+1) - e$

16. Gaussian quadrature with $n = m = p = 3$ gives:

    (a) 5.206442   (b) 0.08333333   (c) 0.07166667

    (d) 0.08333333   (e) 6.928161   (f) 1.474577

17. Algorithm 4.6 with $n = m = p = 4$ gives the first listed value. The second is from Algorithm 4.6 with $n = m = p = 5$.

    (a) 5.206447, 5.206447   (b) 0.08333333, 0.08333333   (c) 0.07142857, 0.07142857

    (d) 0.08333333, 0.08333333   (e) 6.934912, 6.934801   (f) 1.476207, 1.476246

18. Gaussian quadrature with $n = m = p = 4$ gives 3.0521250. The exact result is 3.0521249.

19. The approximation 20.41887 requires 125 functional evaluations.

Exercise Set 4.9, page 245

1. The Composite Simpson's rule gives:

    (a) 0.5284163   (b) 4.266654   (c) 0.4329748   (d) 0.8802210

2. The Composite Simpson's Rule gives:

    (a) 1.076163   (b) 20.07458

3. The Composite Simpson's rule gives:

    (a) 0.4112649   (b) 0.2440679   (c) 0.05501681   (d) 0.2903746

4. The Composite Simpson's Rule gives:

    (a) 1.1107218 with $n = 16$ (b) 0.58904782 with $n = 12$

5. The escape velocity is approximately 6.9450 mi/s.

Numerical Differentiation and Integration

6. The polynomial $L_n(x)$ has n distinct zeros in $[0, \infty)$. Let $x_1, ..., x_n$ be the n distinct zeros of L_n and define, for each $i = 1, ..., n$,

$$c_{n,i} = \int_0^\infty e^{-x} \prod_{\substack{j=1 \\ j \neq i}}^n \frac{(x - x_j)}{(x_i - x_j)} \, dx.$$

Let $P(x)$ be any polynomial of degree $n - 1$ or less, and let $P_{n-1}(x)$ be the $(n-1)$th Lagrange polynomial for P on the nodes $x_1, ..., x_n$. As in the proof of Theorem 4.7,

$$\int_0^\infty P(x) e^{-x} \, dx = \int_0^\infty P_{n-1}(x) e^{-x} \, dx = \sum_{i=1}^n c_{n,i} P(x_i),$$

so the quadrature formula is exact for polynomials of degree $n - 1$ or less.
If $P(x)$ has degree $2n - 1$ or less, then $P(x)$ can be divided by the nth Laguerre polynomial $L_n(x)$ to obtain

$$P(x) = Q(x) L_n(x) + R(x),$$

where $Q(x)$ and $R(x)$ are both polynomials of degree less than n. As in proof of Theorem 4.7, the orthogonality of the Laguerre polynomials on $[0, \infty)$ implies that

$$Q(x) = \sum_{i=0}^{n-1} d_i L_i(x),$$

for some constants d_i.
Thus,

$$\int_0^\infty e^{-x} P(x) \, dx = \int_0^\infty \sum_{i=0}^{n-1} d_i L_i(x) L_n(x) e^{-x} \, dx + \int_0^\infty e^{-x} R(x) \, dx$$

$$= \sum_{i=0}^{n-1} d_i \int_0^\infty L_i(x) L_n(x) e^{-x} \, dx + \sum_{i=1}^n c_{n,i} R(x_i)$$

$$= 0 + \sum_{i=1}^n c_{n,i} R(x_i) = \sum_{i=1}^n c_{n,i} R(x_i).$$

But,
$$P(x_i) = Q(x_i) L_n(x_i) + R(x_i) = 0 + R(x_i) = R(x_i),$$

so
$$\int_0^\infty e^{-x} P(x) \, dx = \sum_{i=1}^n c_{n,i} P(x_i).$$

Hence the quadrature formula has degree of precision $2n - 1$.

7. (a) $\int_0^\infty e^{-x} f(x) \, dx \approx 0.8535534 \ f(0.5857864) + 0.1464466 \ f(3.4142136)$

   (b) $\int_0^\infty e^{-x} f(x) \, dx \approx 0.7110930 \ f(0.4157746) + 0.2785177 \ f(2.2942804) + 0.0103893 \ f(6.2899451)$

8. For $n = 2$ we have 0.9238795. For $n = 3$ we have 0.9064405.

9. For $n = 2$ we have 2.9865139. For $n = 3$ we have 2.9958198.

Initial-Value Problems for Ordinary Differential Equations

Exercise Set 5.1, page 255

1. (a) Since $f(t,y) = y\cos t$, we have $\frac{\partial f}{\partial y}(t,y) = \cos t$, and f satisfies a Lipschitz condition in y with $L = 1$ on
$$D = \{(t,y) | 0 \le t \le 1, -\infty < y < \infty\}.$$
Also, f is continuous on D, so there exists a unique solution, which is $y(t) = e^{\sin t}$.

   (b) Since $f(t,y) = \frac{2}{t}y + t^2 e^t$, we have $\frac{\partial f}{\partial y} = \frac{2}{t}$, and f satisfies a Lipschitz condition in y with $L = 2$ on
$$D = \{(t,y) | 1 \le t \le 2, -\infty < y < \infty\}.$$
Also, f is continuous on D, so there exists a unique solution, which is $y(t) = t^2(e^t - e)$.

   (c) Since $f(t,y) = -\frac{2}{t}y + t^2 e^t$, we have $\frac{\partial f}{\partial y} = -\frac{2}{t}$, and f satisfies a Lipschitz condition in y with $L = 2$ on
$$D = \{(t,y) | 1 \le t \le 2, -\infty < y < \infty\}.$$
Also, f is continuous on D, so there exists a unique solution, which is
$$y(t) = (t^4 e^t - 4t^3 e^t + 12t^2 e^t - 24t e^t + 24 e^t + (\sqrt{2} - 9)e)/t^2.$$

   (d) Since $f(t,y) = \frac{4t^3 y}{1+t^4}$, we have $\frac{\partial f}{\partial y} = \frac{4t^3}{1+t^4}$, and f satisfies a Lipschitz condition in y with $L = 2$ on
$$D = \{(t,y) | 0 \le t \le 1, -\infty < y < \infty\}.$$
Also, f is continuous on D, so there exists a unique solution, which is $y(t) = 1 + t^4$.

2. (a) Since $f(t,y) = e^{t-y}$, we have $\frac{\partial f}{\partial y}(t,y) = -e^{t-y}$, and f does not satisfies a Lipschitz condition in y on
$$D = \{(t,y) | 0 \le t \le 1, -\infty < y < \infty\}.$$
But there is a unique solution, which is $y(t) = \ln(e^t - 1 + e)$.

   (b) Since $f(t,y) = t^{-2}(\sin(2t) - 2ty)$, we have $\frac{\partial f}{\partial y} = -2/t$, and f satisfies a Lipschitz condition in y with $L = 2$ on
$$D = \{(t,y) | 1 \le t \le 2, -\infty < y < \infty\}.$$
Also, f is continuous on D, so there exists a unique solution, which is $y(t) = (4 + \cos 2 - \cos(2t))t^{-2}/2$.

(c) Since $f(t, y) = -y + ty^{1/2}$, we have $\frac{\partial f}{\partial y} = -1 + (t/2)y^{-1/2}$, and f does not satisfies a Lipschitz condition in y on

$$D = \{(t, y) | 2 \le t \le 3, -\infty < y < \infty\}.$$

But there is a unique solution, which is $y(t) = \left(t - 2 + \sqrt{2}e^{1-t/2}\right)^2$.

(d) Since $f(t, y) = \frac{ty+y}{ty+t}$, we have $\frac{\partial f}{\partial y} = \frac{t+1}{t(y+1)^2}$, and f does not satisfies a Lipschitz condition in y on

$$D = \{(t, y) | 2 \le 4 \le 1, -\infty < y < \infty\}.$$

But there is a unique solution, which is implicitly given by $y(t) - t - 2 = \ln(2t/y(t))$.

3. (a) Lipschitz constant $L = 1$; it is a well-posed problem.

   (b) Lipschitz constant $L = 1$; it is a well-posed problem.

   (c) Lipschitz constant $L = 1$; it is a well-posed problem.

   (d) The function f does not satisfy a Lipschitz condition, so Theorem 5.6 cannot be used.

4. (a) The function f does not satisfy a Lipschitz condition, so Theorem 5.6 cannot be used.

   (b) Lipschitz constant $L = 1$; it is a well-posed problem.

   (c) Lipschitz constant $L = 1$; it is a well-posed problem.

   (d) The function f does not satisfy a Lipschitz condition, so Theorem 5.6 cannot be used.

5. (a) Differentiating $y^3 t + yt = 2$ gives $3y^2 y't + y^3 + y't + y = 0$. Solving for y' gives the original differential equation, and setting $t = 1$ and $y = 1$ verifies the initial condition. To approximate $y(2)$, use Newton's method to solve the equation $y^3 + y - 1 = 0$. This gives $y(2) \approx 0.6823278$.

   (b) Differentiating $y \sin t + t^2 e^y + 2y - 1 = 0$ gives $y' \sin t + y \cos t + 2te^y + t^2 e^y y' + 2y' = 0$. Solving for y' gives the original differential equation, and setting $t = 1$ and $y = 0$ verifies the initial condition. To approximate $y(2)$, use Newton's method to solve the equation $(2 + \sin 2)y + 4e^y - 1 = 0$. This gives $y(2) \approx -0.4946599$.

6. Let (t, y_1) and (t, y_2) be in D. Holding t fixed, define $g(y) = f(t, y)$. Suppose $y_1 < y_2$. Since the line joining (t, y_1) to (t, y_2) lies in D and f is continuous on D, we have $g \in C[y_1, y_2]$. Further, $g'(y) = \frac{\partial f(t,y)}{\partial y}$. Using the Mean Value Theorem on g, a number ξ, for $y_1 < \xi < y_2$, exists with

$$g(y_2) - g(y_1) = g'(\xi)(y_2 - y_1).$$

Thus,

$$f(t, y_2) - f(t, y_1) = \frac{\partial f(t, \xi)}{\partial y}(y_2 - y_1)$$

and

$$|f(t, y_2) - f(t, y_1)| \le L |y_2 - y_1|.$$

The proof is similar if $y_2 < y_1$. Therefore, f satisfies a Lipschitz condition on D in the variable y with Lipschitz constant L.

Initial-Value Problems for Ordinary Differential Equations

7. Let (t_1, y_1) and (t_2, y_2) be in D, with $a \leq t_1 \leq b$, $a \leq t_2 \leq b$, $-\infty < y_1 < \infty$, and $-\infty < y_2 < \infty$. For $0 \leq \lambda \leq 1$, we have $(1-\lambda)a \leq (1-\lambda)t_1 \leq (1-\lambda)b$ and $\lambda a \leq \lambda t_2 \leq \lambda b$. Hence, $a = (1-\lambda)a + \lambda a \leq (1-\lambda)t_1 + \lambda t_2 \leq (1-\lambda)b + \lambda b = b$. Also, $-\infty < (1-\lambda)y_1 + \lambda y_2 < \infty$, so D is convex.

8. (a) Since $y(t) = 1 - e^{-t}$, we have $z(t) = 1 - e^{-t} + \delta(t - 1 + e^{-t}) + \varepsilon_0 e^{-t}$ and $|y(t) - z(t)| \leq 2|\delta| + |\varepsilon_0| < 3\varepsilon$, so the problem is well posed.

   (b) Since $y(t) = -t - 1$, we have $z(t) = -t - 1 + \delta(-t - 1 + e^t) + \varepsilon_0 e^t$ and $|y(t) - z(t)| \leq 4.4|\delta| + 7.4|\varepsilon_0| < 11.8\varepsilon$, so the problem is well posed.

   (c) Since $y(t) = t^2(e^t - e)$, we have $z(t) = t^2(e^t - e) + t^2(\varepsilon_0 + \delta \ln t)$ and $|y(t) - z(t)| \leq 4(|\varepsilon_0| + \ln 2|\delta|) < 6.8\varepsilon$, so the problem is well posed.

   (d) Since
   $$y(t) = \frac{t^4 e^t - 4t^3 e^t + 12t^2 e^t - 24t e^t + 24 e^t}{t^2} + \frac{(\sqrt{2} - 9) e}{t^2},$$
   we have
   $$z(t) = \frac{t^4 e^t - 4t^3 e^t + 12t^2 e^t - 24t e^t + 24 e^t}{t^2} + \frac{(\sqrt{2} - 9) e}{t^2} + \frac{1}{4}\delta t^2 + \frac{\varepsilon_0 - \delta/4}{t^2}$$
   and
   $$|y(t) - z(t)| \leq |\delta| + |\varepsilon_0| + |\delta|/4 < 2.25\varepsilon,$$
   so the problem is well posed.

9. (a) Since $y' = f(t, y(t))$, we have
   $$\int_a^t y'(z)\, dz = \int_a^t f(z, y(z))\, dz.$$
   So
   $$y(t) - y(a) = \int_a^t f(z, y(z))\, dz$$
   and
   $$y(t) = \alpha + \int_a^t f(z, y(z))\, dz.$$
   The iterative method follows from this equation.

   (b) We have $y_0(t) = 1$, $y_1(t) = 1 + \frac{1}{2}t^2$, $y_2(t) = 1 + \frac{1}{2}t^2 - \frac{1}{6}t^3$, and $y_3(t) = 1 + \frac{1}{2}t^2 - \frac{1}{6}t^3 + \frac{1}{24}t^4$.

   (c) We have $y(t) = 1 + \frac{1}{2}t^2 - \frac{1}{6}t^3 + \frac{1}{24}t^4 - \frac{1}{120}t^5 + \cdots$.

Exercise Set 5.2, page 263

1. Euler's method gives the approximations in the following tables.

(a)

i	t_i	w_i	$y(t_i)$
1	0.500	0.0000000	0.2836165
2	1.000	1.1204223	3.2190993

(b)

i	t_i	w_i	$y(t_i)$
1	2.500	2.0000000	1.8333333
2	3.000	2.6250000	2.5000000

(c)

i	t_i	w_i	$y(t_i)$
1	1.250	2.7500000	2.7789294
2	1.500	3.5500000	3.6081977
3	1.750	4.3916667	4.4793276
4	2.000	5.2690476	5.3862944

(d)

i	t_i	w_i	$y(t_i)$
1	0.250	1.2500000	1.3291498
2	0.500	1.6398053	1.7304898
3	0.750	2.0242547	2.0414720
4	1.000	2.2364573	2.1179795

2. Euler's method gives the approximations in the following tables.

(a)

t_i	w_i
0.5	1.183939721
1.0	1.436252216

(b)

t_i	w_i
1.5	2.333333333
2.0	2.708333333

(c)

t_i	w_i
2.25	2.207106781
2.50	2.490998908
2.75	2.854680348
3.00	3.302596464

(d)

t_i	w_i
1.25	1.227324357
1.50	0.8321501572
1.75	0.5704467722
2.00	0.3788266146

3. The actual errors and error bounds for the approximations in Exercise 1 are given in the following tables.

(a)

t	Actual error	Error bound
0.5	0.2836165	11.3938
1.0	2.0986771	42.3654

(b)

t	Actual error	Error bound
2.5	0.166667	0.429570
3.0	0.125000	1.59726

(c)

t	Actual error	Error bound
1.25	0.0289294	0.0355032
1.50	0.0581977	0.0810902
1.75	0.0876610	0.139625
2.00	0.117247	0.214785

(d)

t	Actual error
0.25	0.0791498
0.50	0.0906844
0.75	0.0172174
1.00	0.118478

For Part (d), error bound formula (5.10) cannot be applied since $L = 0$.

4. The actual errors and error bounds for the approximations in Exercise 1 are given in the following tables.

(a)

t_i	$|w_i - y(t_i)|$	Error bound
0.5	0.030083340	0.06651369683
1.0	0.053627909	0.3254413801

(b)

t_i	$|w_i - y(t_i)|$	Error bound
1.5	0.020768633	0.02518894623
2.0	0.033324054	0.05494617010

(c)

t_i	$|w_i - y(t_i)|$	Error bound
2.25	0.037014328	0.04985076072
2.50	0.073453039	0.1100812516
2.75	0.110513485	0.1828526997
3.00	0.148690185	0.2707763338

(d)

t_i	$|w_i - y(t_i)|$	Error bound
1.25	0.175874613	0.3053253946
1.50	0.1842599898	0.8087218666
1.75	0.1675629993	1.638682338
2.00	0.1508604834	3.007055822

5. Euler's method gives the approximations in the following tables.

(a)

i	t_i	w_i	$y(t_i)$
2	1.200	1.0082645	1.0149523
4	1.400	1.0385147	1.0475339
6	1.600	1.0784611	1.0884327
8	1.800	1.1232621	1.1336536
10	2.000	1.1706516	1.1812322

(b)

i	t_i	w_i	$y(t_i)$
2	1.400	0.4388889	0.4896817
4	1.800	1.0520380	1.1994386
6	2.200	1.8842608	2.2135018
8	2.600	3.0028372	3.6784753
10	3.000	4.5142774	5.8741000

(c)

i	t_i	w_i	$y(t_i)$
2	0.400	−1.6080000	−1.6200510
4	0.800	−1.3017370	−1.3359632
6	1.200	−1.1274909	−1.1663454
8	1.600	−1.0491191	−1.0783314
10	2.000	−1.0181518	−1.0359724

(d)

i	t_i	w_i	$y(t_i)$
2	0.2	0.1083333	0.1626265
4	0.4	0.1620833	0.2051118
6	0.6	0.3455208	0.3765957
8	0.8	0.6213802	0.6461052
10	1.0	0.9803451	1.0022460

6. Euler's method gives the approximations in the following tables.

(a)

i	t_i	w_i
2	0.2	1.374257426
3	0.3	1.513709064
9	0.9	1.631412128
10	1.0	1.579669485

(b)

i	t_i	w_i
2	1.2	−1.253297013
3	1.3	−1.181899131
9	1.9	−0.9150285539
10	2.0	−0.8861569244

(c)

i	t_i	w_i
5	2.0	−1.248872291
6	2.2	−1.217791320
8	2.6	−1.174414016
9	2.8	−1.158657534

(d)

i	t_i	w_i
5	0.5	1.255609618
6	0.6	1.352114314
9	0.9	1.624904878
10	1.0	1.700214869

7. The actual errors for the approximations in Exercise 3 are in the following tables.

(a)

t	Actual error
1.2	0.0066879
1.5	0.0095942
1.7	0.0102229
2.0	0.0105806

(b)

t	Actual error
1.4	0.0507928
2.0	0.2240306
2.4	0.4742818
3.0	1.3598226

(c)

t	Actual error
0.4	0.0120510
1.0	0.0391546
1.4	0.0349030
2.0	0.0178206

(d)

t	Actual error
0.2	0.0542931
0.5	0.0363200
0.7	0.0273054
1.0	0.0219009

8. The actual errors for the approximations in Exercise 5 are in the following tables.

(a)

t	Actual error
0.2	0.028103580
0.3	0.045819156
0.9	0.084450802
1.0	0.079669485

(b)

t	Actual error
1.2	0.015002391
1.3	0.018712043
1.9	0.0241936829
2.0	0.0240823020

(c)

t	Actual error
2.0	0.084461042
2.2	0.076326327
2.6	0.063681222
2.8	0.058733770

(d)

t	Actual error
0.5	0.034195658
0.6	0.028816902
0.9	0.007708304
1.0	0.001655184

9. Euler's method gives the approximations in the following table.

(a)

i	t_i	w_i	$y(t_i)$
1	1.1	0.271828	0.345920
5	1.5	3.18744	3.96767
6	1.6	4.62080	5.70296
9	1.9	11.7480	14.3231
10	2.0	15.3982	18.6831

(b) Linear interpolation gives the approximations in the following table.

t	Approximation	$y(t)$	Error
1.04	0.108731	0.119986	0.01126
1.55	3.90412	4.78864	0.8845
1.97	14.3031	17.2793	2.976

(c) $h < 0.00064$

10. (a)

i	t_i	w_i	$y(t_i)$
1	1.05	-0.9500000	-0.9523810
2	1.10	-0.9045353	-0.9090909
11	1.55	-0.6263495	-0.6451613
12	1.60	-0.6049486	-0.6250000
19	1.95	-0.4850416	-0.5128205
20	2.00	-0.4712186	-0.5000000

(b) (i) $y(1.052) \approx -0.9481814$ (ii) $y(1.555) \approx -0.6242094$ (iii) $y(1.978) \approx -0.4773007$

(c) $h < 0.029$

11. (a) Euler's method produces the following approximation to $y(5) = 5.00674$.

	$h = 0.2$	$h = 0.1$	$h = 0.05$
w_N	5.00377	5.00515	5.00592

(b) $h = \sqrt{2 \times 10^{-6}} \approx 0.0014142$.

12. For $t > 0$, the approximations are zero and are not adequate approximations until the solution becomes close to zero. This behavior does not violate Theorem 5.9.

13. (a) $1.021957 = y(1.25) \approx 1.014978$, $1.164390 = y(1.93) \approx 1.153902$

(b) $1.924962 = y(2.1) \approx 1.660756$, $4.394170 = y(2.75) \approx 3.526160$

(c) $-1.138277 = y(1.3) \approx -1.103618$, $-1.041267 = y(1.93) \approx -1.022283$

(d) $0.3140018 = y(0.54) \approx 0.2828333$, $0.8866318 = y(0.94) \approx 0.8665521$

14. (a) $1.411764706 = y(0.25) \approx 1.443983245$, $1.533594295 = y(0.93) \approx 1.615889335$

(b) $-1.233151731 = y(1.25) \approx -1.217598072$, $-0.9302304614 = y(1.93) \approx -0.9063670650$

(c) $-1.3125 = y(2.10) \approx, -1.233331806$ $-1.2222222222 = y(2.75) \approx -1.162596654$

(d) $1.326196852 = y(0.54) \approx 1.294211496$, $1.661361751 = y(0.94) \approx 1.655028874$

15. (a) $h = 10^{-n/2}$

(b) The minimal error is $10^{-n/2}(e-1) + 5e10^{-n-1}$.

(c)

t	$w(h = 0.1)$	$w(h = 0.01)$	$y(t)$	Error $(n = 8)$
0.5	0.40951	0.39499	0.39347	1.5×10^{-4}
1.0	0.65132	0.63397	0.63212	3.1×10^{-4}

Initial-Value Problems for Ordinary Differential Equations

16.

j	t_j	w_j
20	2	0.702938
40	4	−0.0457793
60	6	0.294870
80	8	0.341673
100	10	0.139432

17. (b) $w_{50} = 0.10430 \approx p(50)$

(c) Since $p(t) = 1 - 0.99e^{-0.002t}$, $p(50) = 0.10421$.

Exercise Set 5.3, page 271

1. Taylor's method of order two gives the approximations in the following tables.

(a)

t_i	w_i	$y(t_i)$
0.50	0.12500000	0.28361652
1.00	2.02323897	3.21909932

(b)

t_i	w_i	$y(t_i)$
2.50	1.75000000	1.83333333
3.00	2.42578125	2.50000000

(c)

t_i	w_i	$y(t_i)$
1.25	2.78125000	2.77892944
1.50	3.61250000	3.60819766
1.75	4.48541667	4.47932763
2.00	5.39404762	5.38629436

(d)

t_i	w_i	$y(t_i)$
0.25	1.34375000	1.32914981
0.50	1.77218707	1.73048976
0.75	2.11067606	2.04147203
1.00	2.20164395	2.11797955

2. Taylor's method of order two gives the approximations in the following tables.

(a)

t_i	w_i	$y(t_i)$
0.50	1.2130077	1.2140231
1.00	1.4893295	1.4898801

(b)

t_i	w_i	$y(t_i)$
1.50	2.3564815	2.3541020
2.00	2.7454763	2.7416574

(c)

t_i	w_i	$y(t_i)$
2.25	2.2437184	2.2441211
2.50	2.5634054	2.5644519
2.75	2.9633902	2.9651394
3.00	3.4486992	3.4512866

(d)

t_i	w_i	$y(t_i)$
1.25	1.4626530	1.4031990
1.50	1.0785177	1.0164101
1.75	0.79184185	0.73800977
2.00	0.574516240	0.52968710

3. Taylor's method of order four gives the approximations in the following tables.

(a)

t_i	w_i	$y(t_i)$
0.50	0.25781250	0.28361652
1.00	3.05529474	3.21909932

(b)

t_i	w_i	$y(t_i)$
2.50	1.81250000	1.83333333
3.00	2.48591644	2.50000000

(c)

t_i	w_i	$y(t_i)$
1.25	2.77897135	2.77892944
1.50	3.60826562	3.60819766
1.75	4.47941561	4.47932763
2.00	5.38639966	5.38629436

(d)

t_i	w_i	$y(t_i)$
0.25	1.32893880	1.32914981
0.50	1.72966730	1.73048976
0.75	2.03993417	2.04147203
1.00	2.11598847	2.11797955

4. Taylor's method of order four gives the approximations in the following tables.

(a)

t_i	w_i	$y(t_i)$
0.50	1.2140485	1.2140231
1.00	1.4898968	1.4898801

(b)

t_i	w_i	$y(t_i)$
1.50	2.3541059	2.3541020
2.00	2.7416702	2.7416574

(c)

t_i	w_i	$y(t_i)$
2.25	2.2441297	2.2441211
2.50	2.5644662	2.5644519
2.75	2.9652116	2.9651394
3.00	3.4513065	3.4512866

(d)

t_i	w_i	$y(t_i)$
1.25	1.4090648	1.4031990
1.50	1.0217897	1.0164101
1.75	0.74234451	0.73800977
2.00	0.53314083	0.52968710

5. Taylor's method of order two gives the approximations in the following tables.

(a)

		Order 2	
i	t_i	w_i	$y(t_i)$
1	1.1	1.214999	1.215886
2	1.2	1.465250	1.467570

(b)

		Order 2	
i	t_i	w_i	$y(t_i)$
1	0.5	0.5000000	0.5158868
2	1.0	1.076858	1.091818

(c)

	Order 2		
i	t_i	w_i	$y(t_i)$
1	1.5	−2.000000	−1.500000
2	2.0	−1.777776	−1.333333
3	2.5	−1.585732	−1.250000
4	3.0	−1.458882	−1.200000

(d)

	Order 2		
i	t_i	w_i	$y(t_i)$
1	0.25	1.093750	1.087088
2	0.50	1.312319	1.289805
3	0.75	1.538468	1.513490
4	1.0	1.720480	1.701870

6. Taylor's method of order two gives the approximations in the following tables.

(a)

i	t_i	w_i
2	0.2	1.3492187
4	0.4	1.5546191
6	0.6	1.6184028
8	0.8	1.5840995
10	1.0	1.4976289

(b)

i	t_i	w_i
2	1.2	−1.2697379
4	1.4	−1.1441477
6	1.6	−1.0485714
8	1.8	−0.97321601
10	2.0	−0.91214217

(a)

i	t_i	w_i
2	1.4	−1.6024604
4	1.8	−1.4206863
6	2.2	−1.3217746
8	2.6	−1.2601896
10	3.0	−1.2182831

(b)

i	t_i	w_i
2	0.2	1.0581740
4	0.4	1.2044189
6	0.6	1.3846529
8	0.8	1.5584034
10	1.0	1.7043395

7. Taylor's method of order four gives the approximations in the following tables.

(a)

	Order 4		
i	t_i	w_i	$y(t_i)$
1	1.1	1.215883	1.215886
2	1.2	1.467561	1.467570

(b)

	Order 4		
i	t_i	w_i	$y(t_i)$
1	0.5	0.5156250	0.5158868
2	1.0	1.091267	1.091818

(c)

Order 4

i	t_i	w_i	$y(t_i)$
1	1.5	−2.000000	−1.500000
2	2.0	−1.679012	−1.333333
3	2.5	−1.484493	−1.250000
4	3.0	−1.374440	−1.200000

(d)

Order 4

i	t_i	w_i	$y(t_i)$
1	0.25	1.086426	1.087088
2	0.50	1.288245	1.289805
3	0.75	1.512576	1.513490
4	1.0	1.701494	1.701870

8. Taylor's method of order four gives the approximations in the following tables.

(a)

i	t_i	w_i
2	0.2	1.3461270
4	0.4	1.5517144
6	0.6	1.6176616
8	0.8	1.5853873
10	1.0	1.5000175

(b)

i	t_i	w_i
2	1.2	−1.2683126
4	1.4	−1.1422607
6	1.6	−1.0465749
8	1.8	−0.97124644
10	2.0	−0.91025180

(c)

i	t_i	w_i
2	1.4	−1.5618034
4	1.8	−1.3887436
6	2.2	−1.2971040
8	2.6	−1.2404156
10	3.0	−1.2018912

(d)

i	t_i	w_i
2	0.2	1.0571619
4	0.4	1.2014475
6	0.6	1.3809015
8	0.8	1.5550142
10	1.0	1.7018616

9. (a) Taylor's method of order two gives the results in the following table.

i	t_i	w_i	$y(t_i)$
1	1.1	0.3397852	0.3459199
5	1.5	3.910985	3.967666
6	1.6	5.643081	5.720962
9	1.9	14.15268	14.32308
10	2.0	18.46999	18.68310

(b) Linear interpolation gives $y(1.04) \approx 0.1359139$, $y(1.55) \approx 4.777033$, and $y(1.97) \approx 17.17480$. Actual values are $y(1.04) = 0.1199875$, $y(1.55) = 4.788635$, and $y(1.97) = 17.27930$.

(c) Taylor's method of order four gives the results in the following table.

i	t_i	w_i
1	1.1	0.3459127
5	1.5	3.967603
6	1.6	5.720875
9	1.9	14.32290
10	2.0	18.68287

(d) Cubic Hermite interpolation gives $y(1.04) \approx 0.1199704$, $y(1.55) \approx 4.788527$, and $y(1.97) \approx 17.27904$.

10. (a) Taylor's method of order two gives the results in the following table.

i	t_i	w_i	$y(t_i)$
1	1.05	−0.9525000	−0.9523810
2	1.10	−0.9093138	−0.9090909
11	1.55	−0.6459788	−0.6451613
12	1.60	−0.6258649	−0.6250000
19	1.95	−0.5139781	−0.5128205
20	2.00	−0.5011957	−0.5000000

(b) Linear interpolation gives $y(1.052) \approx -0.9507726$, $y(1.555) \approx -0.6439674$, and $y(1.978) \approx -0.5068199$. Actual values are $y(1.052) = -0.9505703$, $y(1.555) = -0.6430868$, $y(1.978) = -0.5055612$.

(c) Taylor's method of order four gives the results in the following table.

i	t_i	w_i	$y(t_i)$
1	1.05	−0.9523813	−0.9523810
2	1.10	−0.9090914	−0.9090909
11	1.55	−0.6451629	−0.6451613
12	1.60	−0.6250017	−0.6250000
19	1.95	−0.5128226	−0.5128205
20	2.00	−0.5000022	−0.5000000

(d) Cubic Hermite interpolation gives $y(1.052) \approx -0.9505706$, $y(1.555) \approx -0.6430884$, and $y(1.978) \approx -0.5055633$

11. (a) The approximations for the velocity are in the following table.

i	t_i	Order 2	Order 4
2	0.2	5.86595	5.86433
5	0.5	2.82145	2.81789
7	0.7	0.84926	0.84455
10	1.0	−2.08606	−2.09015

(b) The maximum height occurs at approximately 0.8 s.

12. Taylor's method of order two gives the following:

t_i	w_i	$y(t_i)$
5	0.5	0.5146389
10	1.0	1.249305
15	1.5	2.152599
20	2.0	2.095185

Exercise Set 5.4, page 280

1. The Modified Euler method gives the approximations in the following tables.

(a)

t	Modified Euler	$y(t)$
0.5	0.5602111	0.2836165
1.0	5.3014898	3.2190993

(b)

t	Modified Euler	$y(t)$
2.5	1.8125000	1.8333333
3.0	2.4815531	2.5000000

(c)

t	Modified Euler	$y(t)$
1.25	2.7750000	2.7789294
1.50	3.6008333	3.6081977
1.75	4.4688294	4.4793276
2.00	5.3728586	5.3862944

(d)

t	Modified Euler	$y(t)$
0.25	1.3199027	1.3291498
0.50	1.7070300	1.7304898
0.75	2.0053560	2.0414720
1.00	2.0770789	2.1179795

2. The Modified Euler method gives the approximations in the following tables.

(a)

t_i	w_i	$y(t_i)$
0.50	1.2181261	1.2140231
1.00	1.4975545	1.4898801

(b)

t_i	w_i	$y(t_i)$
1.50	2.3541667	2.3541020
2.00	2.7417451	2.7416574

(c)

t_i	w_i	$y(t_i)$
2.25	2.2454995	2.2441211
2.50	2.5671560	2.5644519
2.75	2.9691945	2.9651938
3.00	3.4565684	3.4512866

(d)

t_i	w_i	$y(t_i)$
1.25	1.4160751	1.4031990
1.50	1.0310111	1.0164101
1.75	0.75226668	0.73800977
2.00	0.54324500	0.52968710

3. The Modified Euler method gives the approximations in the following tables.

(a)

Modified Euler

t_i	w_i	$y(t_i)$
1.2	1.0147137	1.0149523
1.5	1.0669093	1.0672624
1.7	1.1102751	1.1106551
2.0	1.1808345	1.1812322

(b)

Modified Euler

t_i	w_i	$y(t_i)$
1.4	0.4850495	0.4896817
2.0	1.6384229	1.6612818
2.4	2.8250651	2.8765514
3.0	5.7075699	5.8741000

(c)

Modified Euler

t_i	w_i	$y(t_i)$
0.4	−1.6229206	−1.6200510
1.0	−1.2442903	−1.2384058
1.4	−1.1200763	−1.1146484
2.0	−1.0391938	−1.0359724

(d)

Modified Euler

t_i	w_i	$y(t_i)$
0.2	0.1742708	0.1626265
0.5	0.2878200	0.2773617
0.7	0.5088359	0.5000658
1.0	1.0096377	1.0022460

4. The Modified Euler method gives the approximations in the following tables.

(a)

Modified Euler

t_i	w_i	$y(t_i)$
0.5	1.597265955	1.6
0.6	1.615015699	1.617647059
0.9	1.545108042	1.546961326
1.0	1.498430678	1.5

(b)

Modified Euler

t_i	w_i	$y(t_i)$
1.1	−1.347996027	−1.347822707
1.2	−1.268565970	−1.268299404
1.9	−0.9395411781	−0.9392222368
2.0	−0.9105471247	−0.9102392264

(c)

	Modified Euler	
t_i	w_i	$y(t_i)$
1.2	−1.72	−1.714285714
1.4	−1.561272503	−1.555555556
2.8	−1.219717333	−1.217391304
3.0	−1.202119310	−1.2

(d)

	Modified Euler	
t_i	w_i	$y(t_i)$
0.5	1.289770701	1.289805276
0.6	1.380583709	1.380931216
0.9	1.631230851	1.632613182
1.0	1.700210296	1.701870053

5. The Heun's method gives the approximations in the following tables.

(a)

	Heun	
t_i	w_i	$y(t_i)$
0.50	0.3397852	0.2836165
1.00	3.6968164	3.2190993

(b)

	Heun	
t_i	w_i	$y(t_i)$
2.50	1.7916667	1.8333333
3.00	2.4641747	2.5000000

(c)

	Heun	
t_i	w_i	$y(t_i)$
1.25	2.7767857	2.7789294
1.50	3.6042017	3.6081977
1.75	4.4736520	4.4793276
2.00	5.3790494	5.3862944

(d)

	Heun	
t_i	w_i	$y(t_i)$
0.25	1.3295717	1.3291498
0.50	1.7310350	1.7304898
0.75	2.0417476	2.0414720
1.00	2.1176975	2.1179795

6. The Heun's method gives the approximations in the following tables.

(a)

t_i	w_i	$y(t_i)$
0.50	1.2162971	1.2140231
1.00	1.4946300	1.4898801

(b)

t_i	w_i	$y(t_i)$
1.50	2.3548851	2.3541020
2.00	2.7429031	2.7416574

(c)

t_i	w_i	$y(t_i)$
2.25	2.2449130	2.2441211
2.50	2.569210	2.5644519
2.75	2.9672822	2.9651938
3.00	3.4539728	3.4512866

(d)

t_i	w_i	$y(t_i)$
1.25	1.4291561	1.4031990
1.50	1.0442023	1.0164101
1.75	0.76315468	0.73800977
2.00	0.55179038	0.52968710

Initial-Value Problems for Ordinary Differential Equations

7. The Heun's method gives the approximations in the following tables.

(a)

t_i	Heun w_i	$y(t_i)$
1.2	1.0151123	1.0149523
1.5	1.0674528	1.0672624
1.7	1.1108444	1.1106551
2.0	1.1814172	1.1812322

(b)

t_i	Heun w_i	$y(t_i)$
1.4	0.4858314	0.4896817
2.0	1.6421387	1.6612818
2.4	2.8327728	2.8765514
3.0	5.7286247	5.8741000

(c)

t_i	Heun w_i	$y(t_i)$
0.4	−1.6205037	−1.6200510
1.0	−1.2415866	−1.2384058
1.4	−1.1183618	−1.1146484
2.0	−1.0385425	−1.0359724

(d)

t_i	Heun w_i	$y(t_i)$
0.2	0.1729167	0.1626265
0.5	0.2858097	0.2773617
0.7	0.5066965	0.5000658
1.0	1.0074357	1.0022460

8. The Heun's method gives the approximations in the following tables.

(a)

t_i	Heun w_i	$y(t_i)$
0.5	1.598648069	1.6
0.6	1.615982010	1.617647059
0.9	1.544980898	1.546961326
1.0	1.498084836	1.5

(b)

t_i	Heun w_i	$y(t_i)$
1.1	−1.348234488	−1.347822707
1.2	−1.268944094	−1.268299404
1.9	−0.9400673364	−0.9392222368
2.0	−0.9110627956	−0.9102392264

(c)

t_i	Heun w_i	$y(t_i)$
1.2	−1.731764706	−1.714285714
1.4	−1.573191120	−1.555555556
2.8	−1.224847323	−1.217391304
3.0	−1.206809668	−1.2

(d)

t_i	Heun w_i	$y(t_i)$
0.5	1.290920932	1.289805276
0.6	1.381907849	1.380931216
0.9	1.632649344	1.632613182
1.0	1.701562784	1.701870053

9. The Midpoint method gives the approximations in the following tables.

   (a)

t	Midpoint	$y(t)$
0.5	0.2646250	0.2836165
1.0	3.1300023	3.2190993

   (b)

t	Midpoint	$y(t)$
2.5	1.7812500	1.8333333
3.0	2.4550638	2.5000000

   (c)

t	Midpoint	$y(t)$
1.25	2.7777778	2.7789294
1.50	3.6060606	3.6081977
1.75	4.4763015	4.4793276
2.00	5.3824398	5.3862944

   (d)

t	Midpoint	$y(t)$
0.25	1.3337962	1.3291498
0.50	1.7422854	1.7304898
0.75	2.0596374	2.0414720
1.00	2.1385560	2.1179795

10. The Midpoint method gives the approximations in the following tables.

    (a)

t_i	w_i	$y(t_i)$
0.50	1.2154305	1.2140231
1.00	1.4932390	1.4898801

    (b)

t_i	w_i	$y(t_i)$
1.50	2.3552632	2.3541020
2.00	2.7435126	2.7416574

    (c)

t_i	w_i	$y(t_i)$
2.25	2.2446171	2.2441211
2.50	2.562980	2.5644519
2.75	2.9663178	2.9651938
3.00	3.4526648	3.4512866

    (d)

t_i	w_i	$y(t_i)$
1.25	1.4365103	1.4031990
1.50	1.0516739	1.0164101
1.75	0.76935826	0.73800977
2.00	0.55667863	0.52968710

11. The Midpoint method gives the approximations in the following tables.

    (a)

t_i	Midpoint w_i	$y(t_i)$
1.2	1.0153257	1.0149523
1.5	1.0677427	1.0672624
1.7	1.1111478	1.1106551
2.0	1.1817275	1.1812322

    (b)

t_i	Midpoint w_i	$y(t_i)$
1.4	0.4861770	0.4896817
2.0	1.6438889	1.6612818
2.4	2.8364357	2.8765514
3.0	5.7386475	5.8741000

(c)

	Midpoint	
t_i	w_i	$y(t_i)$
0.4	−1.6192966	−1.6200510
1.0	−1.2402470	−1.2384058
1.4	−1.1175165	−1.1146484
2.0	−1.0382227	−1.0359724

(d)

	Midpoint	
t_i	w_i	$y(t_i)$
0.2	0.1722396	0.1626265
0.5	0.2848046	0.2773617
0.7	0.5056268	0.5000658
1.0	1.0063347	1.0022460

12. The Midpoint method gives the approximations in the following tables.

(a)

	Midpoint	
t_i	w_i	$y(t_i)$
0.5	1.599403030	1.6
0.6	1.616526285	1.617647059
0.9	1.544954509	1.546961326
1.0	1.497941308	1.5

(b)

	Midpoint	
t_i	w_i	$y(t_i)$
1.1	−1.348356626	−1.347822707
1.2	−1.269137742	−1.268299404
1.9	−0.9403364427	−0.9392222368
2.0	−0.9113264950	−0.9102392264

(c)

	Midpoint	
t_i	w_i	$y(t_i)$
1.2	−1.738181818	−1.714285714
1.4	−1.579759806	−1.555555556
2.8	−1.227670824	−1.217391304
3.0	−1.209389666	−1.2

(d)

	Midpoint	
t_i	w_i	$y(t_i)$
0.5	1.291506468	1.289805276
0.6	1.382581697	1.380931216
0.9	1.633368805	1.632613182
1.0	1.702247783	1.701870053

13. The Runge-Kutta method of order four gives the approximations in the following tables.

(a)

	Runge-Kutta	
t_i	w_i	$y(t_i)$
0.5	0.2969975	0.2836165
1.0	3.3143118	3.2190993

(b)

	Runge-Kutta	
t_i	w_i	$y(t_i)$
2.5	1.8333234	1.8333333
3.0	2.4999712	2.5000000

(c)

	Runge-Kutta	
t_i	w_i	$y(t_i)$
1.25	2.7789095	2.7789294
1.50	3.6081647	3.6081977
1.75	4.4792846	4.4793276
2.00	5.3862426	5.3862944

(d)

	Runge-Kutta	
t_i	w_i	$y(t_i)$
0.25	1.3291650	1.3291498
0.50	1.7305336	1.7304898
0.75	2.0415436	2.0414720
1.00	2.1180636	2.1179795

14. The Runge-Kutta method of order four gives the approximations in the following tables.

(a)

t_i	w_i	$y(t_i)$
0.50	1.2140409	1.2140231
1.00	1.4899213	1.4898801

(b)

t_i	w_i	$y(t_i)$
1.50	2.3541032	2.3541020
2.00	2.7416591	2.7416574

(c)

t_i	w_i	$y(t_i)$
2.25	2.2441194	2.2441211
2.50	2.5644488	2.5644519
2.75	2.9651894	2.9651938
3.00	3.4512811	3.4512866

(d)

t_i	w_i	$y(t_i)$
1.25	1.4033566	1.4031990
1.50	1.0165586	1.0164101
1.75	0.73813168	0.73800977
2.00	0.52978556	0.52968710

15. The Runge-Kutta method of order four gives the approximations in the following tables.

(a)

	Runge-Kutta	
t_i	w_i	$y(t_i)$
1.2	1.0149520	1.0149523
1.5	1.0672620	1.0672624
1.7	1.1106547	1.1106551
2.0	1.1812319	1.1812322

(b)

	Runge-Kutta	
t_i	w_i	$y(t_i)$
1.4	0.4896842	0.4896817
2.0	1.6612651	1.6612818
2.4	2.8764941	2.8765514
3.0	5.8738386	5.8741000

(c)

	Runge-Kutta	
t_i	w_i	$y(t_i)$
0.4	-1.6200576	-1.6200510
1.0	-1.2384307	-1.2384058
1.4	-1.1146769	-1.1146484
2.0	-1.0359922	-1.0359724

(d)

	Runge-Kutta	
t_i	w_i	$y(t_i)$
0.2	0.1627655	0.1626265
0.5	0.2774767	0.2773617
0.7	0.5001579	0.5000658
1.0	1.0023207	1.0022460

16. The Runge-Kutta method gives the approximations in the following tables.

(a)

	Runge-Kutta	
t_i	w_i	$y(t_i)$
0.5	1.599998664	1.6
0.6	1.617645445	1.617647059
0.9	1.546959536	1.546961326
1.0	1.499998299	1.5

(b)

	Runge-Kutta	
t_i	w_i	$y(t_i)$
1.1	-1.347822676	-1.347822707
1.2	-1.268299357	-1.268299404
1.9	-0.9392221816	-0.9392222368
2.0	-0.9102391733	-0.9102392264

(c)

	Runge-Kutta	
t_i	w_i	$y(t_i)$
1.2	-1.714245180	-1.714285714
1.4	-1.555522884	-1.555555556
2.8	-1.217380872	-1.217391304
3.0	-1.199990539	-1.2

(d)

	Runge-Kutta	
t_i	w_i	$y(t_i)$
0.5	1.289807149	1.289805276
0.6	1.380932547	1.380931216
0.9	1.632611867	1.632613182
1.0	1.701867708	1.701870053

17. Linear interpolation gives the following results.

    (a) $1.0221167 \approx y(1.25) = 1.0219569$, $1.1640347 \approx y(1.93) = 1.1643901$
    (b) $1.9086500 \approx y(2.1) = 1.9249616$, $4.3105913 \approx y(2.75) = 4.3941697$
    (c) $-1.1461434 \approx y(1.3) = -1.1382768$, $-1.0454854 \approx y(1.93) = -1.0412665$
    (d) $0.3271470 \approx y(0.54) = 0.3140018$, $0.8967073 \approx y(0.94) = 0.8866318$

18. Linear interpolation gives the following results.

    (a) $1.604365853 \approx y(0.54) = 1.610405698$, $1.526437096 \approx y(0.94) = 1.528987046$
    (b) $-1.234746062 \approx y(1.25) = -1.233151731$, $-0.9308429621 \approx y(1.93) = -0.9302304614$
    (c) $-1.640636252 \approx y(1.3) = -1.625$, $-1.208278618 \approx y(2.93) = -1.205761317$
    (d) $1.326095904 \approx y(0.54) = 1.326196852$, $1.658822629 \approx y(0.94) = 1.661361751$

19. Linear interpolation gives the following results.

    (a) $1.0225530 \approx y(1.25) = 1.0219569$, $1.1646155 \approx y(1.93) = 1.1643901$
    (b) $1.9132167 \approx y(2.1) = 1.9249616$, $4.3246152 \approx y(2.75) = 4.3941697$
    (c) $-1.1441775 \approx y(1.3) = -1.1382768$, $-1.0447403 \approx y(1.93) = -1.0412665$
    (d) $0.3251049 \approx y(0.54) = 0.3140018$, $0.8945125 \approx y(0.94) = 0.8866318$

20. Linear interpolation gives the following results.

    (a) $1.605581645 \approx y(0.54) = 1.610405698$, $1.526222473 \approx y(0.94) = 1.528987046$
    (b) $-1.235164819 \approx y(1.25) = -1.233151731$, $-0.9313659742 \approx y(1.93) = -0.9302304614$
    (c) $-1.652477913 \approx y(1.3) = -1.625$, $-1.213122847 \approx y(2.93) = -1.205761317$
    (d) $1.327315699 \approx y(0.54) = 1.326196852$, $1.660214720 \approx y(0.94) = 1.661361751$

21. Linear interpolation gives the following results.

    (a) $1.0227863 \approx y(1.25) = 1.0219569$, $1.1649247 \approx y(1.93) = 1.1643901$
    (b) $1.9153749 \approx y(2.1) = 1.9249616$, $4.3312939 \approx y(2.75) = 4.3941697$
    (c) $-1.1432070 \approx y(1.3) = -1.1382768$, $-1.0443743 \approx y(1.93) = -1.0412665$
    (d) $0.3240839 \approx y(0.54) = 0.3140018$, $0.8934152 \approx y(0.94) = 0.8866318$

22. Linear interpolation gives the following results.

    (a) $1.606252332 \approx y(0.54) = 1.610405698$, $1.526149229 \approx y(0.94) = 1.528987046$
    (b) $-1.235379256 \approx y(1.25) = -1.233151731$, $-0.9316334584 \approx y(1.93) = -0.9302304614$
    (c) $-1.658970812 \approx y(1.3) = -1.625$, $-1.215788071 \approx y(2.93) = -1.205761317$
    (d) $1.327936560 \approx y(0.54) = 1.326196852$, $1.660920396 \approx y(0.94) = 1.661361751$

23. Linear interpolation gives the following results.

    (a) $1.0223826 \approx y(1.25) = 1.0219569$, $1.1644292 \approx y(1.93) = 1.1643901$
    (b) $1.9373672 \approx y(2.1) = 1.9249616$, $4.4134745 \approx y(2.75) = 4.3941697$
    (c) $-1.1405252 \approx y(1.3) = -1.1382768$, $-1.0420211 \approx y(1.93) = -1.0412665$
    (d) $0.31716526 \approx y(0.54) = 0.3140018$, $0.88919730 \approx y(0.94) = 0.8866318$

24. Linear interpolation gives the following results.

    (a) $1.607057376 \approx y(0.54) = 1.610405698$, $1.528175041 \approx y(0.94) = 1.528987046$
    (b) $-1.234455238 \approx y(1.25) = -1.233151731$, $-0.9305272791 \approx y(1.93) = -0.9302304614$
    (c) $-1.634884032 \approx y(1.3) = -1.625$, $-1.206077156 \approx y(2.93) = -1.205761317$
    (d) $1.326257308 \approx y(0.54) = 1.326196852$, $1.660314203 \approx y(0.94) = 1.661361751$

25. Cubic Hermite interpolation gives the following results.

    (a) $1.0219569 = y(1.25) \approx 1.0219550$, $1.1643902 = y(1.93) \approx 1.1643898$
    (b) $1.9249617 = y(2.10) \approx 1.9249217$, $4.3941697 = y(2.75) \approx 4.3939943$
    (c) $-1.138268 = y(1.3) \approx -1.1383036$, $-1.0412666 = y(1.93) \approx -1.0412862$
    (d) $0.31400184 = y(0.54) \approx 0.31410579$, $0.88663176 = y(0.94) \approx 0.88670653$

26. Cubic Hermite interpolation gives the following results.

    (a) $1.610403108 \approx y(0.54) = 1.610405698$, $1.528987622 \approx y(0.94) = 1.528987046$
    (b) $-1.233149620 \approx y(1.25) = -1.233151731$, $-0.9302302474 \approx y(1.93) = -0.9302304614$
    (c) $-1.624806746 \approx y(1.3) = -1.625$, $-1.214642601 \approx y(2.93) = -1.205761317$
    (d) $1.326195390 \approx y(0.54) = 1.326196852$, $1.661358558 \approx y(0.94) = 1.661361751$

27. With $f(t, y) = -y + t + 1$, we have

$$w_i + hf\left(t_i + \frac{h}{2}, w_i + \frac{h}{2}f(t_i, w_i)\right) = w_i + \frac{h}{2}[f(t_i, w_i) + f(t_{i+1}, w_i + hf(t_i, w_i))]$$
$$= w_i + \frac{h}{4}\left[f(t_i, w_i) + 3f\left(t_i + \frac{2}{3}h, w_i + \frac{2}{3}hf(t_i, w_i)\right)\right]$$
$$= w_i\left(1 - h + \frac{h^2}{2}\right) + t_i\left(h - \frac{h^2}{2}\right) + h.$$

28. (a) The water level is 6.526747 ft.

    (b) The tank will be empty in 25 min.

29. In 0.2 seconds we have approximately 2099 units of KOH.

30. Using the notation $y_{i+1} = y(t_{i+1})$, $y_i = y(t_i)$, and $f_i = f(t_i, y(t_i))$, we have

$$h\tau_{i+1} = y_{i+1} - y_i - a_1 f_i - a_2 f(t_i + \alpha_2, y_i + \delta_2 f_i).$$

Expanding y_{i+1} and $f(t_i + \alpha_2, y_i + \delta_2 f_i)$ in Taylor series about t_i and $f(t_i, y_i)$ gives

$$h\tau_{i+1} = (h - a_1 - a_2)f_i + \frac{h^2}{2}f_i' - a_2\alpha_2 f_t(t_i, y_i)$$
$$- a_2\delta_2 f_i f_y(t_i, y_i) + \frac{h^3}{6}f_i'' - a_2\frac{\alpha_2^2}{2}f_{tt}(t_i, y_i)$$
$$- a_2\alpha_2\delta_2 f_i f_{ty}(t_i, y_i) - a_2\frac{\delta_2^2}{2}f_i^2 f_{yy}(t_i, y_i) + \cdots$$
$$= (h - a_1 - a_2)f_i + \left(\frac{h^2}{2} - a_2\alpha_2\right)f_t(t_i, y_i)$$
$$+ \left(\frac{h^2}{2} - a_2\delta_2\right)f_i f_y(t_i, y_i) + \left(\frac{h^3}{6} - a_2\frac{\alpha_2^2}{2}\right)f_{tt}(t_i, y_i)$$
$$+ \left(\frac{h^3}{3} - a_2\alpha_2\delta_2\right)f_i f_{ty}(t_i, y_i) + \left(\frac{h^3}{6} - a_2\frac{\delta_2^2}{2}\right)f_i^2 f_{tt}(t_i, y_i)$$
$$+ \frac{h^3}{6}(f_t(t_i, y_i)f_y(t_i, y_i) + f_i f_y^2(t_i, y_i)) + \cdots.$$

Regardless of the choice of a_1, a_2, α_2, and δ_2, the term $\frac{h^3}{6}\left[f_t(y_i, t_i)f_y(t_i, y_i) + f_i f_y^2(t_i, y_i)\right]$ cannot be canceled.

31. The appropriate constants are

$$\alpha_1 = \delta_1 = \alpha_2 = \delta_2 = \gamma_2 = \gamma_3 = \gamma_4 = \gamma_5 = \gamma_6 = \gamma_7 = \frac{1}{2} \quad \text{and} \quad \alpha_3 = \delta_3 = 1.$$

Exercise Set 5.5, page 289

1. The Runge-Kutta-Fehlberg Algorithm gives the results in the following tables.

(a)

i	t_i	w_i	h_i	y_i
1	0.2093900	0.0298184	0.2093900	0.0298337
3	0.5610469	0.4016438	0.1777496	0.4016860
5	0.8387744	1.5894061	0.1280905	1.5894600
7	1.0000000	3.2190497	0.0486737	3.2190993

(b)

i	t_i	w_i	h_i	y_i
1	2.2500000	1.4499988	0.2500000	1.4500000
2	2.5000000	1.8333332	0.2500000	1.8333333
3	2.7500000	2.1785718	0.2500000	2.1785714
4	3.0000000	2.5000005	0.2500000	2.5000000

(c)

i	t_i	w_i	h_i	y_i
1	1.2500000	2.7789299	0.2500000	2.7789294
2	1.5000000	3.6081985	0.2500000	3.6081977
3	1.7500000	4.4793288	0.2500000	4.4793276
4	2.0000000	5.3862958	0.2500000	5.3862944

(d)

i	t_i	w_i	h_i	y_i
1	0.2500000	1.3291478	0.2500000	1.3291498
2	0.5000000	1.7304857	0.2500000	1.7304898
3	0.7500000	2.0414669	0.2500000	2.0414720
4	1.0000000	2.1179750	0.2500000	2.1179795

2. The Runge-Kutta-Fehlberg Algorithm gives the results in the following tables.

(a)

i	t_i	w_i	h_i	y_i
1	1.0500000	1.1038574	0.0500000	1.1038574
2	1.1000000	1.2158864	0.0500000	1.2158863
3	1.1500000	1.3368393	0.0500000	1.3368393
4	1.2000000	1.4675697	0.0500000	1.4675696

(b)

i	t_i	w_i	h_i	y_i
1	0.2500000	0.2522868	0.2500000	0.2522868
2	0.5000000	0.5158867	0.2500000	0.5158868
3	0.7500000	0.7959445	0.2500000	0.7959446
4	1.0000000	1.0918182	0.2500000	1.0918183

(c)

i	t_i	w_i	h_i	y_i
1	1.1382206	−1.7834313	0.1382206	−1.7834282
3	1.6364797	−1.4399709	0.3071709	−1.4399551
5	2.6364797	−1.2340532	0.5000000	−1.2340298
6	3.0000000	−1.2000195	0.3635203	−1.2000000

(d)

i	t_i	w_i	h_i	y_i
1	0.5000000	0.0416667	0.5000000	0.0416667
2	1.0000000	0.3333333	0.5000000	0.3333333
3	1.5000000	1.1250000	0.5000000	1.1250000
4	2.0000000	2.6666667	0.5000000	2.6666667

3. The Runge-Kutta-Fehlberg Algorithm gives the results in the following tables.

(a)

i	t_i	w_i	h_i	y_i
1	1.1101946	1.0051237	0.1101946	1.0051237
5	1.7470584	1.1213948	0.2180472	1.1213947
7	2.3994350	1.2795396	0.3707934	1.2795395
11	4.0000000	1.6762393	0.1014853	1.6762391

(b)

i	t_i	w_i	h_i	y_i
4	1.5482238	0.7234123	0.1256486	0.7234119
7	1.8847226	1.3851234	0.1073571	1.3851226
10	2.1846024	2.1673514	0.0965027	2.1673499
16	2.6972462	4.1297939	0.0778628	4.1297904
21	3.0000000	5.8741059	0.0195070	5.8741000

(c)

i	t_i	w_i	h_i	y_i
1	0.1633541	-1.8380836	0.1633541	-1.8380836
5	0.7585763	-1.3597623	0.1266248	-1.3597624
9	1.1930325	-1.1684827	0.1048224	-1.1684830
13	1.6229351	-1.0749509	0.1107510	-1.0749511
17	2.1074733	-1.0291158	0.1288897	-1.0291161
23	3.0000000	-1.0049450	0.1264618	-1.0049452

(d)

i	t_i	w_i	h_i	y_i
1	0.3986051	0.3108201	0.3986051	0.3108199
3	0.9703970	0.2221189	0.2866710	0.2221186
5	1.5672905	0.1133085	0.3042087	0.1133082
8	2.0000000	0.0543454	0.0902302	0.0543455

4. Steps 3 and 6 must use the new equations. Step 4 must now use

$$R = \frac{1}{h}\left| -\frac{1}{160}K_1 - \frac{125}{17952}K_3 + \frac{1}{144}K_4 - \frac{12}{1955}K_5 - \frac{3}{44}K_6 + \frac{125}{11592}K_7 + \frac{43}{616}K_8 \right|,$$

and in Step 8 we must change to $\delta = 0.871(TOL/R)^{1/5}$. Repeating Exercise 3 using the Runge-Kutta-Verner method gives the results in the following tables.

(a)

i	t_i	w_i	h_i	y_i
1	1.42087564	1.05149775	0.42087564	1.05150868
3	2.28874724	1.25203709	0.50000000	1.25204675
5	3.28874724	1.50135401	0.50000000	1.50136369
7	4.00000000	1.67622922	0.21125276	1.67623914

(b)

i	t_i	w_i	h_i	y_i
1	1.27377960	0.31440170	0.27377960	0.31440111
4	1.93610139	1.50471956	0.20716801	1.50471717
7	2.48318866	3.19129592	0.17192536	3.19129017
11	3.00000000	5.87411325	0.05925262	5.87409998

(c)

i	t_i	w_i	h_i	y_i
1	0.50000000	−1.53788271	0.50000000	−1.53788284
5	1.26573379	−1.14736319	0.17746598	−1.14736283
9	1.99742532	−1.03615509	0.19229794	−1.03615478
14	3.00000000	−1.00494544	0.10525374	−1.00494525

(d)

i	t_i	w_i	h_i	y_i
1	0.50000000	0.29875168	0.50000000	0.29875178
2	1.00000000	0.21662609	0.50000000	0.21662642
4	1.74337091	0.08624885	0.27203938	0.08624932
6	2.00000000	0.05434531	0.03454832	0.05434551

5. (a) The number of infectives is $y(30) \approx 80295.7$.
   (b) The limiting value for the number of infectives for this model is $\lim_{t \to \infty} y(t) = 100{,}000$.

6. With $TOL = 0.01$, $HMIN = 0.01$, $HMAX = 1$, we have $z(30) \approx 81$, $x(30) \approx 19754$, and $y(30) \approx 80165$.

Exercise Set 5.6, page 301

1. The Adams-Bashforth methods give the results in the following tables.

    (a)

t	2-step	3-step	4-step	5-step	$y(t)$
0.2	0.0268128	0.0268128	0.0268128	0.0268128	0.0268128
0.4	0.1200522	0.1507778	0.1507778	0.1507778	0.1507778
0.6	0.4153551	0.4613866	0.4960196	0.4960196	0.4960196
0.8	1.1462844	1.2512447	1.2961260	1.3308570	1.3308570
1.0	2.8241683	3.0360680	3.1461400	3.1854002	3.2190993

    (b)

t	2-step	3-step	4-step	5-step	$y(t)$
2.2	1.3666667	1.3666667	1.3666667	1.3666667	1.3666667
2.4	1.6750000	1.6857143	1.6857143	1.6857143	1.6857143
2.6	1.9632431	1.9794407	1.9750000	1.9750000	1.9750000
2.8	2.2323184	2.2488759	2.2423065	2.2444444	2.2444444
3.0	2.4884512	2.5051340	2.4980306	2.5011406	2.5000000

    (c)

t	2-step	3-step	4-step	5-step	$y(t)$
1.2	2.6187859	2.6187859	2.6187859	2.6187859	2.6187859
1.4	3.2734823	3.2710611	3.2710611	3.2710611	3.2710611
1.6	3.9567107	3.9514231	3.9520058	3.9520058	3.9520058
1.8	4.6647738	4.6569191	4.6582078	4.6580160	4.6580160
2.0	5.3949416	5.3848058	5.3866452	5.3862177	5.3862944

    (d)

t	2-step	3-step	4-step	5-step	$y(t)$
0.2	1.2529306	1.2529306	1.2529306	1.2529306	1.2529306
0.4	1.5986417	1.5712255	1.5712255	1.5712255	1.5712255
0.6	1.9386951	1.8827238	1.8750869	1.8750869	1.8750869
0.8	2.1766821	2.0844122	2.0698063	2.0789180	2.0789180
1.0	2.2369407	2.1115540	2.0998117	2.1180642	2.1179795

2. The Adams-Bashforth methods give the results in the following tables.

(a)

t	2-step	3-step	4-step	5-step	$y(t)$
0.2	1.349857812				1.346153846
0.4	1.556590819	1.548505437	1.551742825		1.551724138
0.6	1.618098483	1.613103414	1.618495896	1.618045413	1.617647059
0.8	1.581123788	1.581537429	1.586784646	1.585534486	1.585365854
1.0	1.493132968	1.497482321	1.501365685	1.499907131	1.5

(b)

t	2-step	3-step	4-step	5-step	$y(t)$
1.2	−1.270097903				−1.268299404
1.4	−1.145585721	−1.14555416	−1.142395930		−1.142245242
1.6	−1.050436722	−1.045646519	−1.046822255	−1.046486051	−1.046559939
1.8	−0.9752223844	−0.9702763545	−0.9715163192	−0.9711385301	−0.9712326550
2.0	−0.9141608282	−0.9093053788	−0.9105163922	−0.9101442242	−0.9102392264

(c)

t	2-step	3-step	4-step	5-step	$y(t)$
1.4	−1.608147341				−1.555555556
1.8	−1.1429612993	−1.359101590	−1.404013030		−1.384615385
2.2	−1.331187984	−1.269164344	−1.314903737	−1.283404253	−1.294117647
2.6	−1.268712599	−1.217326056	−1.253881487	−1.229097787	−1.238095238
3.0	−1.225776866	−1.182688385	−1.212496957	−1.192208061	−1.200000000

(d)

t	2-step	3-step	4-step	5-step	$y(t)$
0.2	1.058717655				1.057181007
0.4	1.207722688	1.202476610	1.200816932		1.201486010
0.6	1.389363032	1.381043540	1.379947852	1.381296110	1.380931216
0.8	1.562852894	1.554374654	1.554384988	1.555455875	1.555031423
1.0	1.707692156	1.700926322	1.701562220	1.702136018	1.701870053

3. The Adams-Bashforth methods give the results in the following tables.

(a)

t	2-step	3-step	4-step	5-step	$y(t)$
1.2	1.0161982	1.0149520	1.0149520	1.0149520	1.0149523
1.4	1.0497665	1.0468730	1.0477278	1.0475336	1.0475339
1.6	1.0910204	1.0875837	1.0887567	1.0883045	1.0884327
1.8	1.1363845	1.1327465	1.1340093	1.1334967	1.1336536
2.0	1.1840272	1.1803057	1.1815967	1.1810689	1.1812322

(b)

t	2-step	3-step	4-step	5-step	y(t)
1.4	0.4867550	0.4896842	0.4896842	0.4896842	0.4896817
1.8	1.1856931	1.1982110	1.1990422	1.1994320	1.1994386
2.2	2.1753785	2.2079987	2.2117448	2.2134792	2.2135018
2.6	3.5849181	3.6617484	3.6733266	3.6777236	3.6784753
3.0	5.6491203	5.8268008	5.8589944	5.8706101	5.8741000

(c)

t	2-step	3-step	4-step	5-step	y(t)
0.5	−1.5357010	−1.5381988	−1.5379372	−1.5378676	−1.5378828
1.0	−1.2374093	−1.2389605	−1.2383734	−1.2383693	−1.2384058
1.5	−1.0952910	−1.0950952	−1.0947925	−1.0948481	−1.0948517
2.0	−1.0366643	−1.0359996	−1.0359497	−1.0359760	−1.0359724

(d)

t	2-step	3-step	4-step	5-step	y(t)
0.2	0.1739041	0.1627655	0.1627655	0.1627655	0.1626265
0.4	0.2144877	0.2026399	0.2066057	0.2052405	0.2051118
0.6	0.3822803	0.3747011	0.3787680	0.3765206	0.3765957
0.8	0.6491272	0.6452640	0.6487176	0.6471458	0.6461052
1.0	1.0037415	1.0020894	1.0064121	1.0073348	1.0022460

4. The Adams-Moulton methods give the results in the following tables.

(1a)

t_i	2 step	3 step	4 step	$y(t_i)$
0.2	0.0268128	0.0268128	0.0268128	0.0268128
0.4	0.1533627	0.1507778	0.1507778	0.1507778
0.6	0.5030068	0.4979042	0.4960196	0.4960196
0.8	1.3463142	1.3357923	1.3322919	1.3308570
1.0	3.2512866	3.2298092	3.2227484	3.2190993

(1c)

t_i	2 step	3 step	4 step	$y(t_i)$
1.2	2.6187859	2.6187859	2.6187859	2.6187859
1.4	3.2711394	3.2710611	3.2710611	3.2710611
1.6	3.9521454	3.9519886	3.9520058	3.9520058
1.8	4.6582064	4.6579866	4.6580211	4.6580160
2.0	5.3865293	5.3862558	5.3863027	5.3862944

(1d)

t_i	2 step	3 step	4 step	$y(t_i)$
0.2	1.2529306	1.2529306	1.2529306	1.2529306
0.4	1.5700866	1.5712255	1.5712255	1.5712255
0.6	1.8738414	1.8757546	1.8750869	1.8750869
0.8	2.0787117	2.0803067	2.0789471	2.0789180
1.0	2.1196912	2.1199024	2.1178679	2.1179795

5. Algorithm 5.4 gives the results in the following tables.

(a)

t_i	w_i	$y(t_i)$
0.2	0.0269059	0.0268128
0.4	0.1510468	0.1507778
0.6	0.4966479	0.4960196
0.8	1.3408657	1.3308570
1.0	3.2450881	3.2190993

(b)

t_i	w_i	$y(t_i)$
2.2	1.3666610	1.3666667
2.4	1.6857079	1.6857143
2.6	1.9749941	1.9750000
2.8	2.2446995	2.2444444
3.0	2.5003083	2.5000000

(c)

t_i	w_i	$y(t_i)$
1.2	2.6187787	2.6187859
1.4	3.2710491	3.2710611
1.6	3.9519900	3.9520058
1.8	4.6579968	4.6580160
2.0	5.3862715	5.3862944

(d)

t_i	w_i	$y(t_i)$
0.2	1.2529350	1.2529306
0.4	1.5712383	1.5712255
0.6	1.8751097	1.8750869
0.8	2.0796618	2.0789180
1.0	2.1192575	2.1179795

6. Algorithm 5.4 gives the results in the following tables.

(a)

t_i	w_i
0.2	1.3461536
0.4	1.5516984
0.6	1.6175240
0.8	1.5851977
1.0	1.4998499

(b)

t_i	w_i
1.2	−1.2682994
1.4	−1.1422321
1.6	−1.0465369
1.8	−0.9712077
2.0	−0.9102149

(a)

t_i	w_i
1.2	−1.7142452
1.6	−1.4545197
2.0	−1.3312918
2.4	−1.2614431
2.8	−1.2159883

(b)

t_i	w_i
0.2	1.0571822
0.4	1.2015654
0.6	1.3810423
0.8	1.5550968
1.0	1.7018941

7. The Adams Fourth-order Predictor-Corrector Algorithm gives the results in the following tables.

(a)

t	w	$y(t)$
1.2	1.0149520	1.0149523
1.4	1.0475227	1.0475339
1.6	1.0884141	1.0884327
1.8	1.1336331	1.1336536
2.0	1.1812112	1.1812322

(b)

t	w	$y(t)$
1.4	0.4896842	0.4896817
1.8	1.1994245	1.1994386
2.2	2.2134701	2.2135018
2.6	3.6784144	3.6784753
3.0	5.8739518	5.8741000

(c)

t	w	$y(t)$
0.5	−1.5378788	−1.5378828
1.0	−1.2384134	−1.2384058
1.5	−1.0948609	−1.0948517
2.0	−1.0359757	−1.0359724

(d)

t	w	$y(t)$
0.2	0.1627655	0.1626265
0.4	0.2048557	0.2051118
0.6	0.3762804	0.3765957
0.8	0.6458949	0.6461052
1.0	1.0021372	1.0022460

8. The new algorithm gives the results in the following tables.

(a)

t_i	$w_i(p=2)$	$w_i(p=3)$	$w_i(p=4)$	$y(t_i)$
1.2	1.0149520	1.0149520	1.0149520	1.0149523
1.5	1.0672499	1.0672499	1.0672499	1.0672624
1.7	1.1106394	1.1106394	1.1106394	1.1106551
2.0	1.1812154	1.1812154	1.1812154	1.1812322

(b)

t_i	$w_i(p=2)$	$w_i(p=3)$	$w_i(p=4)$	$y(t_i)$
1.4	0.4896842	0.4896842	0.4896842	0.4896817
2.0	1.6613427	1.6613509	1.6613517	1.6612818
2.4	2.8767835	2.8768112	2.8768140	2.8765514
3.0	5.8754422	5.8756045	5.8756224	5.8741000

(c)

t_i	$w_i(p=2)$	$w_i(p=3)$	$w_i(p=4)$	$y(t_i)$
0.4	−1.6200494	−1.6200494	−1.6200494	−1.6200510
1.0	−1.2384104	−1.2384105	−1.2384105	−1.2384058
1.4	−1.1146533	−1.1146536	−1.1146536	−1.1146484
2.0	−1.0359139	−1.0359740	−1.0359740	−1.0359724

(d)

t_i	$w_i(p=2)$	$w_i(p=3)$	$w_i(p=4)$	$y(t_i)$
0.2	0.1627655	0.1627655	0.1627655	0.1626265
0.5	0.2774037	0.2773333	0.2773468	0.2773617
0.7	0.5000772	0.5000259	0.5000356	0.5000658
1.0	1.0022473	1.0022273	1.0022311	1.0022460

9. (a) With $h = 0.01$, the three-step Adams-Moulton method gives the values in the following table.

i	t_i	w_i
10	0.1	1.317218
20	0.2	1.784511

(b) Newton's method will reduce the number of iterations per step from three to two, using the stopping criterion
$$|w_i^{(k)} - w_i^{(k-1)}| \leq 10^{-6}.$$

10. Milne-Simpson's Predictor-Corrector method gives the results in the following tables.

(a)

i	t_i	w_i	$y(t_i)$
2	1.2	1.01495200	1.01495231
5	1.5	1.06725997	1.06726235
7	1.7	1.11065221	1.11065505
10	2.0	1.18122584	1.18123222

(b)

i	t_i	w_i	$y(t_i)$
2	1.4	0.48968417	0.48968166
5	2.0	1.66126150	1.66128176
7	2.4	2.87648763	2.87655142
10	3.0	5.87375555	5.87409998

(c)

i	t_i	w_i	$y(t_i)$
5	0.5	-1.53788255	-1.53788284
10	1.0	-1.23840789	-1.23840584
15	1.5	-1.09485532	-1.09485175
20	2.0	-1.03597247	-1.03597242

(d)

i	t_i	w_i	$y(t_i)$
2	0.2	0.16276546	0.16262648
5	0.5	0.27741080	0.27736167
7	0.7	0.50008713	0.50006579
10	1.0	1.00215439	1.00224598

11. (a) For some ξ_i in (t_{i-1}, t_i),

$$f(t, y(t_i)) = P_1(t) + \frac{f''(\xi_i, y(\xi_i))}{2}(t - t_i)(t - t_{i-1}),$$

where $P_1(t)$ is the linear Lagrange polynomial

$$P_1(t) = \frac{(t - t_{i-1})}{(t_i - t_{i-1})} f(t_i, y(t_i)) + \frac{(t - t_i)}{(t_{i-1} - t_i)} f(t_{i-1}, y(t_{i-1})).$$

Thus,

$$\int_{t_i}^{t_{i+1}} P_1(t)\, dt = \frac{f(t_i, y(t_i))}{t_i - t_{i-1}} \int_{t_i}^{t_{i+1}} (t - t_{i-1})\, dt + \frac{f(t_{i-1}, y(t_{i-1}))}{t_{i-1} - t_i} \int_{t_i}^{t_{i+1}} (t - t_i)\, dt$$

$$= \frac{3h}{2} f(t_i, y(t_i)) - \frac{h}{2} f(t_{i-1}, y(t_{i-1})).$$

Since $(t - t_i)(t - t_{i-1})$ does not change sign on (t_i, t_{i+1}), the Mean Value Theorem for Integrals gives

$$\int_{t_i}^{t_{i+1}} \frac{f''(\xi_i, y(\xi_i))(t - t_i)(t - t_{i-1})}{2}\, dt = \frac{f''(\mu, y(\mu))}{2} \int_{t_i}^{t_{i+1}} (t - t_i)(t - t_{i-1})\, dt$$

$$= \frac{5h^3 f''(\mu, y(\mu))}{12}.$$

Replacing $y(t_j)$ with w_j, for $j = i - 1, i$, and $i + 1$ in the formula

$$y(t_{i+1}) = y(t_i) + \int_{t_i}^{t_{i+1}} f(t, y(t))\, dt$$

gives
$$w_{i+1} = w_i + \frac{h\left[3f(t_i, w_i) - f(t_{i-1}, w_{i-1})\right]}{2},$$

and the local truncation error is
$$\tau_{i+1}(h) = \frac{5h^2 y'''(\mu)}{12},$$

for some μ in (t_{i-1}, t_{i+1}).

(b) Using the backward difference polynomial with $m = 4$ gives
$$\int_{t_i}^{t_{i+1}} f(t, y(t))\, dt = \sum_{k=0}^{3} \nabla^k f(t_i, y(t_i)) h (-1)^k \int_0^1 \binom{-s}{k} ds$$
$$+ \frac{h^5}{24} \int_0^1 s(s+1)(s+2)(s+3) f^{(4)}(\xi_i, y(\xi_i))\, ds.$$

From Table 5.10 we have,
$$\int_{t_i}^{t_{i+1}} f(t, y(t))\, dt = h\left[f(t_i, y(t_i)) + \frac{1}{2}\nabla f(t_i, y(t_i)) + \frac{5}{12}\nabla^2 f(t_i, y(t_i))\right.$$
$$\left. + \frac{3}{8}\nabla^3 f(t_i, y(t_i))\right]$$
$$+ \frac{h^5}{24}\int_0^1 s(s+1)(s+2)(s+3) f^{(4)}(\xi_i, y(\xi_i))\, ds.$$

Since
$$\nabla f(t_i, y(t_i)) = f(t_i, y(t_i)) - f(t_{i-1}, y(t_{i-1})),$$
$$\nabla^2 f(t_i, y(t_i)) = f(t_i, y(t_i)) - 2f(t_{i-1}, y(t_{i-1})) + f(t_{i-2}, y(t_{i-2})),$$
$$\nabla^3 f(t_i, y(t_i)) = f(t_i, y(t_i)) - 3f(t_{i-1}, y(t_{i-1})) + 3f(t_{i-2}, y(t_{i-2})) - f(t_{i-3}, y(t_{i-3})),$$

and $s(s+1)(s+2)(s+3)$ does not change sign on $(0, 1)$, we can simplify this and use the Mean Value Theorem for Integrals to obtain
$$\int_{t_i}^{t_{i+1}} f(t, y(t))\, dt = h\left[55f(t_i, y(t_i)) - 59f(t_{i-1}, y(t_{i-1})) + 37f(t_{i-2}, y(t_{i-2}))\right.$$
$$\left. - 9f(t_{i-3}, y(t_{i-3}))\right] + \frac{h^5}{24} f^{(4)}(\mu, y(\mu)) \int_0^1 s(s+1)(s+2)(s+3)\, ds,$$

for some μ in (t_{i-3}, t_{i+1}). The local truncation error form follows from the fact that
$$\int_0^1 s(s+1)(s+2)(s+3)\, ds = \frac{251}{30}.$$

12. Using the notation $y = y(t_i)$, $f = f(t_i, y(t_i))$, $f_t = f_t(t_i, y(t_i))$, etc., we have
$$y + hf + \frac{h^2}{2}(f_t + ff_y) + \frac{h^3}{6}\left(f_{tt} + f_t f_y + 2ff_{yt} + ff_y^2 + f^2 f_{yy}\right)$$
$$= y + ahf + bh\left[f - h(f_t + ff_y) + \frac{h^2}{2}\left(f_{tt} + f_t f_y + 2ff_{yt} + ff_y^2 + f^2 f_{yy}\right)\right]$$
$$+ ch\left[f - 2h(f_t + ff_y) + 2h^2\left(f_{tt} + f_t f_y + 2ff_{yt} + ff_y^2 + f^2 f_{yy}\right)\right].$$

Thus, $a+b+c=1$, $-b-2c=\frac{1}{2}$, and $\frac{1}{2}b+2c=\frac{1}{6}$. This system has the solution $a=\frac{23}{12}$, $b=-\frac{16}{12}$, and $c=\frac{5}{12}$.

13. Newton's divided-difference formula gives

$$f(t, y(t)) = \frac{1}{2h^2}(t-t_i)(t-t_{i+1})f(t_{i-1}, y(t_{i-1})) - \frac{1}{h^2}(t-t_{i-1})(t-t_{i+1})f(t_i, y(t_i))$$
$$+ \frac{1}{2h^2}(t-t_{i-1})(t-t_i)f(t_{i+1}, y(t_{i+1}))$$
$$+ \frac{1}{6}\frac{d^3}{dt^3}f(\xi, y(\xi))(t-t_{i-1})(t-t_i)(t-t_{i+1}),$$

so

$$\int_{t_i}^{t_{i+1}} y'(t)\ dt = \int_{t_i}^{t_{i+1}} f(t, y(t))\ dt$$

and

$$y(t_{i+1}) - y(t_i) = \frac{f(t_{i-1}, y(t_{i-1}))}{2h^2} \int_{t_i}^{t_{i+1}} (t-t_i)(t-t_{i+1})\ dt$$
$$- \frac{f(t_i, y(t_i))}{h^2} \int_{t_i}^{t_{i+1}} (t-t_{i-1})(t-t_i)\ dt$$
$$+ \frac{f(t_{i+1}, y(t_{i+1}))}{2h^2} \int_{t_i}^{t_{i+1}} (t-t_{i-1})(t-t_i)\ dt$$
$$+ \int_{t_i}^{t_{i+1}} \frac{f'''(\xi, y(\xi))}{6} (t-t_{i-1})(t-t_i)(t-t_{i+1})\ dt$$
$$= \frac{-h}{12} f(t_{i-1}, y(t_{i-1})) + \frac{2h}{3} f(t_i, y(t_i)) + \frac{5h}{12} f(t_{i+1}, y(t_{i+1}))$$
$$+ \frac{f'''(\mu, y(\mu))}{6} \int_{t_i}^{t_{i+1}} (t-t_{i-1})(t-t_i)(t-t_{i+1})\ dt.$$

The last part follows from Theorem 4.2. Further integration yields Formula (5.36) and the local truncation error.

14. We have

$$y(t_{i+1}) - y(t_{i-1}) = \int_{t_{i-1}}^{t_{i+1}} f(t, y(t))dt$$
$$= \frac{h}{3} [f(t_{i-1}, y(t_{i-1})) + 4f(t_i, y(t_i)) + f(t_{i+1}, y(t_{i+1}))] - \frac{h^5}{90} f^{(4)}(\xi, y(\xi)).$$

This leads to the difference equation

$$w_{i+1} = w_{i-1} + \frac{h[f(t_{i-1}, w_{i-1}) + 4f(t_i, w_i) + f(t_{i+1}, w_{i+1})]}{3},$$

with local truncation error

$$\tau_{i+1}(h) = \frac{-h^4 y^{(5)}(\xi)}{90}.$$

Initial-Value Problems for Ordinary Differential Equations 123

15. To derive Milne's method, integrate $y'(t) = f(t, y(t))$ on the interval $[t_{i-3}, t_{i+1}]$ to obtain

$$y(t_{i+1}) - y(t_{i-3}) = \int_{t_{i-3}}^{t_{i+1}} f(t, y(t)) \, dt.$$

Using the open Newton-Cotes formula (4.29) on page 194, we have

$$y(t_{i+1}) - y(t_{i-3}) = \frac{4h[2f(t_i, y(t_i)) - f(t_{i-1}, y(t_{i-1})) + 2f(t_{i-2}, y(t_{i-2}))]}{3} + \frac{14h^5 f^{(4)}(\xi, y(\xi))}{45}.$$

The difference equation becomes

$$w_{i+1} = w_{i-3} + \frac{h[8f(t_i, w_i) - 4f(t_{i-1}, w_{i-1}) + 8f(t_{i-2}, w_{i-2})]}{3},$$

with local truncation error

$$\tau_{i+1}(h) = \frac{14h^4 y^{(5)}(\xi)}{45}.$$

16. The entries are generated by evaluating the following integrals:

$$k = 0 : (-1)^k \int_0^1 \binom{-s}{k} ds = \int_0^1 ds = 1,$$

$$k = 1 : (-1)^k \int_0^1 \binom{-s}{k} ds = -\int_0^1 -s \, ds = \frac{1}{2},$$

$$k = 2 : (-1)^k \int_0^1 \binom{-s}{k} ds = \int_0^1 \frac{s(s+1)}{2} ds = \frac{5}{12},$$

$$k = 3 : (-1)^k \int_0^1 \binom{-s}{k} ds = -\int_0^1 \frac{-s(s+1)(s+2)}{6} ds = \frac{3}{8},$$

$$k = 4 : (-1)^k \int_0^1 \binom{-s}{k} ds = \int_0^1 \frac{s(s+1)(s+2)(s+3)}{24} ds = \frac{251}{720}, \text{ and}$$

$$k = 5 : (-1)^k \int_0^1 \binom{-s}{k} ds = -\int_0^1 -\frac{s(s+1)(s+2)(s+3)(s+4)}{120} ds = \frac{95}{288}.$$

Exercise Set 5.7, page 307

1. The Adams Variable Step-Size Predictor-Corrector Algorithm gives the results in the following tables.

(a)

i	t_i	w_i	h_i	y_i
1	0.04275596	0.00096891	0.04275596	0.00096887
5	0.22491460	0.03529441	0.05389076	0.03529359
12	0.60214994	0.50174348	0.05389076	0.50171761
17	0.81943926	1.45544317	0.04345786	1.45541453
22	0.99830392	3.19605697	0.03577293	3.19602842
26	1.00000000	3.21912776	0.00042395	3.21909932

(b)

i	t_i	w_i	h_i	y_i
1	2.06250000	1.12132350	0.06250000	1.12132353
5	2.31250000	1.55059834	0.06250000	1.55059524
9	2.62471924	2.00923157	0.09360962	2.00922829
13	2.99915773	2.49895243	0.09360962	2.49894707
17	3.00000000	2.50000535	0.00021057	2.50000000

(c)

i	t_i	w_i	h_i	y_i
1	1.06250000	2.18941363	0.06250000	2.18941366
4	1.25000000	2.77892931	0.06250000	2.77892944
8	1.85102559	4.84179835	0.15025640	4.84180141
12	2.00000000	5.38629105	0.03724360	5.38629436

(d)

i	t_i	w_i	h_i	y_i
1	0.06250000	1.06817960	0.06250000	1.06817960
5	0.31250000	1.42861668	0.06250000	1.42861361
10	0.62500000	1.90768386	0.06250000	1.90767015
13	0.81250000	2.08668486	0.06250000	2.08666541
16	1.00000000	2.11800208	0.06250000	2.11797955

2. The Adams Variable Step-Size Predictor-Corrector Algorithm gives the results in the following tables.

(a)

i	t_i	w_i	h_i	y_i
1	1.05000000	1.10385717	0.05000000	1.10385738
2	1.10000000	1.21588587	0.05000000	1.21588635
3	1.15000000	1.33683848	0.05000000	1.33683925
4	1.20000000	1.46756885	0.05000000	1.46756957

(b)

i	t_i	w_i	h_i	y_i
1	0.20000000	0.20120278	0.20000000	0.20120267
2	0.40000000	0.40861919	0.20000000	0.40861896
3	0.60000000	0.62585310	0.20000000	0.62585275
4	0.80000000	0.85397394	0.20000000	0.85396433
5	1.00000000	1.09183759	0.20000000	1.09181825

Initial-Value Problems for Ordinary Differential Equations

(c)

i	t_i	w_i	h_i	y_i
5	1.16289739	-1.75426113	0.03257948	-1.75426455
10	1.32579477	-1.60547206	0.03257948	-1.60547731
15	1.57235777	-1.46625721	0.04931260	-1.46626230
20	1.92943707	-1.34978308	0.07694168	-1.34978805
25	2.47170180	-1.25358275	0.11633076	-1.25358804
30	3.00000000	-1.19999513	0.10299186	-1.20000000

(d)

i	t_i	w_i	h_i	y_i
1	0.06250000	1.00583097	0.06250000	1.00583095
5	0.31250000	1.13099427	0.06250000	1.13098105
10	0.62500000	1.40361751	0.06250000	1.40360196
12	0.81250000	1.56515769	0.09375000	1.56514800
14	1.00000000	1.70186884	0.09375000	1.70187005

3. The following tables list representative results from the Adams Variable Step-Size Predictor-Corrector Algorithm.

(a)

i	t_i	w_i	h_i	y_i
5	1.10431651	1.00463041	0.02086330	1.00463045
15	1.31294952	1.03196889	0.02086330	1.03196898
25	1.59408142	1.08714711	0.03122028	1.08714722
35	2.00846205	1.18327922	0.04824992	1.18327937
45	2.66272188	1.34525123	0.07278716	1.34525143
52	3.40193112	1.52940900	0.11107035	1.52940924
57	4.00000000	1.67623887	0.12174963	1.67623914

(b)

i	t_i	w_i	h_i	y_i
5	1.18519603	0.20333499	0.03703921	0.20333497
15	1.55558810	0.73586642	0.03703921	0.73586631
25	1.92598016	1.48072467	0.03703921	1.48072442
35	2.29637222	2.51764797	0.03703921	2.51764743
45	2.65452689	3.92602442	0.03092051	3.92602332
55	2.94341188	5.50206466	0.02584049	5.50206279
61	3.00000000	5.87410206	0.00122679	5.87409998

(c)

i	t_i	w_i	h_i	y_i
5	0.16854008	−1.83303780	0.03370802	−1.83303783
17	0.64833341	−1.42945306	0.05253230	−1.42945304
27	1.06742915	−1.21150951	0.04190957	−1.21150932
41	1.75380240	−1.05819340	0.06681937	−1.05819325
51	2.50124702	−1.01335240	0.07474446	−1.01335258
61	3.00000000	−1.00494507	0.01257155	−1.00494525

(d)

i	t_i	w_i	h_i	y_i
5	0.28548652	0.32153668	0.05709730	0.32153674
15	0.85645955	0.24281066	0.05709730	0.24281095
20	1.35101725	0.15096743	0.09891154	0.15096772
25	1.66282314	0.09815109	0.06236118	0.09815137
29	1.91226786	0.06418555	0.06236118	0.06418579
33	2.00000000	0.05434530	0.02193303	0.05434551

4. Change the following steps:

   STEP 1 Set up an algorithm, denoted $RK5$, for the Runge Kutta Method of Order 5.
   STEP 3 Call $RK5(h, w_0, t_0, w_1, t_1, w_2, t_2, w_3, t_3, w_4, t_4)$:

   Set $NFLAG = 1$;
   $i = 5$;
   $t = t_4 + h$.

   STEP 5 Set
   $$WP = w_{i-1} + \frac{h}{720}\Big[1901 f(t_{i-1}, w_{i-1}) - 2774 f(t_{i-2}, w_{i-2})$$
   $$+ 2616 f(t_{i-3}, w_{i-3}) - 1274 f(t_{i-4}, w_{i-4}) + 251 f(t_{i-5}, w_{i-5})\Big];$$
   $$WC = w_{i-1} + \frac{h}{720}\Big[251 f(t, WP) + 646 f(t_{i-1}, w_{i-1}) - 264 f(t_{i-2}, w_{i-2})$$
   $$+ 106 f(t_{i-3}, w_{i-3}) - 19 f(t_{i-4}, w_{i-4})\Big];$$
   $$\sigma = 27 |WC - WP|/(502) h.$$

   STEP 8 If $NFLAG = 1$ then for $j = i - 4, i - 3, i - 2, i - 1, i$
   STEP 12 Set $q = (0.5 \, TOL/\sigma)^{\frac{1}{5}}$
   STEP 15 If $t_{i-1} + 5h > b$, then set $h = (b - t_{i-1})/5$
   STEP 16 Call $RK5(h, w_{i-1}, t_{i-1}, w_i, t_i, w_{i+1}, t_{i+1}, w_{i+2}, t_{i+2}, w_{i+3}, t_{i+3})$;

Set $NFLAG = 1$;
$i = i + 4$.

STEP 17 Set $q = (0.5 \, TOL/\sigma)^{\frac{1}{5}}$.

STEP 19 else

if $NFLAG = 1$ then set $i = i - 4$;
Call $RK5(h, w_{i-1}, t_{i-1}, w_i, t_i, w_{i+1}, t_{i+1}, w_{i+2}, t_{i+2}, w_{i+3}, t_{i+3})$;
set $i = i + 4$;
$NFLAG = 1$.

The following are the results obtained by applying the new algorithm to the problems in Exercise 3.

(a)

i	t_i	w_i	h_i	y_i
5	1.17529879	1.01186066	0.03505976	1.01186063
15	1.56737794	1.08139480	0.05580055	1.08139470
25	2.25808774	1.24445586	0.08897663	1.24445574
35	3.51328927	1.55692781	0.14118166	1.55692763
40	4.00000000	1.67623932	0.09734215	1.67623914

(b)

i	t_i	w_i	h_i	y_i
5	1.33993400	0.40368020	0.06798680	0.40368021
15	2.13987639	2.03689764	0.07343117	2.03689764
25	2.78633514	4.58497685	0.05029339	4.58497677
30	2.99000695	5.80662141	0.00249826	5.80662127
34	3.00000000	5.87410012	0.00249826	5.87409998

(c)

i	t_i	w_i	h_i	y_i
5	0.32371968	-1.68713369	0.06474394	-1.68713361
15	0.98679855	-1.24400623	0.08248419	-1.24400610
20	1.39921950	-1.11481699	0.08248419	-1.11481718
25	1.81164045	-1.05200140	0.08248419	-1.05200171
29	2.23962447	-1.02242929	0.13150782	-1.02242946
33	2.76565574	-1.00789049	0.13150782	-1.00789033
39	3.00000000	-1.00494544	0.02056729	-1.00494525

(d)

i	t_i	w_i	h_i	y_i
5	0.49509708	0.29938376	0.09901942	0.29938377
15	1.27560008	0.16486635	0.03572768	0.16486623
20	1.65480865	0.09938119	0.10258441	0.09938111
25	1.94399098	0.06049879	0.02800451	0.06049858
27	2.00000000	0.05434569	0.02800451	0.05434551

5. The current after 2 seconds is approximately $i(2) = 8.693$ amperes.

Exercise Set 5.8, page 313

1. The Extrapolation Algorithm gives the results in the following tables.

(a)

i	t_i	w_i	h	k	y_i
1	0.25	0.04543132	0.25	3	0.04543123
2	0.50	0.28361684	0.25	3	0.28361652
3	0.75	1.05257634	0.25	4	1.05257615
4	1.00	3.21909944	0.25	4	3.21909932

(b)

i	t_i	w_i	h	k	y_i
1	2.25	1.44999987	0.25	3	1.45000000
2	2.50	1.83333321	0.25	3	1.83333333
3	2.75	2.17857133	0.25	3	2.17857143
4	3.00	2.49999993	0.25	3	2.50000000

(c)

i	t_i	w_i	h	k	y_i
1	1.25	2.77892942	0.25	3	2.77892944
2	1.50	3.60819763	0.25	3	3.60819766
3	1.75	4.47932759	0.25	3	4.47932763
4	2.00	5.38629431	0.25	3	5.38629436

(d)

i	t_i	w_i	h	k	y_i
1	0.25	1.32914981	0.25	3	1.32914981
2	0.50	1.73048976	0.25	3	1.73048976
3	0.75	2.04147203	0.25	3	2.04147203
4	1.00	2.11797954	0.25	3	2.11797955

Initial-Value Problems for Ordinary Differential Equations

2. The Extrapolation Algorithm gives the results in the following tables.

(a)

i	t_i	w_i	h_i	k	y_i
1	1.05	1.10385729	0.05	2	1.10385738
2	1.10	1.21588614	0.05	2	1.21588635
3	1.15	1.33683891	0.05	2	1.33683925
4	1.20	1.46756907	0.05	2	1.46756957

(b)

i	t_i	w_i	h_i	k	y_i
1	0.25	0.25228680	0.25	3	0.25228680
2	0.50	0.51588678	0.25	3	0.51588678
3	0.75	0.79594460	0.25	2	0.79594458
4	1.00	1.09181828	0.25	3	1.09181825

(c)

i	t_i	w_i	h_i	k	y_i
1	1.50	-1.50000055	0.50	5	-1.50000000
2	2.00	-1.33333435	0.50	3	-1.33333333
3	2.50	-1.25000074	0.50	3	-1.25000000
4	3.00	-1.20000090	0.50	2	-1.20000000

(d)

i	t_i	w_i	h_i	k	y_i
1	0.25	1.08708817	0.25	3	1.08708823
2	0.50	1.28980537	0.25	3	1.28980528
3	0.75	1.51349008	0.25	3	1.51348985
4	1.00	1.70187009	0.25	3	1.70187005

3. The Extrapolation Algorithm gives the results in the following tables.

(a)

i	t_i	w_i	h	k	y_i
1	1.50	1.06726237	0.50	4	1.06726235
2	2.00	1.18123223	0.50	3	1.18123222
3	2.50	1.30460372	0.50	3	1.30460371
4	3.00	1.42951608	0.50	3	1.42951607
5	3.50	1.55364771	0.50	3	1.55364770
6	4.00	1.67623915	0.50	3	1.67623914

(b)

i	t_i	w_i	h	k	y_i
1	1.50	0.64387537	0.50	4	0.64387533
2	2.00	1.66128182	0.50	5	1.66128176
3	2.50	3.25801550	0.50	5	3.25801536
4	3.00	5.87410027	0.50	5	5.87409998

(c)

i	t_i	w_i	h	k	y_i
1	0.50	-1.53788284	0.50	4	-1.53788284
2	1.00	-1.23840584	0.50	5	-1.23840584
3	1.50	-1.09485175	0.50	5	-1.09485175
4	2.00	-1.03597242	0.50	5	-1.03597242
5	2.50	-1.01338570	0.50	5	-1.01338570
6	3.00	-1.00494526	0.50	4	-1.00494525

(d)

i	t_i	w_i	h	k	y_i
1	0.50	0.29875177	0.50	4	0.29875178
2	1.00	0.21662642	0.50	4	0.21662642
3	1.50	0.12458565	0.50	4	0.12458565
4	2.00	0.05434552	0.50	4	0.05434551

4. The population after five years is $y(5) \approx 56{,}751$.

Exercise Set 5.9, page 322

1. The Runge-Kutta for Systems Algorithm gives the results in the following tables.

(a)

t_i	w_{1i}	u_{1i}	w_{2i}	u_{2i}
0.200	2.12036583	2.12500839	1.50699185	1.51158743
0.400	4.44122776	4.46511961	3.24224021	3.26598528
0.600	9.73913329	9.83235869	8.16341700	8.25629549
0.800	22.67655977	23.00263945	21.34352778	21.66887674
1.000	55.66118088	56.73748265	56.03050296	57.10536209

(b)

t_i	w_{1i}	u_{1i}	w_{2i}	u_{2i}
0.500	0.95671390	0.95672798	−1.08381950	−1.08383310
1.000	1.30654440	1.30655930	−0.83295364	−0.83296776
1.500	1.34416716	1.34418117	−0.56980329	−0.56981634
2.000	1.14332436	1.14333672	−0.36936318	−0.36937457

(c)

t_i	w_{1i}	u_{1i}	w_{2i}	u_{2i}	w_{3i}	u_{3i}
0.5	0.70787076	0.70828683	−1.24988663	−1.25056425	0.39884862	0.39815702
1.0	−0.33691753	−0.33650854	−3.01764179	−3.01945051	−0.29932294	−0.30116868
1.5	−2.41332734	−2.41345688	−5.40523279	−5.40844686	−0.92346873	−0.92675778
2.0	−5.89479008	−5.89590551	−8.70970537	−8.71450036	−1.32051165	−1.32544426

(d)

t_i	w_{1i}	u_{1i}	w_{2i}	u_{2i}	w_{3i}	u_{3i}
0.2	1.38165297	1.38165325	1.00800000	1.00800000	−0.61833075	−0.61833075
0.5	1.90753116	1.90753184	1.12500000	1.12500000	−0.09090565	−0.09090566
0.7	2.25503524	2.25503620	1.34300000	1.34000000	0.26343971	0.26343970
1.0	2.83211921	2.83212056	2.00000000	2.00000000	0.88212058	0.88212056

2. The Runge-Kutta for Systems Algorithm gives the results in the following tables.

(a)

t	w_1	w_2	u_1	u_2
0.2	−0.80590898	0.28590898	−0.8059123490	0.2859123490
0.4	−0.65276041	0.77276041	−0.652770464	0.772770464
0.6	−0.60003597	1.52003597	−0.600058462	1.520058462
0.8	−0.73647147	2.61647147	−0.736516212	2.616516212
1.0	−1.19444462	4.19444462	−1.194528050	4.194528050

(b)

t	w_1	w_2	u_1	u_2
0.2	−3.62420001	5.28560000	−3.624208274	5.285611032
0.6	−5.10631940	6.48842582	−5.106356400	6.488475200
1.0	−7.15475346	8.87300454	−7.154845484	8.87312731
1.4	−10.20540766	13.02054346	−10.20559990	13.02079987
1.8	−14.90857362	19.79809804	−14.90894239	19.79858986

(c)

t	w_1	w_2	w_3	u_1	u_2	u_3
0.2	2.82820001	−1.36717100	1.29430535	2.828199216	−1.367172763	1.294303950
0.4	2.34715282	−1.70213314	1.35096843	2.347150799	−1.702138886	1.350962985
0.6	1.61165492	−2.06862759	1.12031748	1.611651361	−2.068641364	1.120303523
0.8	0.68019035	−2.55506790	0.53282506	0.680185091	−2.555096786	0.532795132
1.0	−0.38623048	−3.28594071	−0.51207026	−0.386237443	−3.285996825	−0.512128574

(d)

t	w_1	w_2	w_3	u_1	u_2	u_3
0.2	5.85399925	−6.58493690	−5.51120222	6.655197738	−6.582587709	−5.507713390
0.6	13.58890681	−2.95418927	−4.51808620	14.00287757	−2.921029767	−4.45343131
1.0	41.49825592	13.88034475	26.10907731	41.57707969	14.18586490	26.71881714
1.4	134.58778600	135.26098840	267.46411360	134.5550923	137.5527145	272.0466805
1.8	443.12659480	882.03172470	1760.52619100	443.8948036	897.3731894	1791.208540

3. The Runge-Kutta for Systems Algorithm gives the results in the following tables.

(a)

t_i	w_{1i}	y_i
0.200	0.00015352	0.00015350
0.500	0.00742968	0.00743027
0.700	0.03299617	0.03299805
1.000	0.17132224	0.17132880

(b)

t_i	w_{1i}	y_i
1.200	0.96152437	0.96152583
1.500	0.77796897	0.77797237
1.700	0.59373369	0.59373830
2.000	0.27258237	0.27258872

(c)

t_i	w_{1i}	y_i
1.000	3.73162695	3.73170445
2.000	11.31424573	11.31452924
3.000	34.04395688	34.04517155

(d)

t_i	w_{1i}	w_{2i}
1.200	0.27273759	0.27273791
1.500	1.08849079	1.08849259
1.700	2.04353207	2.04353642
2.000	4.36156675	4.36157780

4. The Runge-Kutta for Systems Algorithm gives the results in the following tables.

(a)

t	w_1	w_2	$y(t)$
0.2	2.58096738	3.92714601	2.580977391
0.4	3.62954528	6.73995658	3.629577204
0.6	5.36685193	10.90938990	5.366926682
0.8	8.12969935	17.13695552	8.129852884
1.0	12.42741665	26.46948024	12.42770981

(b)

t	w_1	w_2	$y(t)$
1.2	4.77485600	4.64248546	4.774444444
1.6	7.11125088	6.91189139	7.110625000
2.0	10.25079116	8.75041113	10.25000000
2.4	14.09462248	10.45592060	14.09361111
2.8	18.60884185	12.10964620	18.60755102

(c)

t	w_1	w_2	w_3	$y(t)$
0.2	2.98086667	.82393333	9.46726667	2.980875497
0.6	4.16962578	5.48759308	15.03205266	4.170122771
1.0	7.89009498	14.13487020	30.45672422	7.892270823
1.4	16.74506147	32.50687231	66.24043865	16.75205379
1.8	36.77072349	72.93612397	146.58698330	36.79085705

(d)

t	w_1	w_2	w_3	$y(t)$
1.2	3.73466631	9.41446279	8.04259896	3.734666667
1.4	5.78971770	11.19022983	9.67114868	5.789714286
1.6	8.23100886	13.27065559	11.11173381	8.231000000
1.8	11.11645980	15.62867678	12.45708169	11.11644444
2.0	14.50002275	18.25003892	13.75001862	14.50000000

5. To approximate the solution of the mth–order system of first–order initial–value problems

$$u'_j = f_j(t, u_1, u_2, \ldots, u_m), \quad j = 1, 2, \ldots, m, \quad \text{for } a \leq t \leq b, \quad u_j(a) = \alpha_j, \quad j = 1, 2, \ldots, m$$

at $(n+1)$ equally spaced numbers in the interval $[a, b]$;

INPUT endpoints a, b; number of equations m; integer N; initial conditions $\alpha_1, \ldots, \alpha_m$.
OUTPUT approximations $w_{i,j}$ to $u_j(t_i)$.

STEP 1 Set $h = (b - a)/N$;
STEP 2 For $j = 1, 2, \ldots, m$ set $w_{0,j} = \alpha_j$.
STEP 3 OUTPUT $(t_0, w_{0,1}, w_{0,2}, \ldots, w_{0,m})$.
STEP 4 For $i = 1, 2, 3$ do Steps 5–11.
    STEP 5 For $j = 1, 2, \ldots, m$ set
$$k_{1,j} = hf_j(t_{i-1}, w_{i-1,1}, \ldots, w_{i-1,m}).$$
    STEP 6 For $j = 1, 2, \ldots, m$ set
$$k_{2,j} = hf_j\left(t_{i-1} + \tfrac{h}{2}, w_{i-1,1} + \tfrac{1}{2}k_{1,1}, w_{i-1,2} + \tfrac{1}{2}k_{1,2}, \ldots, w_{i-1,m} + \tfrac{1}{2}k_{1,m}\right).$$
    STEP 7 For $j = 1, 2, \ldots, m$ set
$$k_{3,j} = hf_j\left(t_{i-1} + \tfrac{h}{2}, w_{i-1,1} + \tfrac{1}{2}k_{2,1}, w_{i-1,2} + \tfrac{1}{2}k_{2,2}, \ldots, w_{i-1,m} + \tfrac{1}{2}k_{2,m}\right).$$
    STEP 8 For $j = 1, 2, \ldots, m$ set
$$k_{4,j} = hf_j(t_{i-1} + h, w_{i-1,1} + k_{3,1}, w_{i-1,2} + k_{3,2}, \ldots, w_{i-1,m} + k_{3,m}).$$
    STEP 9 For $j = 1, 2, \ldots, m$ set
$$w_{i,j} = w_{i-1,j} + (k_{1,j} + 2k_{2,j} + 2k_{3,j} + k_{4,j})/6.$$
    STEP 10 Set $t_i = a + ih$.
    STEP 11 OUTPUT $(t_i, w_{i,1}, w_{i,2}, \ldots, w_{i,m})$.

Initial-Value Problems for Ordinary Differential Equations 135

STEP 12 For $i = 4, \ldots, N$ do Steps 13–16.
    STEP 13 Set $t_i = a + ih$.
    STEP 14 For $j = 1, 2, \ldots, m$ set

$$w_{i,j}^{(0)} = w_{i-1,j} + h\bigg[55f_j(t_{i-1}, w_{i-1,1}, \ldots, w_{i-1,m}) - 59f_j(t_{i-2}, w_{i-2,1}, \ldots, w_{i-2,m}) \\ + 37f_j(t_{i-3}, w_{i-3,1}, \ldots, w_{i-3,m}) - 9f_j(t_{i-4}, w_{i-4,1}, \ldots, w_{i-4,m})\bigg]\bigg/24.$$

    STEP 15 For $j = 1, 2, \ldots, m$ set

$$w_{i,j} = w_{i-1,j} + h\bigg[9f_j\left(t_i, w_{i,1}^{(0)}, \ldots, w_{i,m}^{(0)}\right) + 19f_j(t_{i-1}, w_{i-1,1}, \ldots, w_{i-1,m}) \\ - 5f_j(t_{i-2}, w_{i-2,1}, \ldots, w_{i-2,m}) + f_j(t_{i-3}, w_{i-3,1}, \ldots, w_{i-3,m})\bigg]\bigg/24.$$

    STEP 16 OUTPUT $(t_i, w_{i,1}, w_{i,2}, \ldots, w_{i,m})$.
STEP 17 STOP

6. The Adams Fourth-Order Predictor-Corrector method for systems applied to the problems in Exercise 2 gives the results in the following tables.

(a)

t_i	$w_1(t_i)$	$u_1(t_i)$	$w_2(t_i)$	$u_2(t_i)$
0.2	−0.80590898	−0.80591235	0.28590898	0.28591235
0.4	−0.65276394	−0.65277046	0.77276394	0.77277046
0.6	−0.60005208	−0.60005846	1.52005208	1.52005846
0.8	−0.73651161	−0.73651621	2.61651161	2.61651621
1.0	−1.19452854	−1.19452805	4.19452854	4.19452805

(b)

t_i	$w_1(t_i)$	$u_1(t_i)$	$w_2(t_i)$	$u_2(t_i)$
0.2	−3.62420001	−3.62420827	5.28560000	5.28561103
0.8	−5.10631940	−5.10635640	6.48842583	6.48847520
1.0	−7.15480610	−7.15484549	8.87307476	8.87312731
1.4	−10.20556525	−10.20559990	13.02075362	13.02079987
1.8	−14.90892678	−14.90894239	19.79856900	19.79858986

(c)

t_i	$w_1(t_i)$	$u_1(t_i)$	$w_2(t_i)$	$u_2(t_i)$	$w_3(t_i)$	$u_3(t_i)$
0.2	2.82820001	2.82819922	−1.36717100	−1.36717276	1.29430535	1.29430395
0.4	2.34715270	2.34715080	−1.70213589	−1.70213889	1.35096690	1.35096298
0.6	1.61165288	1.61165136	−2.06863957	−2.06864136	1.12030805	1.12030352
0.8	0.68018456	0.68018509	−2.55509734	−2.55509679	0.53279799	0.53279513
1.0	−0.38624142	−0.38623744	−3.28600244	−3.28599682	−0.51213132	−0.51212857

(d)

t_i	$w_1(t_i)$	$u_1(t_i)$	$w_2(t_i)$	$u_2(t_i)$	$w_3(t_i)$	$u_3(t_i)$
0.2	5.85399925	6.65519774	−6.58493690	−6.58258771	−5.51120222	−5.50771339
0.8	13.58890681	14.00287756	−2.95418927	−2.92102977	−4.51808620	−4.45343131
1.0	41.45180376	41.57707970	13.61528979	14.18586491	25.57139128	26.71881709
1.4	134.28466702	134.55509227	132.41529876	137.55271457	261.76615143	272.04668062
1.8	441.61837376	443.89480356	860.12763808	897.37318983	1716.71350110	1791.20854020

7. The Adams Fourth-Order Predictor-Corrector method for systems applied to the problems in Exercise 1 gives the results in the following tables.

(a)

t_i	w_{1i}	u_{1i}	w_{2i}	u_{2i}
0.200	2.12036583	2.12500839	1.50699185	1.51158743
0.400	4.44122776	4.46511961	3.24224021	3.26598528
0.600	9.73913329	9.83235869	8.16341700	8.25629549
0.800	22.52673210	23.00263945	21.20273983	21.66887674
1.000	54.81242211	56.73748265	55.20490157	57.10536209

(b)

t_i	w_{1i}	u_{1i}	w_{2i}	u_{2i}
0.500	0.95675505	0.95672798	−1.08385916	−1.08383310
1.000	1.30659995	1.30655930	−0.83300571	−0.83296776
1.500	1.34420613	1.34418117	−0.56983853	−0.56981634
2.000	1.14334795	1.14333672	−0.36938396	−0.36937457

(c)

t_i	w_{1i}	u_{1i}	w_{2i}	u_{2i}	w_{3i}	u_{3i}
0.5	0.70787076	0.70828683	−1.24988663	−1.25056425	0.39884862	0.39815702
1.0	−0.33691753	−0.33650854	−3.01764179	−3.01945051	−0.29932294	−0.30116868
1.5	−2.41332734	−2.41345688	−5.40523279	−5.40844686	−0.92346873	−0.92675778
2.0	−5.88968402	−5.89590551	−8.72213325	−8.71450036	−1.32972524	−1.32544426

(d)

t_i	w_{1i}	u_{1i}	w_{2i}	u_{2i}	w_{3i}	u_{3i}
0.2	1.38165297	1.38165325	1.00800000	1.00800000	−0.61833075	−0.61833075
0.5	1.90752882	1.90753184	1.12500000	1.12500000	−0.09090527	−0.09090566
0.7	2.25503040	2.25503620	1.34300000	1.34300000	0.26344040	0.26343970
1.0	2.83211032	2.83212056	2.00000000	2.00000000	0.88212163	0.88212056

8. The approximations for the swinging pendulum problems are given in the tables:

(a)

t_i	θ
1.0	−0.365903
2.0	−0.0150563

(b)

t_i	θ
1.0	−0.338253
2.0	−0.0862680

9. The predicted number of prey, x_{1i}, and predators, x_{2i}, are given in the following table.

i	t_i	x_{1i}	x_{2i}
10	1.0	4393	1512
20	2.0	288	3175
30	3.0	32	2042
40	4.0	25	1258

10. The predicted number of prey, x_{1i}, and predators, x_{2i}, are given in the following table.

i	t_i	w_{1i}	w_{2i}
6	1.2	2211	11469
12	2.4	175	17492
18	3.6	2	19704

A stable solution is $x_1 = 8000$ and $x_2 = 4000$.

Exercise Set 5.10, page 333

1. Let L be the Lipschitz constant for ϕ. Then

$$u_{i+1} - v_{i+1} = u_i - v_i + h[\phi(t_i, u_i, h) - \phi(t_i, v_i, h)],$$

so

$$|u_{i+1} - v_{i+1}| \leq (1+hL)|u_i - v_i| \leq (1+hL)^{i+1}|u_0 - v_0|.$$

2. (a) For the Adams-Bashforth Method,

$$F(t_i, h, w_{i+1}, w_i, w_{i-1}, w_{i-2}, w_{i-3}) = \frac{1}{24}\bigg[55f(t_i, w_i) - 59f(t_{i-1}, w_{i-1})$$
$$+ 37f(t_{i-2}, w_{i-2}) - 9f(t_{i-3}, w_{i-3})\bigg],$$

so if $f \equiv 0$, then $F \equiv 0$. The same result holds for the Adams-Moulton method.

   (b) If f has Lipschitz constant L, then

$$|F(t_i, h, w_{i+1}, \ldots, w_{i-3}) - F(t_i, h, v_{i+1}, \ldots, v_{i-3})| \leq \frac{L}{24}\bigg[55|w_i - v_i| + 59|w_{i-1} - v_{i-1}|$$
$$+ 37|w_{i-2} - v_{i-2}| + 9|w_{i-3} - v_{i-3}|\bigg],$$

so $C = \frac{59}{24}L$ will suffice. A similar result holds for the Adams-Moulton method, but with $C = \frac{19}{24}L$.

3. By Exercise 31 in Section 5.4, we have

$$\phi(t, w, h) = \frac{1}{6}f(t, w) + \frac{1}{3}f\left(t + \frac{1}{2}h, w + \frac{1}{2}hf(t, w)\right)$$
$$+ \frac{1}{3}f\left(t + \frac{1}{2}h, w + \frac{1}{2}hf\left(t + \frac{1}{2}h, w + \frac{1}{2}hf(t, w)\right)\right)$$
$$+ \frac{1}{6}f\left(t + h, w + hf\left(t + \frac{1}{2}h, w + \frac{1}{2}hf\left(t + \frac{1}{2}h, w + \frac{1}{2}hf(t, w)\right)\right)\right),$$

so

$$\phi(t, w, 0) = \frac{1}{6}f(t, w) + \frac{1}{3}f(t, w) + \frac{1}{3}f(t, w) + \frac{1}{6}f(t, w) = f(t, w).$$

4. (a) Expand $y(t_{i+1})$ and $y(t_{i+2})$ in Taylor polynomials and simplify.
   (b) $w_2 = 0.18065 \approx y(0.2) = 0.18127$, $w_5 = 0.35785 \approx y(0.5) = 0.39347$, $w_7 = 0.15340 \approx y(0.7) = 0.50341$, and $w_{10} = -9.7822 \approx y(1.0) = 0.63212$
   (c) $w_{20} = -60.402 \approx y(0.2)$, $w_{50} = -1.37 \times 10^{17} \approx y(0.5)$, $w_{70} = -5.11 \times 10^{26} \approx y(0.7)$, and $w_{100} = -1.16 \times 10^{41} \approx y(1.0)$
   (d) The method is consistent but not stable or convergent.

5. (a) The local truncation error is $\tau_{i+1} = \frac{1}{4}h^3 y^{(4)}(\xi_i)$, for some ξ, where $t_{i-2} < \xi_i < t_{i+1}$.
   (b) The method is consistent but unstable and not convergent.

6. For $h = 0.1$:
   $w_{10} = 0.3678826 \approx y(1) = 0.3678794$, and $w_{100} = 3.84917 \approx y(10) = 0.0000454$.
   For $h = 0.01$:
   $w_{100} = 0.3678794 \approx y(1) = 0.3678794$ and $w_{1000} = 0.0001091 \approx y(10) = 0.0000454$.

7. The method is unstable.

8. $w_2 = 4\varepsilon$, $w_3 = 13\varepsilon$, $w_4 = 40\varepsilon$, $w_5 = 121\varepsilon$, $w_6 = 364\varepsilon$

Exercise Set 5.11, page 340

1. Euler's method gives the results in the following tables.

(a)

t_i	w_i	y_i
0.200	0.027182818	0.449328964
0.500	0.000027183	0.030197383
0.700	0.000000272	0.004991594
1.000	0.000000000	0.000335463

(b)

t_i	w_i	y_i
0.200	0.373333333	0.046105213
0.500	−0.093333333	0.250015133
0.700	0.146666667	0.490000277
1.000	1.333333333	1.000000001

(c)

t_i	w_i	y_i
0.500	16.47925	0.479470939
1.000	256.7930	0.841470987
1.500	4096.142	0.997494987
2.000	65523.12	0.909297427

(d)

t_i	w_i	y_i
0.200	6.128259	1.000000001
0.500	−378.2574	1.000000000
0.700	−6052.063	1.000000000
1.000	387332.0	1.000000000

2. Euler's method gives the results in the following tables.

(a)

t_i	w_i	y_i
0.2	1.4631026	
0.4	1.5421118	
0.6	1.8223081	
0.8	2.2104643	
1.0	2.6960402	

(b)

t_i	w_i	y_i
0.2	0.2	
0.4	0.4	
0.6	0.6	
0.8	0.8	
1.0	1.0	

(c)

t_i	w_i	y_i
1.25	0.2500008	
1.75	−1.5816058	
2.25	−13.2433087	
2.75	−100.7565966	

(d)

t_i	w_i	y_i
0.25	5.0000000	
0.75	65.1372119	
1.25	1030.7343970	
1.75	16486.4972000	

3. The Runge-Kutta fourth order method gives the results in the following tables.

(a)

t_i	w_i	y_i
0.200	0.45881186	0.44932896
0.500	0.03181595	0.03019738
0.700	0.00537013	0.00499159
1.000	0.00037239	0.00033546

(b)

t_i	w_i	y_i
0.200	0.07925926	0.04610521
0.500	0.25386145	0.25001513
0.700	0.49265127	0.49000028
1.000	1.00250560	1.00000000

(c)

t_i	w_i	y_i
0.500	188.3082	0.47947094
1.000	35296.68	0.84147099
1.500	6632737	0.99749499
2.000	1246413200	0.90929743

(d)

t_i	w_i	y_i
0.200	−215.7459	1.00000000
0.500	−555750.0	1.00000000
0.700	−104435653	1.00000000
1.000	−269031268010	1.00000000

4. The Runge-Kutta fourth order method gives the results in the following tables.

(a)

t_i	w_i	y_i
0.2	1.5895980	
0.4	1.6274132	
0.6	1.8720749	
0.8	2.2439777	
1.0	2.7251239	

(b)

t_i	w_i	y_i
0.2	0.5822584	
0.4	0.4537551	
0.6	0.6075593	
0.8	0.8010630	
1.0	1.0001495	

(c)

t_i	w_i	y_i
1.25	0.8240614	
1.75	4.9786559	
2.25	66.9187958	
2.75	930.8525134	

(d)

t_i	w_i	y_i
0.25	−12.8205769	
0.75	−2591.6979180	
1.25	−487165.7249000	
1.75	−91547464.7500000	

5. The Adams Fourth-Order Predictor-Corrector Algorithm gives the results in the following tables.

(a)

t_i	w_i	y_i
0.200	0.4588119	0.4493290
0.500	−0.0112813	0.0301974
0.700	0.0013734	0.0049916
1.000	0.0023604	0.0003355

(b)

t_i	w_i	y_i
0.200	0.0792593	0.0461052
0.500	0.1554027	0.2500151
0.700	0.5507445	0.4900003
1.000	0.7278557	1.0000000

(c)

t_i	w_i	y_i
0.500	188.3082	0.4794709
1.000	38932.03	0.8414710
1.500	9073607	0.9974950
2.000	2115741299	0.9092974

(d)

t_i	w_i	y_i
0.200	−215.7459	1.000000001
0.500	−682637.0	1.000000000
0.700	−159172736	1.000000000
1.000	−566751172258	1.000000000

6. The Adams Fourth-Order Predictor-Corrector Algorithm gives the results in the following tables.

(a)

t_i	w_i
0.2	1.5895980
0.4	1.6263206
0.6	1.8709345
0.8	2.2432194
1.0	2.7246942

(b)

t_i	w_i
0.2	0.5822584
0.4	0.3911238
0.6	0.5971191
0.8	0.7826888
1.0	1.0082013

(c)

t_i	w_i
1.25	0.8240614
1.75	4.9786559
2.25	200.8236197
2.75	10272.0539300

(d)

t_i	w_i
0.25	−12.8205769
0.75	−2591.6979180
1.25	−598288.8787000
1.75	−139504990.3000000

7. The Trapezoidal Algorithm gives the results in the following tables.

(a)

t_i	w_i	k	y_i
0.200	0.39109643	2	0.44932896
0.500	0.02134361	2	0.03019738
0.700	0.00307084	2	0.00499159
1.000	0.00016759	2	0.00033546

(b)

t_i	w_i	k	y_i
0.200	0.04000000	2	0.04610521
0.500	0.25000000	2	0.25001513
0.700	0.49000000	2	0.49000028
1.000	1.00000000	2	1.00000000

(c)

t_i	w_i	k	y_i
0.500	0.66291133	2	0.47947094
1.000	0.87506346	2	0.84147099
1.500	1.00366141	2	0.99749499
2.000	0.91053267	2	0.90929743

(d)

t_i	w_i	k	y_i
0.200	−1.07568307	4	1.00000000
0.500	−0.97868360	4	1.00000000
0.700	−0.99046408	3	1.00000000
1.000	−1.00284456	3	1.00000000

8. The Trapezoidal Algorithm gives the results in the following tables.

(a)

t_i	w_i	k	$y(t_i)$
0.2	1.58152229	2	
0.4	1.62161373	2	
0.6	1.86902118	2	
0.8	2.24264359	2	
1.0	2.72470482	2	

(b)

t_i	w_i	k	$y(t_i)$
0.2	0.50203131	2	
0.4	0.43355903	2	
0.6	0.60372878	2	
0.8	0.80041431	2	
1.0	1.00004603	2	

(c)

t_i	w_i	k	$y(t_i)$
1.25	0.49787835	2	
1.75	0.18503499	2	
2.25	0.08754204	2	
2.75	0.04802381	2	

(d)

t_i	w_i	k	$y(t_i)$
0.25	1.39753016	2	
0.75	0.81057360	2	
1.25	0.33002435	2	
1.75	-0.17533094	2	

Initial-Value Problems for Ordinary Differential Equations

9. (a)

t_i	w_{1i}	u_{1i}	w_{2i}	u_{2i}
0.100	-96.33011	0.66987648	193.6651	-0.33491554
0.200	-28226.32	0.67915383	56453.66	-0.33957692
0.300	-8214056	0.69387881	16428113	-0.34693941
0.400	-2390290586	0.71354670	4780581173	-0.35677335
0.500	-695574560790	0.73768711	1391149121600	-0.36884355

(b)

t_i	w_{1i}	u_{1i}	w_{2i}	u_{2i}
0.100	0.61095960	0.66987648	-0.21708179	-0.33491554
0.200	0.66873489	0.67915383	-0.31873903	-0.33957692
0.300	0.69203679	0.69387881	-0.34325535	-0.34693941
0.400	0.71322103	0.71354670	-0.35612202	-0.35677335
0.500	0.73762953	0.73768711	-0.36872840	-0.36884355

10. Since $y' = \lambda y$, we have $k_1 = h\lambda w_i$, $k_2 = h\lambda(w_i + h\lambda w_i/2)$, $k_3 = h\lambda\left(w_i + h\lambda w_i/2 + h^2\lambda^2 w_i/4\right)$, and $k_4 = h\lambda\left(w_i + h\lambda w_i + h^2\lambda^2 w_i/2 + h^3\lambda^3 w_i/4\right)$. Thus,

$$w_{i+1} = w_i + \frac{1}{6}(k_1 + 2k_2 + 2k_3 + k_4)$$
$$= w_i + \frac{w_i}{6}\left(h\lambda + 2h\lambda + h^2\lambda^2 + 2h\lambda + h^2\lambda^2 + h^3\lambda^3/2 + h\lambda + h^2\lambda^2 + h^3\lambda^3/2 + h^4\lambda^4/4\right)$$
$$= \left[1 + h\lambda + h^2\lambda^2/2 + h^3\lambda^3/6 + h^4\lambda^4/24\right] w_i.$$

11. Using (4.23) gives $\tau_{i+1} = -\frac{1}{12}y'''(\xi_i)h^2$, for some $t_i < \xi_i < t_{i+1}$, and by Definition 5.18, the Trapezoidal method is consistent. Once again using (4.23) gives

$$y(t_{i+1}) = y(t_i) + \frac{h}{2}\left[f(t_i, y(t_i)) + f(t_{i+1}, y(t_{i+1}))\right] - \frac{y'''(\xi_i)}{12}h^3.$$

Subtracting the difference equation and using the Lipschitz constant L for f gives

$$|y(t_{i+1}) - w_{i+1}| \leq |y(t_i) - w_i| + \frac{hL}{2}|y(t_i) - w_i| + \frac{hL}{2}|y(t_{i+1}) - w_{i+1}| + \frac{h^3}{12}|y'''(\xi_i)|.$$

Let $M = \max_{a \leq x \leq b} |y'''(x)|$. Then, assuming $hL \neq 2$,

$$|y(t_{i+1}) - w_{i+1}| \leq \frac{2+hL}{2-hL}|y(t_i) - w_i| + \frac{h^3}{6(2-hL)}M.$$

Using Lemma 5.8 gives

$$|y(t_{i+1}) - w_{i+1}| \leq e^{2(b-a)L/(2-hL)}\left[\frac{Mh^2}{12L} + |\alpha - w_0|\right] - \frac{Mh^2}{12L}.$$

Thus, if $hL \neq 2$, the Trapezoidal method is convergent, and consequently stable.

12. The Backward Euler method applied to $y' = \lambda y$ gives $w_{i+1} = \frac{w_i}{1-h\lambda}$, so $Q(h\lambda) = \frac{1}{1-h\lambda}$.

13. The following tables list the results of the Backward Euler method applied to the problems in Exercise 1.

(1a)

i	t_i	w_i	k	y_i
2	0.2	0.75298666	2	0.44932896
5	0.5	0.10978082	2	0.03019738
7	0.7	0.03041020	2	0.00499159
10	1.0	0.00443362	2	0.00033546

(1b)

i	t_i	w_i	k	y_i
2	0.2	0.08148148	2	0.04610521
5	0.5	0.25635117	2	0.25001513
7	0.7	0.49515013	2	0.49000028
10	1.0	1.00500556	2	1.00000000

(1c)

i	t_i	w_i	k	y_i
2	0.5	0.50495522	2	0.47947094
4	1.0	0.83751817	2	0.84147099
6	1.5	0.99145076	2	0.99749499
8	2.0	0.90337560	2	0.90929743

(1d)

i	t_i	w_i	k	y_i
2	0.2	1.00348713	3	1.00000000
5	0.5	1.00000262	2	1.00000000
7	0.7	1.00000002	1	1.00000000
10	1.0	1.00000000	1	1.00000000

14. The following tables list the results of the Backward Euler method applied to the problems in Exercise 2.

(2a)

i	t_i	w_i	k	y_i
2	0.2	1.67216224	2	1.58928220
4	0.4	1.69987544	2	1.62715998
6	0.6	1.92400672	2	1.87190587
8	0.8	2.28233119	2	2.24385657
10	1.0	2.75757631	2	2.72501978

(2b)

i	t_i	w_i	k	y_i
2	0.2	0.87957046	2	0.56787944
4	0.4	0.56989261	2	0.44978707
6	0.6	0.64247315	2	0.60673795
8	0.8	0.81061829	2	0.80091188
10	1.0	1.00265457	2	1.00012341

(2c)

i	t_i	w_i	k	y_i
1	1.25	0.55006309	2	0.51199999
3	1.75	0.19753128	2	0.18658892
5	2.25	0.09060118	2	0.08779150
7	2.75	0.04900207	2	0.04808415

(2d)

i	t_i	w_i	k	y_i
1	0.25	0.79711852	2	0.96217447
3	0.75	0.72203841	2	0.73168856
5	1.25	0.31248267	2	0.31532236
7	1.75	-0.17796016	2	-0.17824606

15. (a) The Trapezoidal method applied to the test equation gives

$$w_{j+1} = \frac{1 + \frac{h\lambda}{2}}{1 - \frac{h\lambda}{2}} w_j,$$

so

$$Q(h\lambda) = \frac{2 + h\lambda}{2 - h\lambda}.$$

Thus, $|Q(h\lambda)| < 1$, whenever $\operatorname{Re}(h\lambda) < 0$.

(b) The Backward Euler method applied to the test equation gives

$$w_{j+1} = \frac{w_j}{1 - h\lambda},$$

so

$$Q(h\lambda) = \frac{1}{1 - h\lambda}.$$

Thus, $|Q(h\lambda)| < 1$, whenever $\operatorname{Re}(h\lambda) < 0$.

Direct Methods for Solving Linear Systems

Exercise Set 6.1, page 356

1. (a) Intersecting lines with solution $x_1 = x_2 = 1$.
   (b) One line, so there is an infinite number of solutions with $x_2 = \frac{3}{2} - \frac{1}{2}x_1$.
   (c) One line, so there is an infinite number of solutions with $x_2 = -\frac{1}{2}x_1$.
   (d) Intersecting lines with solution $x_1 = \frac{2}{7}$ and $x_2 = -\frac{11}{7}$.

2. (a) Intersecting lines whose solution is $x_1 = x_2 = 0$.
   (b) Parallel lines, so there is no solution.
   (c) Three lines in the plane that do not intersect at a common point.
   (d) Two planes in space which intersect in a line with $x_1 = -\frac{5}{4}x_2$ and $x_3 = \frac{3}{2}x_2 + 1$.

3. Gaussian elimination gives the following solutions.

   (a) $x_1 = 1.0, x_2 = -0.98, x_3 = 2.9$ (b) $x_1 = 1.1, x_2 = -1.1, x_3 = 2.9$

4. Gaussian elimination gives the following solutions.

   (a) $x_1 = -0.70, x_2 = 1.1, x_3 = 2.9$ (b) $x_1 = -0.88, x_2 = 0.74, x_3 = 3.0$

5. Gaussian elimination gives the following solutions.
   (a) $x_1 = 1.1875, x_2 = 1.8125, x_3 = 0.875$ with one row interchange required
   (b) $x_1 = -1, x_2 = 0, x_3 = 1$ with no interchange required
   (c) $x_1 = 1.5, x_2 = 2, x_3 = -1.2, x_4 = 3$ with no interchange required
   (d) No unique solution

6. Gaussian elimination gives the following solutions.
   (a) $x_1 = -4, x_2 = -8, x_3 = -6$ with one row interchange required
   (b) $x_1 = \frac{22}{9}, x_2 = -\frac{4}{9}, x_3 = \frac{4}{3}, x_4 = 1$ with one row interchange required
   (c) $x_1 = 13, x_2 = 8, x_3 = 8, x_4 = 5$ with one row interchange required.
   (d) $x_1 = -1, x_2 = 2, x_3 = 0, x_4 = 1$ with one row interchange required.

7. Gaussian elimination with DIGITS:=10 gives the following solutions:

   (a) $x_1 = -227.0769$, $x_2 = 476.9231$, $x_3 = -177.6923$;
   (b) $x_1 = 1.001291$, $x_2 = 1$, $x_3 = 1.00155$;
   (c) $x_1 = -0.03174600$, $x_2 = 0.5952377$, $x_3 = -2.380951$, $x_4 = 2.777777$;
   (d) $x_1 = 1.918129$, $x_2 = 1.964912$, $x_3 = -0.9883041$, $x_4 = -3.192982$, $x_5 = -1.134503$.

8. Gaussian elimination with DIGITS:=10 gives the following solutions:

   (a) $x_1 = 0.9798657720$, $x_2 = 4.281879191$, $x_3 = 17.48322147$;
   (b) $x_1 = 6.461447620$, $x_2 = 8.394321092$, $x_3 = -0.01347368618$;
   (c) $x_1 = 1.349448559$, $x_2 = -4.67798776$, $x_3 = -4.032893779$, $x_4 = -1.656637732$;
   (d) $x_1 = 13.49999998$, $x_2 = -11.5000000000$, $x_3 = 23.75000003$, $x_4 = 121.5000003$, $x_5 = 97.75000025$.

9. (a) When $\alpha = -1/3$, there is no solution.
   (b) When $\alpha = 1/3$, there is an infinite number of solutions with $x_1 = x_2 + 1.5$, and x_2 is arbitrary.
   (c) If $\alpha \neq \pm 1/3$, then the unique solution is
   $$x_1 = \frac{3}{2(1+3\alpha)} \quad \text{and} \quad x_2 = \frac{-3}{2(1+3\alpha)}.$$

10. (a) $\alpha = 1$ (b) $\alpha = -1$
    (c) $x_1 = -1/(1-\alpha)$, $x_2 = 1$, $x_3 = 1/(1-\alpha)$

11. Suppose $x'_1, ..., x'_n$ is a solution to the linear system (6.1).
    (i) The new system becomes
    $$E_1 : a_{11}x_1 + a_{12}x_2 + ... + a_{1n}x_n = b_1$$
    $$\vdots$$
    $$E_i : \lambda a_{i1}x_1 + \lambda a_{i2}x_2 + ... + \lambda a_{in}x_n = \lambda b_i$$
    $$\vdots$$
    $$E_n : a_{n1}x_1 + a_{n2}x_2 + ... + a_{nn}x_n = b_n.$$

    Clearly, $x'_1, ..., x'_n$ satisfies this system. Conversely, if $x^*_1, ..., x^*_n$ satisfies the new system, dividing E_i by λ shows $x^*_1, ..., x^*_n$ also satisfies (6.1).
    (ii) The new system becomes
    $$E_1 : a_{11}x_1 + a_{12}x_2 + ... + a_{1n}x_n = b_1$$
    $$\vdots$$
    $$E_i : (a_{i1} + \lambda a_{j1})x_1 + (a_{i2} + \lambda a_{j2})x_2 + ... + (a_{in} + \lambda a_{jn})x_n = b_i + \lambda b_j$$
    $$\vdots$$
    $$E_n : a_{n1}x_1 + a_{n2}x_2 + ... + a_{nn}x_n = b_n.$$

Direct Methods for Solving Linear Systems

Clearly, $x'_1, ..., x'_n$ satisfies all but possibly the ith equation. Multiplying E_j by λ gives

$$\lambda a_{j1}x'_1 + \lambda a_{j2}x'_2 + ... + \lambda a_{jn}x'_n = \lambda b_j,$$

which can be subtracted from E_i in the new system results in the system (6.1). Thus, $x'_1, ..., x'_n$ satisfies the new system. Conversely, if $x^*_1, ..., x^*_n$ is a solution to the new system, then all but possibly E_i of (6.1) are satisfied by $x^*_1, ..., x^*_n$. Multiplying E_j of the new system by $-\lambda$ gives

$$-\lambda a_{j1}x^*_1 - \lambda a_{j2}x^*_2 - ... - \lambda a_{jn}x^*_n = -\lambda b_j.$$

Adding this to E_i in the new system produces E_i of (6.1). Thus, $x^*_1, ..., x^*_n$ is a solution of (6.1).

(iii) The new system and the old system have the same set of equations to satisfy. Thus, they have the same solution set.

12. Change Algorithm 6.1 as follows:

STEP 1 For $i = 1, ..., n$ do STEPS 2, 3, and 4.

STEP 4 For $j = 1, ..., i-1, i+1, ..., n$ do STEPS 5 and 6.

STEP 8 For $i = 1, ..., n$ set $x_i = a_{i,n+1}/a_{ii}$.

In addition, delete STEP 9.

13. The Gauss-Jordan method gives the following results.

(a) $x_1 = 0.98, x_2 = -0.98, x_3 = 2.9$

(b) $x_1 = 1.1, x_2 = -1.0, x_3 = 2.9$

14. The Gauss-Jordan method with single precision arithmetic gives the following solutions.

(a) $x_1 = -227.0787, x_2 = 476.9262, x_3 = -177.6934$

(b) $x_1 = 1.000036, x_2 = 0.9999991, x_3 = 0.9986052$

(c) $x_1 = -0.03177120, x_2 = 0.5955572, x_3 = -2.381768, x_4 = 2.778329$

(d) $x_1 = 1.918129, x_2 = 1.964912, x_3 = -0.9883036, x_4 = -3.192982, x_5 = -1.134503$

15. The results for are listed in the following table. (The abbreviations M/D and A/S are used for multiplications/divisions and additions/subtractions, respectively.)

	Gaussian elimination		Gauss-Jordan	
n	M/D	A/S	M/D	A/S
3	17	11	21	12
10	430	375	595	495
50	44150	42875	64975	62475
100	343300	338250	509950	499950

16. (a) The Gaussian elimination procedure requires

$$\frac{(2n^3 + 3n^2 - 5n)}{6} \text{ Multiplications/Divisions}$$

and

$$\frac{n^3 - n}{3} \text{ Additions/Subtractions.}$$

The additional elimination steps are:

$$\text{For } i = n, n-1, ..., 2$$

$$\text{for } j = 1, ..., i-1,$$

$$\text{set } a_{j,n+1} = a_{j,n+1} - \frac{a_{ji} a_{i,n+1}}{a_{ii}}.$$

This requires

$$n(n-1) \text{ Multiplications/Divisions}$$

and

$$\frac{n(n-1)}{2} \text{ Additions/Subtractions.}$$

Solving for

$$x_i = \frac{a_{i,n+1}}{a_{ii}}$$

requires n divisions. Thus, the totals are

$$\frac{n^3}{3} + \frac{3n^2}{2} - \frac{5n}{6} \text{ Multiplications/Divisions}$$

and

$$\frac{n^3}{3} + \frac{n^2}{2} - \frac{5n}{6} \text{ Additions/Subtractions.}$$

(b) The results are listed in the following table. In this table the abbreviations M/D and A/S are used for Multiplications/Divisions and for Additions/Subtractions, respectively.

	Gaussian Elimination		Gauss-Jordan		Hybrid	
n	M/D	A/S	M/D	A/S	M/D	A/S
3	17	11	21	12	20	11
10	430	375	595	495	475	375
50	44150	42875	64975	62475	45375	42875
100	343300	338250	509950	499950	348250	338250

17. The Gaussian-Elimination–Gauss-Jordan hybrid method gives the following results.

(a) $x_1 = 1.0, x_2 = -0.98, x_3 = 2.9$ (b) $x_1 = 1.0, x_2 = -1.0, x_3 = 2.9$

18. The Gauss-Jordan hybrid method with single-precision arithmetic gives the following solutions.

(a) $-227.0788, 476.9262, -177.6934$ (b) $0.9990999, 0.9999991, 0.9986052$

(c) $-0.03177060, 0.5955554, -2.381768, 2.778329$

(d) $x_1 = 1.918126, x_2 = 1.964916, x_3 = -0.9883027, x_4 = -3.192982, x_5 = -1.134503$

19. (a) There is sufficient food to satisfy the average daily consumption.

(b) We could add 200 of species 1, or 150 of species 2, or 100 of species 3, or 100 of species 4.

(c) Assuming none of the increases indicated in part (b) was selected, species 2 could be increased by 650, or species 3 could be increased by 150, or species 4 could be increased by 150.

(d) Assuming none of the increases indicated in parts (b) or (c) were selected, species 3 could be increased by 150, or species 4 could be increased by 150.

20. (a) For the Trapezoidal rule $m = n = 1$, $x_0 = 0$, $x_1 = 1$ so that for $i = 0$ and 1, we have

$$u(x_i) = f(x_i) + \int_0^1 K(x_i, t) u(t)\, dt$$
$$= f(x_i) + \frac{1}{2}\left[K(x_i, 0)u(0) + K(x_i, 1)u(1)\right].$$

Substituting for x_i gives the desired equations.

(b) We have $n = 4$, $h = \frac{1}{4}$, $x_0 = 0$, $x_1 = \frac{1}{4}$, $x_2 = \frac{1}{2}$, $x_3 = \frac{3}{4}$, and $x_4 = 1$, so

$$u(x_i) = f(x_i) + \frac{h}{2}\left[K(x_i, 0)u(0) + 2K\left(x_i, \frac{1}{4}\right)u\left(\frac{1}{4}\right)\right.$$
$$\left. + 2K\left(x_i, \frac{1}{2}\right)u\left(\frac{1}{2}\right) + 2K\left(x_i, \frac{3}{4}\right)u\left(\frac{3}{4}\right) + K(x_i, 1)u(1)\right],$$

for $i = 0, 1, 2, 3, 4$. This gives

$$u(x_i) = x_i^2 + \frac{1}{8}\left[e^{x_i}u(0) + 2e^{|x_i - \frac{1}{4}|}u\left(\frac{1}{4}\right) + 2e^{|x_i - \frac{1}{2}|}u\left(\frac{1}{2}\right) + 2e^{|x_i - \frac{3}{4}|}u\left(\frac{3}{4}\right) + e^{|x_i - 1|}u(1)\right],$$

for each $i = 1, \ldots, 4$. The 5×5 linear system has solution $u(0) = -1.154255$, $u\left(\frac{1}{4}\right) = -0.9093298$, $u\left(\frac{1}{2}\right) = -0.7153145$, $u\left(\frac{3}{4}\right) = -0.5472949$, and $u(1) = -0.3931261$.

(c) The Composite Simpson's rule gives

$$\int_0^1 K(x_i, t)u(t)\, dt = \frac{h}{3}\left[K(x_i, 0)u(0) + 4K\left(x_i, \frac{1}{4}\right)u\left(\frac{1}{4}\right) + 2K\left(x_i, \frac{1}{2}\right)u\left(\frac{1}{2}\right) + \right.$$
$$\left. 4K\left(x_i, \frac{3}{4}\right)u\left(\frac{3}{4}\right) + K(x_i, 1)u(1)\right],$$

which results in the linear equations

$$u(x_i) = x_i^2 + \frac{1}{12}\left[e^{x_i}u(0) + 4e^{|x_i - \frac{1}{4}|}u\left(\frac{1}{4}\right) + 2e^{|x_i - \frac{1}{2}|}u\left(\frac{1}{2}\right) + 4e^{|x_i - \frac{3}{4}|}u\left(\frac{3}{4}\right) + e^{|x_i - 1|}u(1)\right]$$

The 5×5 linear system has solutions $u(0) = -1.234286$, $u\left(\frac{1}{4}\right) = -0.9507292$, $u\left(\frac{1}{2}\right) = -0.7659400$, $u\left(\frac{3}{4}\right) = -0.5844737$, and $u(1) = -0.4484975$.

Exercise Set 6.2, page 368

1. The following row interchanges are required for these systems.

    (a) none

    (b) Interchange rows 2 and 3.

    (c) none

    (d) Interchange rows 1 and 2.

2. The following row interchanges are required for these systems.

    (a) none

    (b) none

    (c) none

    (d) none

3. The following row interchanges are required for these systems.

    (a) Interchange rows 1 and 2.

    (b) Interchange rows 1 and 3.

    (c) Interchange rows 1 and 2, then interchange rows 2 and 3.

    (d) Interchange rows 1 and 2.

4. The following row interchanges are required for these systems.

    (a) Interchange rows 2 and 3.

    (b) Interchange rows 1 and 3.

    (c) Interchange rows 1 and 3, then interchange rows 2 and 3.

    (d) Interchange rows 1 and 2.

5. The following row interchanges are required for these systems.

    (a) Interchange rows 1 and 3, then interchange rows 2 and 3.

    (b) Interchange rows 2 and 3.

    (c) Interchange rows 2 and 3.

    (d) Interchange rows 1 and 3, then interchange rows 2 and 3.

Direct Methods for Solving Linear Systems

6. The following row interchanges are required for these systems.

   (a) Interchange rows 2 and 3.   (b) none

   (c) Interchange rows 1 and 2, then interchange rows 2 and 3.

   (d) none

7. The following row interchanges are required for these systems.

   (a) Interchange rows 1 and 2, and columns 1 and 3, then interchange rows 2 and 3, and columns 2 and 3.

   (b) Interchange rows 1 and 2, and columns 1 and 3, then interchange rows 2 and 3.

   (c) Interchange rows 1 and 2, and columns 1 and 3, then interchange rows 2 and 3.

   (d) Interchange rows 1 and 2, and columns 1 and 2, then interchange rows 2 and 3; and columns 2 and 3.

8. The following row interchanges are required for these systems.

   (a) Interchange rows 1 and 2, and columns 1 and 3.

   (b) Interchange rows 1 and 2, and columns 1 and 2, then interchange rows 2 and 3.

   (c) Interchange rows 1 and 3, and columns 1 and 2, then interchange rows 2 and 3, and columns 2 and 3.

   (d) Interchange rows 1 and 2.

9. Gaussian elimination with three-digit chopping arithmetic gives the following results.

   (a) $x_1 = 30.0, x_2 = 0.990$ (b) $x_1 = 0.00, x_2 = 10.0, x_3 = 0.142$

   (c) $x_1 = 0.206, x_2 = 0.0154, x_3 = -0.0156, x_4 = -0.716$

   (d) $x_1 = 0.828, x_2 = -3.32, x_3 = 0.153, x_4 = 4.91$

10. Gaussian elimination with three-digit chopping arithmetic gives the following results.

    (a) $x_1 = 1.00, x_2 = 9.98$ (b) $x_1 = 12.0, x_2 = 0.492, x_3 = -9.78$

    (c) $x_1 = -8.25, x_2 = -8.00, x_3 = -0.0339, x_4 = 0.0566$

    (d) $x_1 = 1.33, x_2 = -4.66, x_3 = -4.04, x_4 = -1.66$

11. Gaussian elimination with three-digit rounding arithmetic gives the following results.

    (a) $x_1 = -10.0, x_2 = 1.01$ (b) $x_1 = 0.00, x_2 = 10.0, x_3 = 0.143$

    (c) $x_1 = 0.185, x_2 = 0.0103, x_3 = -0.0200, x_4 = -1.12$

    (d) $x_1 = 0.799, x_2 = -3.12, x_3 = 0.151, x_4 = 4.56$

12. Gaussian elimination with three-digit rounding arithmetic gives the following results.

    (a) $x_1 = 1.00, x_2 = 10.0$
    (b) $x_1 = 12.0, x_2 = 0.499, x_3 = -1.98$
    (c) $x_1 = 0.0896, x_2 = -0.0639, x_3 = -0.0361, x_4 = 0.0467$
    (d) $x_1 = 1.35, x_2 = -4.73, x_3 = -4.07, x_4 = -1.65$

13. Gaussian elimination with partial pivoting and three-digit chopping arithmetic gives the following results.

    (a) $x_1 = 10.0, x_2 = 1.00$
    (b) $x_1 = -0.163, x_2 = 9.98, x_3 = 0.142$
    (c) $x_1 = 0.177, x_2 = -0.0072, x_3 = -0.0208, x_4 = -1.18$
    (d) $x_1 = 0.777, x_2 = -3.10, x_3 = 0.161, x_4 = 4.50$

14. Gaussian elimination with partial pivoting gives the following results.

    (a) $x_1 = 1.00, x_2 = 9.98$
    (b) $x_1 = 12.0, x_2 = 0.504, x_3 = -9.78$
    (c) $x_1 = 0.0928, x_2 = -0.0631, x_3 = -0.0356, x_4 = 0.0468$
    (d) $x_1 = 1.33, x_2 = -4.66, x_3 = -4.04, x_4 = -1.66$

15. Gaussian elimination with partial pivoting and three-digit rounding arithmetic gives the following results.

    (a) $x_1 = 10.0, x_2 = 1.00$
    (b) $x_1 = 0.00, x_2 = 10.0, x_3 = 0.143$
    (c) $x_1 = 0.178, x_2 = 0.0127, x_3 = -0.0204, x_4 = -1.16$
    (d) $x_1 = 0.845, x_2 = -3.37, x_3 = 0.182, x_4 = 5.07$

16. Gaussian elimination with partial pivoting and three-digit chopping arithmetic gives the following results.

    (a) $x_1 = 1.00, x_2 = 10.0$
    (b) $x_1 = 12.0, x_2 = 0.499, x_3 = -1.98$
    (c) $x_1 = 0.0927, x_2 = -0.0631, x_3 = -0.0362, x_4 = 0.0465$
    (d) $x_1 = 1.35, x_2 = -4.73, x_3 = -4.07, x_4 = -1.65$

17. Gaussian elimination with scaled partial pivoting and three-digit chopping arithmetic gives the following results.

    (a) $x_1 = 10.0, x_2 = 1.00$
    (b) $x_1 = -0.163, x_2 = 9.98, x_3 = 0.142$
    (c) $x_1 = 0.171, x_2 = 0.0102, x_3 = -0.0217, x_4 = -1.27$
    (d) $x_1 = 0.687, x_2 = -2.66, x_3 = 0.117, x_4 = 3.59$

Direct Methods for Solving Linear Systems

18. Gaussian elimination with scaled partial pivoting gives the following results.

    (a) $x_1 = 1.00, x_2 = 9.98$
    (b) $x_1 = 0.993, x_2 = 0.500, x_3 = -1.00$
    (c) $x_1 = 0.0930, x_2 = -0.0631, x_3 = -0.0359, x_4 = 0.0467$
    (d) $x - 1 = 1.33, x_2 = -4.66, x_3 = -4.04, x_4 = -1.66$

19. Gaussian elimination with scaled partial pivoting and three-digit rounding arithmetic gives the following results.

    (a) $x_1 = 10.0, x_2 = 1.00$
    (b) $x_1 = 0.00, x_2 = 10.0, x_3 = 0.143$
    (c) $x_1 = 0.180, x_2 = 0.0128, x_3 = -0.0200, x_4 = -1.13$
    (d) $x_1 = 0.783, x_2 = -3.12, x_3 = 0.147, x_4 = 4.53$

20. Gaussian elimination with scaled partial pivoting and three-digit chopping arithmetic gives the following results.

    (a) $x_1 = 1.00, x_2 = 10.0$
    (b) $x_1 = 1.03, x_2 = 0.502, x_3 = -1.01$
    (c) $x_1 = 0.0927, x_2 = -0.0630, x_3 = -0.0360, x_4 = 0.0467$
    (d) $x_1 = 1.35, x_2 = -4.73, x_3 = -4.07, x_4 = -1.65$

21. Using Algorithm 6.1 in Maple with `Digits:=10` gives

    (a) $x_1 = 10.00000000, x_2 = 1.000000000$
    (b) $x_1 = 0.000000033, x_2 = 10.00000001, x_3 = 0.1428571429$
    (c) $x_1 = 0.1768252958, x_2 = 0.0126926913, x_3 = -0.0206540503, x_4 = -1.182608714$
    (d) $x_1 = 0.7883937842, x_2 = -3.125413672, x_3 = 0.1675965951, x_4 = 4.557002521$

22. Using Algorithm 6.1 in Maple with `Digits:=10` gives

    (a) $x_1 = 1.000000000, x_2 = 10.000000000$
    (b) $x_1 = 1.000000300, x_2 = 0.500000001, x_3 = -1.000000306$
    (c) $x_1 = 0.0927610467, x_2 = -0.06299433926, x_3 = -0.03624582267, x_4 = 0.04670801939$
    (d) $x_1 = 1.349448559, x_2 = -4.677987755, x_3 = -4.032893779, x_4 = -1.656637732$

23. Using Algorithm 6.2 in Maple with `Digits:=10` gives

    (a) $x_1 = 10.00000000, x_2 = 1.000000000$
    (b) $x_1 = 0.000000000, x_2 = 10.00000000, x_3 = 0.142857142$
    (c) $x_1 = 0.1768252975, x_2 = 0.0126926909, x_3 = -0.0206540502, x_4 = -1.182608696$
    (d) $x_1 = 0.7883937863, x_2 = -3.125413680, x_3 = 0.1675965980, x_4 = 4.557002510$

24. Using Algorithm 6.2 in Maple with `Digits:=10` gives

    (a) $x_1 = 1.000000000, x_2 = 10.000000000$
    (b) $x_1 = 1.000000300, x_2 = 0.500000001, x_3 = -1.000000306$
    (c) $x_1 = 0.09276104704, x_2 = -0.06299433961, x_3 = -0.03624582264, x_4 = 0.04670801938$
    (d) $x_1 = 1.349448559, x_2 = -4.677987755, x_3 = -4.032893779, x_4 = -1.656637732$

25. Using Algorithm 6.3 in Maple with `Digits:=10` gives

    (a) $x_1 = 10.00000000, x_2 = 1.000000000$
    (b) $x_1 = 0.000000000, x_2 = 10.00000000, x_3 = 0.1428571429$
    (c) $x_1 = 0.1768252977, x_2 = 0.0126926909, x_3 = -0.0206540501, x_4 = -1.182608693$
    (d) $x_1 = 0.7883937842, x_2 = -3.125413672, x_3 = 0.1675965952, x_4 = 4055700252$

26. Using Algorithm 6.3 in Maple with `Digits:=10` gives

    (a) $x_1 = 1.000000000, x_2 = 10.000000000$
    (b) $x_1 = 1.000000000, x_2 = 0.500000000, x_3 = -1.000000000$
    (c) $x_1 = 0.09276104705, x_2 = -0.06299433961, x_3 = -0.03624582264, x_4 = 0.04670801938$
    (d) $x_1 = 1.349448559, x_2 = -4.677987755, x_3 = -4.032893779, x_4 = -1.656637732$

27. Using Gaussian elimination with complete pivoting gives:

    (a) $x_1 = 9.98, x_2 = 1.00$ (b) $x_1 = 0.0724, x_2 = 10.0, x_3 = 0.0952$
    (c) $x_1 = 0.161, x_2 = 0.0125, x_3 = -0.0232, x_4 = -1.42$
    (d) $x_1 = 0.719, x_2 = -2.86, x_3 = 0.146, x_4 = 4.00$

28. Gaussian elimination with complete pivoting gives the following results.

    (a) $x_1 = 1.00, x_2 = 9.98$ (b) $x_1 = 0.982, x_2 = 0.500, x_3 = -0.994$
    (c) $x_1 = 0.0933, x_2 = -0.0631, x_3 = -0.0360, 0.0464$
    (d) $x_1 = 1.33, x_2 = -4.66, x_3 = -4.04, x_4 = -1.65$

29. Using Gaussian elimination with complete pivoting and three-digit rounding arithmetic gives:

    (a) $x_1 = 10.0, x_2 = 1.00$ (b) $x_1 = 0.00, x_2 = 10.0, x_3 = 0.143$
    (c) $x_1 = 0.179, x_2 = 0.0127, x_3 = -0.0203, x_4 = -1.15$
    (d) $x_1 = 0.874, x_2 = -3.49, x_3 = 0.192, x_4 = 5.33$

Direct Methods for Solving Linear Systems

30. Gaussian elimination with complete pivoting and three-digit rounding gives the following results.

   (a) $x_1 = 10.0$, $x_2 = 1.00$
   (b) $x_1 = 10.0$, $x_2 = 1.00$
   (c) $x_1 = 0.0926$, $x_2 = -0.0629$, $x_3 = -0.0361$, $x_4 = 0.0466$
   (d) $x_1 = 1.33$, $x_2 = -4.68$, $x_3 = -4.06$, $x_4 = -1.65$

31. The only system which does not require row interchanges is (a), where $\alpha = 6$.

32. Change Algorithm 6.2 as follows:

   Add to STEP 1.
   $$NCOL(i) = i$$
   Replace STEP 3 with the following.
   Let p and q be the smallest integers with $i \leq p$, $q \leq n$ and
   $$|a(NROW(p), NCOL(q))| = \max_{i \leq k, j \leq n} |a(NROW(k), NCOL(j))|.$$
   Add to STEP 4.
   $$A(NROW(p), NCOL(q)) = 0$$
   Add to STEP 5.
   If $NCOL(q) \neq NCOL(i)$ then set
   $$NCOPY = NCOL(i);$$
   $$NCOL(i) = NCOL(q);$$
   $$NCOL(q) = NCOPY.$$
   Replace STEP 7 with the following.
   Set
   $$m(NROW(j), NCOL(i)) = \frac{a(NROW(j), NCOL(i))}{a(NROW(i), NCOL(i))}.$$
   Replace in STEP 8:
   $$m(NROW(j), i) \text{ by } m(NROW(j), NCOL(i))$$
   Replace in STEP 9:
   $$a(NROW(n), n) \text{ by } a(NROW(n), NCOL(n))$$
   Replace STEP 10 with the following.
   Set
   $$X(NCOL(n)) = \frac{a(NROW(n), n+1)}{a(NROW(n), NCOL(n))}.$$
   Replace STEP 11 with the following.
   Set
   $$X(NCOL(i)) = \frac{a(NROW(i), n+1) - \sum_{j=i+1}^{n} a(NROW(i), NCOL(j)) \cdot X(NCOL(j))}{A(NROW(i), NCOL(i))}.$$

Replace STEP 12 with the following.
OUTPUT ('X(', NCOL(i), ') =', X(NCOL(i))) for $i = 1, \ldots, n$.

33. Using the Complete Pivoting Algorithm in Maple with Digits:=10 gives

    (a) $x_1 = 10.00000000, x_2 = 1.000000000$
    (b) $x_1 = 0.000000000, x_2 = 10.00000000, x_3 = 0.1428571429$
    (c) $x_1 = 0.1768252974, x_2 = 0.01269269087, x_3 = -0.02065405015, x_4 = -1.182608697$
    (d) $x_1 = 0.17883937840, x_2 = -3.125413669, x_3 = 0.1675965971, x_4 = 4.557002516$

34. Using the Complete Pivoting Algorithm in Maple with Digits:=10 gives

    (a) $x_1 = 1.000000000, x_2 = 10.000000000$
    (b) $x_1 = 1.000000001, x_2 = 0.5000000000, x_3 = -1.000000001$
    (c) $x_1 = 0.09276104701, x_2 = -0.06299433960, x_3 = -0.03624582267, x_4 = 0.04670801937$
    (d) $x_1 = 1.349448557, x_2 = -4.677987750, x_3 = -4.032893778, x_4 = -1.656637732$

Exercise Set 6.3, page 378

1. Determine if the matrices are nonsingular, and if so, find the inverse.

    (a) The matrix is singular.

    (b) $\begin{bmatrix} -\frac{1}{4} & \frac{1}{4} & \frac{1}{4} \\ \frac{5}{8} & -\frac{1}{8} & -\frac{1}{8} \\ \frac{1}{8} & -\frac{5}{8} & \frac{3}{8} \end{bmatrix}$

    (c) The matrix is singular.

    (d) $\begin{bmatrix} \frac{1}{4} & 0 & 0 & 0 \\ -\frac{3}{14} & \frac{1}{7} & 0 & 0 \\ \frac{3}{28} & -\frac{11}{7} & 1 & 0 \\ -\frac{1}{2} & 1 & -1 & 1 \end{bmatrix}$

2. Determine if the matrices are nonsingular, and if so, find the inverse.

    (a) $\begin{bmatrix} 1 & 2 & -1 \\ 0 & 1 & 2 \\ -1 & 4 & 3 \end{bmatrix}^{-1} = \begin{bmatrix} \frac{1}{2} & 1 & -\frac{1}{2} \\ \frac{1}{5} & -\frac{1}{5} & \frac{1}{5} \\ -\frac{1}{10} & \frac{3}{5} & -\frac{1}{10} \end{bmatrix}$

    (b) $\begin{bmatrix} 1 & 2 & 0 \\ 2 & 1 & -1 \\ 3 & 1 & 1 \end{bmatrix}^{-1} = \begin{bmatrix} -\frac{1}{4} & \frac{1}{4} & \frac{1}{4} \\ \frac{5}{8} & -\frac{1}{8} & -\frac{1}{8} \\ \frac{1}{8} & -\frac{5}{8} & \frac{3}{8} \end{bmatrix}$

(c) The matrix is singular.

(d)
$$\begin{bmatrix} 2 & 0 & 0 & 2 \\ 1 & 1 & 0 & 2 \\ 2 & -1 & 3 & 1 \\ 3 & -1 & 4 & 3 \end{bmatrix}^{-1} = \begin{bmatrix} 1 & 0 & 1 & -1 \\ -1 & \frac{5}{3} & \frac{5}{3} & -1 \\ -1 & \frac{2}{3} & \frac{2}{3} & 0 \\ 0 & -\frac{1}{3} & -\frac{4}{3} & 1 \end{bmatrix}$$

3. The solutions to the linear systems obtained in parts (a) and (b) are, from left to right,
$$3, -6, -2, -1 \quad \text{and} \quad 1, 1, 1, 1.$$

4. The solutions to the linear systems obtained in parts (a) and (b) are, from left to right and top to bottom:
$$-\frac{2}{7}, -\frac{13}{14}, -\frac{3}{14}; \quad \frac{17}{7}, -\frac{19}{14}, -\frac{41}{14}; \quad 1, 1, 1 \quad \text{and} \quad -\frac{1}{7}, \frac{2}{7}, \frac{1}{7}.$$

5. (a) Suppose $\tilde{A}$ and $\hat{A}$ are both inverses of A. Then $A\tilde{A} = \tilde{A}A = I$ and $A\hat{A} = \hat{A}A = I$. Thus,
$$\tilde{A} = \tilde{A}I = \tilde{A}(A\hat{A}) = (\tilde{A}A)\hat{A} = I\hat{A} = \hat{A}.$$

(b) $(AB)(B^{-1}A^{-1}) = A(BB^{-1})A^{-1} = AIA^{-1} = AA^{-1} = I$ and $(B^{-1}A^{-1})(AB) = B^{-1}(A^{-1}A)B = B^{-1}IB = B^{-1}B = I$, so $(AB)^{-1} = B^{-1}A^{-1}$ since there is only one inverse.

(c) Since $A^{-1}A = AA^{-1} = I$, it follows that A^{-1} is nonsingular. Since the inverse is unique, we have $(A^{-1})^{-1} = A$.

6. (a) Not true. Let
$$A = \begin{bmatrix} 2 & 1 \\ 1 & 0 \end{bmatrix} \quad \text{and} \quad B = \begin{bmatrix} 1 & -1 \\ -1 & 2 \end{bmatrix}. \quad \text{Then} \quad AB = \begin{bmatrix} 1 & 0 \\ 1 & -1 \end{bmatrix}$$

is not symmetric.

(b) True. Let A be a nonsingular symmetric matrix. By Theorem 6.13 (d), $(A^{-1})^t = (A^t)^{-1}$. Thus, $(A^{-1})^t = (A^t)^{-1} = A^{-1}$ and A^{-1} is symmetric.

(c) Not true. Use the matrices A and B from part (a).

7. (a) If $C = AB$, where A and B are lower triangular, then $a_{ik} = 0$ if $k > i$ and $b_{kj} = 0$ if $k < j$. Thus,
$$c_{ij} = \sum_{k=1}^{n} a_{ik}b_{kj} = \sum_{k=j}^{i} a_{ik}b_{kj},$$

which will have the sum zero unless $j \leq i$. Hence C is lower triangular.

(b) We have $a_{ik} = 0$ if $k < i$ and $b_{kj} = 0$ if $k > j$. The steps are similar to those in part (a).

(c) Let L be a nonsingular lower triangular matrix. To obtain the ith column of L^{-1}, solve n linear systems of the form

$$\begin{bmatrix} l_{11} & 0 & \cdots & & \cdots & 0 \\ l_{21} & l_{22} & & & & \vdots \\ \vdots & \vdots & \ddots & & & \vdots \\ \vdots & \vdots & & \ddots & & \vdots \\ l_{i1} & l_{i2} & \cdots & l_{ii} & & \vdots \\ \vdots & \vdots & & & & 0 \\ l_{n1} & l_{n2} & \cdots & \cdots & \cdots & l_{nn} \end{bmatrix} \begin{bmatrix} x_1 \\ x_2 \\ \vdots \\ \vdots \\ x_i \\ \vdots \\ x_n \end{bmatrix} = \begin{bmatrix} 0 \\ 0 \\ \vdots \\ 0 \\ 1 \\ 0 \\ \vdots \\ 0 \end{bmatrix},$$

where the 1 appears in the ith position to obtain the ith column of L^{-1}.

8. (a) Following the steps of Algorithm 6.1 with $m - 1$ additional columns in the augmented matrix gives the following:

Reduction Steps 1–6:
Multiplications/Divisions:

$$\sum_{i=1}^{n-1} \sum_{j=i+1}^{n} \{1 + (m + n - i)\} = \sum_{i=1}^{n-1} \{n(m + n + 1) - (m + 2n + 1)i + i^2\}$$

$$= \frac{1}{2}mn^2 - \frac{1}{2}mn + \frac{1}{3}n^3 - \frac{1}{3}n$$

Additions/Subtractions:

$$\sum_{i=1}^{n-1} \sum_{j=i+1}^{n} \{m + n - i\} = \sum_{i=1}^{n-1} \{n(m + n) - (m + 2n)i + i^2\}$$

$$= \frac{1}{2}mn^2 - \frac{1}{2}mn + \frac{1}{3}n^3 - \frac{1}{2}n^2 + \frac{1}{6}n$$

Backward Substitution Steps 8–9:
Multiplications/Divisions:

$$m\left[1 + \sum_{i=1}^{n-1}(n - i + 1)\right] = m\left[1 + \frac{n(n+1)}{2} - 1\right] = \frac{1}{2}mn^2 + \frac{1}{2}mn$$

Additions/Subtractions:

$$m\left[\sum_{i=1}^{n-1}(n - i)\right] = \frac{1}{2}mn^2 - \frac{1}{2}mn$$

Total:
Multiplications/Divisions: $\frac{1}{3}n^3 + mn^2 - \frac{1}{3}n$
Additions/Subtractions: $\frac{1}{3}n^3 + mn^2 - \frac{1}{2}n^2 - mn + \frac{1}{6}n$

(b) For the reduction phase: Multiplications/Divisions:

$$\sum_{i=1}^{n}\sum_{j=1,j\neq i}^{n}\left\{1+\sum_{k=i+1}^{n+m}1\right\} = \sum_{i=1}^{n}\sum_{j=1,j\neq i}^{n}(m+n+1-i) = \sum_{i=1}^{n}\{(n-1)(m+n+1)-(n-1)i\}$$

$$= \frac{1}{2}n^3 + mn^2 - mn - \frac{1}{2}n$$

Additions/Subtractions:

$$\sum_{i=1}^{n}\sum_{j=1,j\neq i}^{n}\sum_{k=i+1}^{n+m}1 = \sum_{i=1}^{n}\sum_{j=1,j\neq i}^{n}(n+m-i) = \sum_{i=1}^{n}\{(n-1)(m+n)-(n-1)i\}$$

$$= \frac{1}{2}n^3 + mn^2 - mn - n^2 + \frac{1}{2}n$$

Backward Substitution Steps:
Multiplications/Divisions:

$$\sum_{k=1}^{m}\sum_{i=1}^{n}1 = mn$$

Additions/Subtractions: none
Totals:
Multiplications/Divisions: $\frac{1}{2}n^3 + mn^2 - \frac{1}{2}n$
Additions/Subtractions: $\frac{1}{2}n^3 + mn^2 - n^2 - mn + \frac{1}{2}n$

(c) When $m = n$ we have the following:

Gaussian Elimination
Multiplications/Divisions: $\frac{1}{3}n^3 + mn^2 - \frac{1}{3}n = \frac{4}{3}n^3 - \frac{1}{3}n$
Additions/Subtractions: $\frac{1}{3}n^3 + mn^2 - \frac{1}{2}n^2 - mn + \frac{1}{6}n = \frac{4}{3}n^3 - \frac{3}{2}n^2 + \frac{1}{6}n$

Gauss-Jordan Elimination
Multiplications/Divisions: $\frac{1}{2}n^3 + mn^2 - \frac{1}{2}n = \frac{3}{2}n^3 - \frac{1}{2}n$
Additions/Subtractions: $\frac{1}{2}n^3 + mn^2 - n^2 - mn + \frac{1}{2}n = \frac{3}{2}n^3 - 2n^2 + \frac{1}{2}n$

(d) To find the inverse of the $n \times n$ matrix A:
   INPUT $n \times n$ matrix $A = (a_{ij})$.
   OUTPUT $n \times n$ matrix $B = A^{-1}$.
   Step 1   Initialize the $n \times n$ matrix $B = (b_{ij})$ to

$$b_{ij} = \begin{cases} 0 & i \neq j, \\ 1 & i = j \end{cases}$$

   Step 2   For $i = 1, \ldots, n-1$ do Steps 3, 4, and 5.
   Step 3   Let p be the smallest integer with $i \leq p \leq n$ and $a_{p,i} \neq 0$.
              If no integer p can be found then
                 OUTPUT ('A is singular');
                 STOP.
   Step 4   If $p \neq i$ then perform $(E_p) \leftrightarrow (E_i)$.
   Step 5   For $j = i+1, \ldots, n$ do Steps 6 through 9.

Step 6 Set $m_{ji} = a_{ji}/a_{ii}$.
Step 7 For $k = i+1, \ldots, n$
set $a_{jk} = a_{jk} - m_{ji}a_{ik}$; $a_{ij} = 0$.
Step 8 For $k = 1, \ldots, i-1$
set $b_{jk} = b_{jk} - m_{ji}b_{ik}$.
Step 9 Set $b_{ji} = -m_{ji}$.

Step 10 If $a_{nn} = 0$ then OUTPUT ('A is singular');
STOP.

Step 11 For $j = 1, \ldots, n$ do Steps 12, 13 and 14.

Step 12 Set $b_{nj} = b_{nj}/a_{nn}$.
Step 13 For $i = n-1, \ldots, j$
set $b_{ij} = \left(b_{ij} - \sum_{k=i+1}^{n} a_{ik}b_{kj}\right)/a_{ii}$.
Step 14 For $i = j-1, \ldots, 1$
set $b_{ij} = -\left[\sum_{k=i+1}^{n} a_{ik}b_{kj}\right]/a_{ii}$.

Step 15 OUTPUT (B);
STOP.

Reduction Steps 2–9:
Multiplications/Divisions:

$$\sum_{i=1}^{n-1}\sum_{j=i+1}^{n}\left\{1 + \sum_{k=i+1}^{n} 1 + \sum_{k=1}^{i-1} 1\right\} = \sum_{i=1}^{n-1}\sum_{j=i+1}^{n}\{1 + n - i + i - 1\} = \frac{n^2(n-1)}{2}$$

Additions/Subtractions:

$$\sum_{i=1}^{n-1}\sum_{j=i+1}^{n}\left\{\sum_{k=i+1}^{n} 1 + \sum_{k=1}^{i-1} 1\right\} = \sum_{i=1}^{n-1}\sum_{j=i+1}^{n}\{n - i + i - 1\} = \frac{n(n-1)^2}{2}$$

Backward Substitution Steps 11–14:
Multiplications/Divisions:

$$\sum_{j=1}^{n}\left\{1 + \sum_{i=j}^{n-1}\left\{1 + \sum_{k=i+1}^{n} 1\right\} + \sum_{i=1}^{j-1}\left\{1 + \sum_{k=i+1}^{n} 1\right\}\right\} = \sum_{j=1}^{n}\left\{1 + \sum_{i=j}^{n-1}(n+1-i)\right.$$

$$\left. + \sum_{i=1}^{j-1}(n+1-i)\right\}$$

$$= \sum_{j=1}^{n}\left[1 + \sum_{i=1}^{n-1}(n+1-i)\right]$$

$$= \sum_{j=1}^{n}\frac{n(n+1)}{2} = \frac{n^2(n+1)}{2}$$

Additions/Subtractions:

$$\sum_{j=1}^{n}\left\{\sum_{i=j}^{n-1}(1+n-i-1)+\sum_{i=1}^{j-1}(n-i-1)\right\} = \sum_{j=1}^{n}\sum_{i=1}^{n-1}(n-i)-j+1$$

$$= \sum_{j=1}^{n}\left[\frac{n(n-1)}{2}+1-j\right]$$

$$= \frac{n^2(n-1)}{2}+n-\frac{n(n+1)}{2}$$

$$= \frac{n^3}{2}-n^2+\frac{1}{2}n$$

Totals:
Multiplications/Divisions: $\frac{n^2(n-1)}{2}+\frac{n^2(n+1)}{2}=n^3$
Additions/Subtractions: $\frac{n(n-1)^2}{2}+\frac{n^3}{2}-n^2+\frac{1}{2}n=n^3-2n^2+n$

(e) Let $\left[A^{-1}\right]_{i,j}$ denote the entries of A^{-1}, for $1\le i,j\le n$. For each $i=1,\ldots,n$, we have

$$x_i = \sum_{j=1}^{n}[A^{-1}]_{i,j}b_j.$$

This requires n multiplications and $n-1$ additions for each i. The total number of computations is n^2 Multiplications/Divisions and n^2-n Additions/Subtractions.

(f) For m linear systems, we have mn^2 Multiplications/Divisions and $m(n^2-n)$ Additions/Subtractions.

	Gaussian Elimination (part a)		Inverting A and forming $A^{-1}b$	
n	Multiplications Divisions	Additions Subtractions	Multiplications Divisions	Additions Subtractions
3	$9m+8$	$6m+5$	$9m+27$	$6m+12$
10	$100m+330$	$90m+285$	$100m+1000$	$90m+810$
50	$2500m+41650$	$2450m+40425$	$2500m+125000$	$2450m+120050$
100	$10000m+333300$	$9900m+328350$	$10000m+1000000$	$9900m+980100$

(g)

9. The answers are the same as those in Exercise 1.

10. No, since the products $A_{ij}B_{jk}$, for $1\le i,j,k\le 2$, cannot be formed.

   (c) The following are necessary and sufficient conditions:

   (i) The number of columns of A is the same as the number of rows of B.

   (ii) The number of vertical lines of A equals the number of horizontal lines of B.

(iii) The placement of the vertical lines of A is identical to placement of the horizontal lines of B.

11. **(a)** $A^2 = \begin{bmatrix} 0 & 2 & 0 \\ 0 & 0 & 3 \\ \frac{1}{6} & 0 & 0 \end{bmatrix}$, $A^3 = \begin{bmatrix} 1 & 0 & 0 \\ 0 & 1 & 0 \\ 0 & 0 & 1 \end{bmatrix}$, $A^4 = A$, $A^5 = A^2$, $A^6 = I, \ldots$

(b)

	Year 1	Year 2	Year 3	Year 4
Age 1	6000	36000	12000	6000
Age 2	6000	3000	18000	6000
Age 3	6000	2000	1000	6000

(c) $A^{-1} = \begin{bmatrix} 0 & 2 & 0 \\ 0 & 0 & 3 \\ \frac{1}{6} & 0 & 0 \end{bmatrix}$. The i,j-entry is the number of beetles of age i necessary to produce one beetle of age j.

12. **(a)** For each $k = 1, 2, \ldots, m$, the number a_{ik} represents the total number of plants of type v_i eaten by herbivores in the species h_k. The number of herbivores of types h_k eaten by species c_j is b_{kj}. Thus, the total number of plants of type v_i ending up in species c_j is $a_{i1}b_{1j} + a_{i2}b_{2j} + \ldots + a_{im}b_{mj} = (AB)_{ij}$.

(b) We first assume $n = m = k$ so that the matrices will have inverses. Let $x_1, \ldots, x_n$ represent the vegetations of type $v_1, \ldots, v_n$, let $y_1, \ldots, y_n$ represent the number of herbivores of species $h_1, \ldots, h_n$, and let $z_1, \ldots, z_n$ represent the number of carnivores of species $c_1, \ldots, c_n$.

If
$$\begin{bmatrix} x_1 \\ x_2 \\ \vdots \\ x_n \end{bmatrix} = A \begin{bmatrix} y_1 \\ y_2 \\ \vdots \\ y_n \end{bmatrix}, \quad \text{then} \quad \begin{bmatrix} y_1 \\ y_2 \\ \vdots \\ y_n \end{bmatrix} = A^{-1} \begin{bmatrix} x_1 \\ x_2 \\ \vdots \\ x_n \end{bmatrix}.$$

Thus, $(A^{-1})_{i,j}$ represents the amount of type v_j plants eaten by a herbivore of species h_i.

Similarly, if
$$\begin{bmatrix} y_1 \\ y_2 \\ \vdots \\ y_n \end{bmatrix} = B \begin{bmatrix} z_1 \\ z_2 \\ \vdots \\ z_n \end{bmatrix}, \quad \text{then} \quad \begin{bmatrix} z_1 \\ z_2 \\ \vdots \\ z_n \end{bmatrix} = B^{-1} \begin{bmatrix} y_1 \\ y_2 \\ \vdots \\ y_n \end{bmatrix}.$$

Thus, $(B^{-1})_{i,j}$ represents the number of herbivores of species h_j eaten by a carnivore of species c_i. If $x = Ay$ and $y = Bz$, then $x = ABz$ and $z = (AB)^{-1}x$. But, $y = A^{-1}x$ and $z = B^{-1}y$, so $z = B^{-1}A^{-1}x$.

13. **(a)** We have
$$\begin{bmatrix} 7 & 4 & 4 & 0 \\ -6 & -3 & -6 & 0 \\ 0 & 0 & 3 & 0 \\ 0 & 0 & 0 & 1 \end{bmatrix} \begin{bmatrix} 2(x_0 - x_1) + \alpha_0 + \alpha_1 \\ 3(x_1 - x_0) - \alpha_1 - 2\alpha_0 \\ \alpha_0 \\ x_0 \end{bmatrix} = \begin{bmatrix} 2(x_0 - x_1) + 3\alpha_0 + 3\alpha_1 \\ 3(x_1 - x_0) - 3\alpha_1 - 6\alpha_0 \\ 3\alpha_0 \\ x_0 \end{bmatrix}$$

Direct Methods for Solving Linear Systems

(b) $B = A^{-1} = \begin{bmatrix} -1 & -\frac{4}{3} & -\frac{4}{3} & 0 \\ 2 & \frac{7}{3} & 2 & 0 \\ 0 & 0 & \frac{1}{3} & 0 \\ 0 & 0 & 0 & 1 \end{bmatrix}$

14. (a) In component form:

$$(a_{11}x_1 - b_{11}y_1 + a_{12}x_2 - b_{12}y_2) + (b_{11}x_1 + a_{11}y_1 + b_{12}x_2 + a_{12}y_2)i = c_1 + id_1,$$

$$(a_{21}x_1 - b_{21}y_1 + a_{22}x_2 - b_{22}y_2) + (b_{21}x_1 + a_{21}y_1 + b_{22}x_2 + a_{22}y_2)i = c_2 + id_2,$$

which yields

$$a_{11}x_1 + a_{12}x_2 - b_{11}y_1 - b_{12}y_2 = c_1,$$
$$b_{11}x_1 + b_{12}x_2 + a_{11}y_1 + a_{12}y_2 = d_1,$$
$$a_{21}x_1 + a_{22}x_2 - b_{21}y_1 - b_{22}y_2 = c_2,$$
$$b_{21}x_1 + b_{22}x_2 + a_{21}y_1 + a_{22}y_2 = d_2.$$

(b) The system

$$\begin{bmatrix} 1 & 3 & 2 & -2 \\ -2 & 2 & 1 & 3 \\ 2 & 4 & -1 & -3 \\ 1 & 3 & 2 & 4 \end{bmatrix} \begin{bmatrix} x_1 \\ x_2 \\ y_1 \\ y_2 \end{bmatrix} = \begin{bmatrix} 5 \\ 2 \\ 4 \\ -1 \end{bmatrix}$$

has the solution $x_1 = -1.2$, $x_2 = 1$, $y_1 = 0.6$, and $y_2 = -1$.

Exercise Set 6.4, page 386

1. The determinants of the matrices are:

   (a) -8 (b) 14 (c) 0 (d) 3

2. The determinants of the matrices are:

   (a) 8 (b) -8 (c) 0 (d) 0

3. The answers are the same as in Exercise 1.

4. The answers are the same as in Exercise 2.

5. The matrix is singular when $\alpha = -\frac{3}{2}$ and when $\alpha = 2$.

6. The matrix is singular when $\alpha = 6$.

7. The system has no solutions when $\alpha = -5$

8. The system has no solutions when $\alpha = -5$.

9. When $n = 2$, $\det A = a_{11}a_{22} - a_{12}a_{21}$ requires 2 multiplications and 1 subtraction. Since

$$2!\sum_{k=1}^{1}\frac{1}{k!} = 2 \quad \text{and} \quad 2! - 1 = 1,$$

the formula holds for $n = 2$. Assume the formula is true for $n = 2, ..., m$, and let A be an $(m+1) \times (m+1)$ matrix. Then

$$\det A = \sum_{j=1}^{m+1} a_{ij}A_{ij},$$

for any i, where $1 \le i \le m+1$. To compute each A_{ij} requires

$$m!\sum_{k=1}^{m-1}\frac{1}{k!} \quad \text{multiplications and} \quad m! - 1 \quad \text{additions/subtractions}.$$

Thus, the number of multiplications for $\det A$ is

$$(m+1)\left[m!\sum_{k=1}^{m-1}\frac{1}{k!}\right] + (m+1) = (m+1)!\left[\sum_{k=1}^{m-1}\frac{1}{k!} + \frac{1}{m!}\right] = (m+1)!\sum_{k=1}^{m}\frac{1}{k!},$$

and the number of additions/subtractions is

$$(m+1)[m! - 1] + m = (m+1)! - 1.$$

By the principle of mathematical induction, the formula is valid for any $n \ge 2$.

10. Let

$$A = \begin{bmatrix} a_{11} & a_{12} & a_{13} \\ a_{21} & a_{22} & a_{23} \\ a_{31} & a_{32} & a_{33} \end{bmatrix} \quad \text{and} \quad \tilde{A} = \begin{bmatrix} a_{21} & a_{22} & a_{23} \\ a_{11} & a_{12} & a_{13} \\ a_{31} & a_{32} & a_{33} \end{bmatrix}.$$

Expanding along the third rows gives

$$\det A = a_{31}\det\begin{bmatrix} a_{12} & a_{13} \\ a_{22} & a_{23} \end{bmatrix} - a_{32}\det\begin{bmatrix} a_{11} & a_{13} \\ a_{21} & a_{23} \end{bmatrix} + a_{33}\det\begin{bmatrix} a_{11} & a_{12} \\ a_{21} & a_{22} \end{bmatrix}$$
$$= a_{31}(a_{12}a_{23} - a_{13}a_{22}) - a_{32}(a_{11}a_{23} - a_{13}a_{21}) + a_{33}(a_{11}a_{22} - a_{12}a_{21})$$

and

$$\det \tilde{A} = a_{31}\det\begin{bmatrix} a_{22} & a_{23} \\ a_{12} & a_{13} \end{bmatrix} - a_{32}\det\begin{bmatrix} a_{21} & a_{23} \\ a_{11} & a_{13} \end{bmatrix} + a_{33}\det\begin{bmatrix} a_{21} & a_{22} \\ a_{11} & a_{12} \end{bmatrix}$$
$$= a_{31}(a_{13}a_{22} - a_{12}a_{23}) - a_{32}(a_{13}a_{21} - a_{11}a_{23}) + a_{33}(a_{12}a_{21} - a_{11}a_{22}) = -\det A.$$

The other two cases are similar.

Direct Methods for Solving Linear Systems

11. The result follows from $\det AB = \det A \cdot \det B$ and Theorem 6.17.

12. (a) The solution is $x_1 = 0$, $x_2 = 10$, and $x_3 = 26$.
    (b) We have $D_1 = -1$, $D_2 = 3$, $D_3 = 7$, and $D = 0$, and there are no solutions.
    (c) We have $D_1 = D_2 = D_3 = D = 0$, and there are infinitely many solutions.
    (d) Cramer's rule requires 39 Multiplications/Divisions and 20 Additions/Subtractions.

13. (a) If D_i is the determinant of the matrix formed by replacing the ith column of A with $\mathbf{b}$ and if $D = \det A$, then
$$x_i = D_i/D, \text{ for } i = 1, \ldots, n.$$

    (b) $(n+1)! \left(\sum_{k=1}^{n-1} \frac{1}{k!} \right) + n$ multiplications/divisions;
    $(n+1)! - n - 1$ additions/subtractions.

Exercise Set 6.5, page 395

1. The solutions to the linear systems are as follows.

    (a) $x_1 = -3$, $x_2 = 3$, $x_3 = 1$
    (b) $x_1 = \frac{1}{2}$, $x_2 = -\frac{9}{2}$, $x_3 = \frac{7}{2}$

2. The solutions to the linear systems are as follows.

    (a) $x_1 = 11/20$, $x_2 = 3/10$, $x_3 = 2/5$
    (b) $x_1 = 176$, $x_2 = -50$, $x_3 = 24$

3. (a) $P = \begin{bmatrix} 1 & 0 & 0 \\ 0 & 0 & 1 \\ 0 & 1 & 0 \end{bmatrix}$
   (b) $P = \begin{bmatrix} 0 & 1 & 0 \\ 1 & 0 & 0 \\ 0 & 0 & 1 \end{bmatrix}$

   (c) $P = \begin{bmatrix} 1 & 0 & 0 & 0 \\ 0 & 0 & 1 & 0 \\ 0 & 1 & 0 & 0 \\ 0 & 0 & 0 & 1 \end{bmatrix}$
   (d) $P = \begin{bmatrix} 0 & 0 & 1 & 0 \\ 0 & 1 & 0 & 0 \\ 0 & 0 & 0 & 1 \\ 1 & 0 & 0 & 0 \end{bmatrix}$

4. (a) $P = \begin{bmatrix} 0 & 1 & 0 \\ 1 & 0 & 0 \\ 0 & 0 & 1 \end{bmatrix}$
   (b) $P = \begin{bmatrix} 1 & 0 & 0 \\ 0 & 0 & 1 \\ 0 & 1 & 0 \end{bmatrix}$

(c) $P = \begin{bmatrix} 1 & 0 & 0 & 0 \\ 0 & 0 & 0 & 1 \\ 0 & 0 & 1 & 0 \\ 0 & 1 & 0 & 0 \end{bmatrix}$

(d) $P = \begin{bmatrix} 1 & 0 & 0 & 0 \\ 0 & 0 & 1 & 0 \\ 0 & 1 & 0 & 0 \\ 0 & 0 & 0 & 1 \end{bmatrix}$

5. (a) $L = \begin{bmatrix} 1 & 0 & 0 \\ 1.5 & 1 & 0 \\ 1.5 & 1 & 1 \end{bmatrix}$ and $U = \begin{bmatrix} 2 & -1 & 1 \\ 0 & 4.5 & 7.5 \\ 0 & 0 & -4 \end{bmatrix}$

(b) $L = \begin{bmatrix} 1 & 0 & 0 \\ -2.106719 & 1 & 0 \\ 3.067193 & 1.197756 & 1 \end{bmatrix}$ and $U = \begin{bmatrix} 1.012 & -2.132 & 3.104 \\ 0 & -0.3955257 & -0.4737443 \\ 0 & 0 & -8.939141 \end{bmatrix}$

(c) $L = \begin{bmatrix} 1 & 0 & 0 & 0 \\ 0.5 & 1 & 0 & 0 \\ 0 & -2 & 1 & 0 \\ 1 & -1.33333 & 2 & 1 \end{bmatrix}$ and $U = \begin{bmatrix} 2 & 0 & 0 & 0 \\ 0 & 1.5 & 0 & 0 \\ 0 & 0 & 0.5 & 0 \\ 0 & 0 & 0 & 1 \end{bmatrix}$

(d) $L = \begin{bmatrix} 1 & 0 & 0 & 0 \\ -1.849190 & 1 & 0 & 0 \\ -0.4596433 & -0.2501219 & 1 & 0 \\ 2.768661 & -0.3079435 & -5.352283 & 1 \end{bmatrix}$

and

$U = \begin{bmatrix} 2.175600 & 4.023099 & -2.173199 & 5.196700 \\ 0 & 13.43947 & -4.018660 & 10.80698 \\ 0 & 0 & -0.8929510 & 5.091692 \\ 0 & 0 & 0 & 12.03614 \end{bmatrix}$

6. (a) $L = \begin{bmatrix} 1 & 0 & 0 \\ 2 & 1 & 0 \\ -1 & 1/2 & 1 \end{bmatrix}$ and $U = \begin{bmatrix} 1 & -1 & 0 \\ 0 & 4 & 3 \\ 0 & 0 & 1/2 \end{bmatrix}$

(b) $L = \begin{bmatrix} 1 & 0 & 0 \\ 3/5 & 1 & 0 \\ 6/5 & -38/11 & 1 \end{bmatrix}$ and $U = \begin{bmatrix} 1/3 & 1/2 & -1/4 \\ 0 & 11/30 & 21/40 \\ 0 & 0 & 241/88 \end{bmatrix}$

(c) $L = \begin{bmatrix} 1 & 0 & 0 & 0 \\ -1/2 & 1 & 0 & 0 \\ 1 & -6/7 & 1 & 0 \\ -1 & 6/7 & -4/25 & 1 \end{bmatrix}$

and

$U = \begin{bmatrix} 2 & 1 & 0 & 0 \\ 0 & 7/2 & 3 & 0 \\ 0 & 0 & 25/7 & 4 \\ 0 & 0 & 0 & 141/25 \end{bmatrix}$

Direct Methods for Solving Linear Systems 169

(d) $L = \begin{bmatrix} 1 & 0 & 0 & 0 \\ 0 & 1 & 0 & 0 \\ -0.606196 & -0.168465 & 1 & 0 \\ 0.413289 & 0.778816 & -0.707723 & 1 \end{bmatrix}$

and

$U = \begin{bmatrix} 5.1312 & 1.414 & 3.141 & 0 \\ 0 & 5.193 & -2.197 & 5.92056 \\ 0 & 0 & 4.25195 & 4 \\ 0 & 0 & 0 & 12.6828 \end{bmatrix}$

7. The modified LU algorithm gives the following:

   (a) $x_1 = 1$, $x_2 = 2$, $x_3 = -1$ (b) $x_1 = 1$, $x_2 = 1$, $x_3 = 1$

   (c) $x_1 = 1.5$, $x_2 = 2$, $x_3 = -1.199998$, $x_4 = 3$

   (d) $x_1 = 2.939851$, $x_2 = 0.07067770$, $x_3 = 5.677735$, $x_4 = 4.379812$

8. The modified LU algorithm gives the following:

   (a) $x_1 = -12$, $x_2 = -14$, $x_3 = 17$
   (b) $x_1 = -495/241$, $x_2 = 840/241$, $x_3 = 56/241$
   (c) $x_1 = -29/47$, $x_2 = 58/47$, $x_3 = 32/141$, $x_4 = 52/141$
   (d) $x_1 = -0.706123$, $x_2 = -0.187410$, $x_3 = 0.569188$, $x_4 = 0.528704$

9. (a) $P^t LU = \begin{bmatrix} 0 & 1 & 0 \\ 1 & 0 & 0 \\ 0 & 0 & 1 \end{bmatrix} \begin{bmatrix} 1 & 0 & 0 \\ 0 & 1 & 0 \\ 0 & -\frac{1}{2} & 1 \end{bmatrix} \begin{bmatrix} 1 & 1 & -1 \\ 0 & 2 & 3 \\ 0 & 0 & \frac{5}{2} \end{bmatrix}$

   (b) $P^t LU = \begin{bmatrix} 1 & 0 & 0 \\ 0 & 0 & 1 \\ 0 & 1 & 0 \end{bmatrix} \begin{bmatrix} 1 & 0 & 0 \\ 2 & 1 & 0 \\ 1 & 0 & 1 \end{bmatrix} \begin{bmatrix} 1 & 2 & -1 \\ 0 & -5 & 6 \\ 0 & 0 & 4 \end{bmatrix}$

   (c) $P^t LU = \begin{bmatrix} 1 & 0 & 0 & 0 \\ 0 & 0 & 0 & 1 \\ 0 & 1 & 0 & 0 \\ 0 & 0 & 1 & 0 \end{bmatrix} \begin{bmatrix} 1 & 0 & 0 & 0 \\ 2 & 1 & 0 & 0 \\ 1 & 0 & 1 & 0 \\ 3 & 0 & 0 & 1 \end{bmatrix} \begin{bmatrix} 1 & -2 & 3 & 0 \\ 0 & 5 & -2 & 1 \\ 0 & 0 & -1 & -2 \\ 0 & 0 & 0 & 3 \end{bmatrix}$

   (d) $P^t LU = \begin{bmatrix} 1 & 0 & 0 & 0 \\ 0 & 0 & 0 & 1 \\ 0 & 0 & 1 & 0 \\ 0 & 1 & 0 & 0 \end{bmatrix} \begin{bmatrix} 1 & 0 & 0 & 0 \\ 2 & 1 & 0 & 0 \\ 1 & 0 & 1 & 0 \\ 1 & 0 & 0 & 1 \end{bmatrix} \begin{bmatrix} 1 & -2 & 3 & 0 \\ 0 & 5 & -3 & -1 \\ 0 & 0 & -1 & -2 \\ 0 & 0 & 0 & 1 \end{bmatrix}$

10. (a) To compute $P^t LU$ requires $\frac{1}{3}n^3 - \frac{1}{3}n$ Multiplications/Divisions and $\frac{1}{3}n^3 - \frac{1}{2}n^2 + \frac{1}{6}n$ Additions/Subtractions.

    (b) If $\tilde{P}$ is obtained from P by a simple row interchange, then $\det \tilde{P} = -\det P$. Thus, if $\tilde{P}$ is obtained from P by k interchanges, we have $\det \tilde{P} = (-1)^k \det P$.

(c) Only $n-1$ multiplications are needed in addition to the operations in part (a).

(d) We have $\det A = -741$. Factoring and computing $\det A$ requires 75 Multiplications/Divisions and 55 Additions/Subtractions.

11. (a) The steps in Algorithm 6.4 give the following:

	Multiplications/Divisions	Additions/Subtractions
Step 2	$n-1$	0
Step 4	$\sum_{i=2}^{n-1} i - 1$	$\sum_{i=2}^{n-1} i - 1$
Step 5	$\sum_{i=2}^{n-1}\sum_{j=i+1}^{n}[2(i-1)+1]$	$\sum_{i=2}^{n-1}\sum_{j=i+1}^{n} 2(i-1)$
Step 6	$n-1$	$n-1$
Totals	$\frac{1}{3}n^3 - \frac{1}{3}n$	$\frac{1}{3}n^3 - \frac{1}{2}n^2 + \frac{1}{6}n$

(b) The equations are given by

$$y_1 = \frac{b_1}{l_{11}} \quad \text{and} \quad y_i = b_i - \sum_{j=1}^{i-1} \frac{l_{ij}y_j}{l_{ii}}, \quad \text{for } i = 2, \ldots, n.$$

If we assume that $l_{ii} = 1$, for each $i = 1, 2, \ldots, n$, then the number of Multiplications/Divisions is

$$\sum_{i=2}^{n}(i-1) = \frac{n(n-1)}{2},$$

and the number of Additions/Subtractions is the same.

(c)

	Multiplications/divisions	Additions/subtractions
Factoring into LU	$\frac{1}{3}n^3 - \frac{1}{3}n$	$\frac{1}{3}n^3 - \frac{1}{2}n^2 + \frac{1}{6}n$
Solving $Ly = b$	$\frac{1}{2}n^2 - \frac{1}{2}n$	$\frac{1}{2}n^2 - \frac{1}{2}n$
Solving $Ux = y$	$\frac{1}{2}n^2 + \frac{1}{2}n$	$\frac{1}{2}n^2 - \frac{1}{2}n$
Total	$\frac{1}{3}n^3 + n^2 - \frac{1}{3}n$	$\frac{1}{3}n^3 + \frac{1}{2}n^2 - \frac{5}{6}n$

(d)

	Multiplications/divisions	Additions/subtractions
Factoring into LU	$\frac{1}{3}n^3 - \frac{1}{3}n$	$\frac{1}{3}n^3 - \frac{1}{2}n^2 + \frac{1}{6}n$
Solving $Ly^{(k)} = b^{(k)}$	$(\frac{1}{2}n^2 - \frac{1}{2}n)m$	$(\frac{1}{2}n^2 - \frac{1}{2}n)m$
Solving $Ux^{(k)} = y^{(k)}$	$(\frac{1}{2}n^2 + \frac{1}{2}n)m$	$(\frac{1}{2}n^2 - \frac{1}{2}n)m$
Total	$\frac{1}{3}n^3 + mn^2 - \frac{1}{3}n$	$\frac{1}{3}n^3 + (m - \frac{1}{2})n^2 - (m - \frac{1}{6})n$

Direct Methods for Solving Linear Systems

Exercise Set 6.6, page 409

1. (i) The only symmetric matrix is (a).
   (ii) All are nonsingular.
   (iii) Matrices (a) and (b) are strictly diagonally dominant.
   (iv) The only positive definite matrix is (a).

2. (i) Matrices (a) and (c) are symmetric.
   (ii) Matrices (a), (b), and (c) are nonsingular.
   (iii) Matrices (a) and (b) are strictly diagonally dominant.
   (iv) Matrices (b) and (c) are positive definite.

3. The LDL^t factorization of the matrices A have the following forms.

(a) $L = \begin{bmatrix} 1 & 0 & 0 \\ -\frac{1}{2} & 1 & 0 \\ 0 & -\frac{2}{3} & 1 \end{bmatrix}$, $D = \begin{bmatrix} 2 & 0 & 0 \\ 0 & \frac{3}{2} & 0 \\ 0 & 0 & \frac{4}{3} \end{bmatrix}$

(b) $L = \begin{bmatrix} 1 & 0 & 0 & 0 \\ 0.25 & 1 & 0 & 0 \\ 0.25 & -0.45454545 & 1 & 0 \\ 0.25 & 0.27272727 & 0.076923077 & 1 \end{bmatrix}$, $D = \begin{bmatrix} 4.0 & 0 & 0 & 0 \\ 0 & 2.75 & 0 & 0 \\ 0 & 0 & 1.1818182 & 0 \\ 0 & 0 & 0 & 1.5384615 \end{bmatrix}$

(c) $L = \begin{bmatrix} 1 & 0 & 0 & 0 \\ 0.25 & 1 & 0 & 0 \\ -0.25 & -0.27272727 & 1 & 0 \\ 0 & 0 & 0.44 & 1 \end{bmatrix}$, $D = \begin{bmatrix} 4 & 0 & 0 & 0 \\ 0 & 2.75 & 0 & 0 \\ 0 & 0 & 4.5454545 & 0 \\ 0 & 0 & 0 & 3.12 \end{bmatrix}$

(d) $L = \begin{bmatrix} 1 & 0 & 0 & 0 \\ 0.33333333 & 1 & 0 & 0 \\ 0.16666667 & 0.2 & 1 & 0 \\ -0.16666667 & 0.1 & -0.24324324 & 1 \end{bmatrix}$, $D = \begin{bmatrix} 6 & 0 & 0 & 0 \\ 0 & 3.3333333 & 0 & 0 \\ 0 & 0 & 3.7 & 0 \\ 0 & 0 & 0 & 2.5810811 \end{bmatrix}$

4. The LDL^t factorization of the matrices A have the following forms.

(a) $L = \begin{bmatrix} 1 & 0 & 0 \\ -0.25 & 1 & 0 \\ 0.25 & 0.09090909 & 1 \end{bmatrix}$, $D = \begin{bmatrix} 4 & 0 & 0 \\ 0 & 2.75 & 0 \\ 0 & 0 & 1.72727273 \end{bmatrix}$

(b) $L = \begin{bmatrix} 1 & 0 & 0 \\ 0.5 & 1 & 0 \\ 0.5 & 0.2 & 1 \end{bmatrix}$, $D = \begin{bmatrix} 4 & 0 & 0 \\ 0 & 5 & 0 \\ 0 & 0 & 3.6 \end{bmatrix}$

(c) $L = \begin{bmatrix} 1 & 0 & 0 & 0 \\ 0 & 1 & 0 & 0 \\ 0.5 & -0.3333333 & 1 & 0 \\ 0.25 & 0.3333333 & 0.6.0714286 & 1 \end{bmatrix}$, $D = \begin{bmatrix} 4 & 0 & 0 & 0 \\ 0 & 3 & 0 & 0 \\ 0 & 0 & 4.666667 & 0 \\ 0 & 0 & 0 & 5.696429 \end{bmatrix}$

(d) $L = \begin{bmatrix} 1 & 0 & 0 & 0 \\ 0.25 & 1 & 0 & 0 \\ 0.25 & -0.9090909 & 1 & 0 \\ 0.25 & -0.4545455 & 0.3684211 & 1 \end{bmatrix}$, $D = \begin{bmatrix} 4 & 0 & 0 & 0 \\ 0 & 2.75 & 0 & 0 \\ 0 & 0 & 1.727273 & 0 \\ 0 & 0 & 0 & 2.947368 \end{bmatrix}$

5. Cholesky's Algorithm gives the following results.

(a) $L = \begin{bmatrix} 1.414213 & 0 & 0 \\ -0.7071069 & 1.224743 & 0 \\ 0 & -0.8164972 & 1.154699 \end{bmatrix}$

(b) $L = \begin{bmatrix} 2 & 0 & 0 & 0 \\ 0.5 & 1.658311 & 0 & 0 \\ 0.5 & -0.7537785 & 1.087113 & 0 \\ 0.5 & 0.4522671 & 0.08362442 & 1.240346 \end{bmatrix}$

(c) $L = \begin{bmatrix} 2 & 0 & 0 & 0 \\ 0.5 & 1.658311 & 0 & 0 \\ -0.5 & -0.4522671 & 2.132006 & 0 \\ 0 & 0 & 0.9380833 & 1.766351 \end{bmatrix}$

(d) $L = \begin{bmatrix} 2.449489 & 0 & 0 & 0 \\ 0.8164966 & 1.825741 & 0 & 0 \\ 0.4082483 & 0.3651483 & 1.923538 & 0 \\ -0.4082483 & 0.1825741 & -0.4678876 & 1.606574 \end{bmatrix}$

6. Cholesky's Algorithm gives the following results.

(a) $L = \begin{bmatrix} 2 & 0 & 0 \\ -1/2 & \sqrt{11}/2 & 0 \\ 1/2 & \sqrt{11}/22 & \sqrt{209}/11 \end{bmatrix}$

(b) $L = \begin{bmatrix} 2 & 0 & 0 \\ 1 & \sqrt{5} & 0 \\ 1 & \sqrt{5}/5 & \sqrt{95}/5 \end{bmatrix}$

(c) $L = \begin{bmatrix} 2 & 0 & 0 & 0 \\ 0 & \sqrt{3} & 0 & 0 \\ 1 & -\sqrt{3}/3 & \sqrt{42}/3 & 0 \\ 1/20 & \sqrt{3}/3 & 17\sqrt{42}/84 & \sqrt{4466}/28 \end{bmatrix}$

(d) $L = \begin{bmatrix} 2 & 0 & 0 & 0 \\ 1/2 & \sqrt{11}/2 & 0 & 0 \\ 1/2 & -\sqrt{11}/22 & \sqrt{209}/11 & 0 \\ 1/2 & -5\sqrt{11}/22 & 7\sqrt{209}/209 & 2\sqrt{266}/19 \end{bmatrix}$

Direct Methods for Solving Linear Systems

7. The modified factorization algorithm gives the following results.
   (a) $x_1 = 1$, $x_2 = -1$, $x_3 = 0$
   (b) $x_1 = 0.2$, $x_2 = -0.2$, $x_3 = -0.2$, $x_4 = 0.25$
   (c) $x_1 = 1$, $x_2 = 2$, $x_3 = -1$, $x_4 = 2$
   (d) $x_1 = -0.8586387$, $x_2 = 2.418848$, $x_3 = -0.9581152$, $x_4 = -1.272251$

8. The modified factorization algorithm gives the following results.
   (a) $x_1 = -13/19$, $x_2 = 21/19$, $x_3 = 54/19$
   (b) $x_1 = -3/38$, $x_2 = 4/19$, $x_3 = -1/19$
   (c) $x_1 = -452/319$, $x_2 = 373/319$, $x_3 = 763/319$, $x_4 = -356/319$
   (d) $x_1 = 5/28$, $x_2 = 5/7$, $x_3 = 1/4$, $x_4 = 9/28$

9. The modified Cholesky's algorithm gives the following results.
   (a) $x_1 = 1, x_2 = -1, x_3 = 0$
   (b) $x_1 = 0.2, x_2 = -0.2, x_3 = -0.2, x_4 = 0.25$
   (c) $x_1 = 1, x_2 = 2, x_3 = -1, x_4 = 2$
   (d) $x_1 = -0.85863874, x_2 = 2.4188482, x_3 = -0.95811518, x_4 = -1.2722513$

10. (a) $x_1 = -0.6842105265, x_2 = 1.105263158, x_3 = 2.842105263$
    (b) $x_1 = -0.07894736890, x_2 = 0.2105263158, x_3 = -0.05263157895$
    (c) $x_1 = -1.416927900, x_2 = 1.169278997, x_3 = 2.391849530, x_4 = -1.115987461$
    (d) $x_1 = 0.1785714286, x_2 = 0.7142857142, x_3 = 0.25, x_4 = 0.3214285714$

11. The Crout Factorization Algorithm gives the following results.
    (a) $x_1 = 0.5$, $x_2 = 0.5$, $x_3 = 1$
    (b) $x_1 = -0.9999995$, $x_2 = 1.999999$, $x_3 = 1$
    (c) $x_1 = 1$, $x_2 = -1$, $x_3 = 0$
    (d) $x_1 = -0.09357798$, $x_2 = 1.587156$, $x_3 = -1.167431$, $x_4 = 0.5412844$

12. The Crout Factorization Algorithm gives the following results.
    (a) $x_1 = 3.600000000$, $x_2 = -4.200000000$, $x_3 = 2.800000000$
    (b) $x_1 = 3.944444444$, $x_2 = 2.888888889$, $x_3 = -0.7222222222$
    (c) $x_1 = 2.380952381$, $x_2 = 1.761904762$, $x_3 = 1.904761905$, $x_4 = 2.047619048$
    (d) $x_1 = 0.6666666667$, $x_2 = 0.3333333334$, $x_3 = -0.6666666666$, $x_4 = -1.000000000$, $x_5 = 0.000000000$

13. We have $x_i = 1$, for each $i = 1, \ldots, 10$.

14. The modified LDL^t factorization gives the following results.

    (a)
    $$L = \begin{bmatrix} 1 & 0 & 0 \\ -1 & 1 & 0 \\ 2 & 1 & 1 \end{bmatrix}, \quad D = \begin{bmatrix} 3 & 0 & 0 \\ 0 & -1 & 0 \\ 0 & 0 & 2 \end{bmatrix}$$

    (b)
    $$L = \begin{bmatrix} 1 & 0 & 0 \\ -2 & 1 & 0 \\ 3 & -1 & 1 \end{bmatrix}, \quad D = \begin{bmatrix} 3 & 0 & 0 \\ 0 & 2 & 0 \\ 0 & 0 & 0 \end{bmatrix}$$

    (c)
    $$L = \begin{bmatrix} 1 & 0 & 0 & 0 \\ -2 & 1 & 0 & 0 \\ 0 & 2 & 1 & 0 \\ -1 & 1 & 4 & 1 \end{bmatrix}, \quad D = \begin{bmatrix} -1 & 0 & 0 & 0 \\ 0 & 1 & 0 & 0 \\ 0 & 0 & 1 & 0 \\ 0 & 0 & 0 & -4 \end{bmatrix}$$

    (d)
    $$L = \begin{bmatrix} 1 & 0 & 0 & 0 \\ -1 & 1 & 0 & 0 \\ 2 & 0 & 1 & 0 \\ -2 & 1 & -1 & 1 \end{bmatrix}, \quad D = \begin{bmatrix} 2 & 0 & 0 & 0 \\ 0 & 1 & 0 & 0 \\ 0 & 0 & 2 & 0 \\ 0 & 0 & 0 & 3 \end{bmatrix}$$

15. Only the matrix in (d) is positive definite.
16. When $\alpha > \frac{8}{7}$ the matrix is positive definite.
17. When $-2 < \alpha < \frac{3}{2}$ the matrix is positive definite.
18. When $0 < \beta < \frac{1}{2}$ and $\beta + 2 < |\alpha| < 3$ the matrix is strictly diagonally dominant.
19. When $0 < \beta < 1$ and $3 < \alpha < 5 - \beta$ the matrix is strictly diagonally dominant.
20. (a) Yes.

    (b) Not necessarily. Consider $\begin{bmatrix} 2 & -1 \\ 3 & 4 \end{bmatrix}$.

    (c) Not necessarily. Consider $\begin{bmatrix} 2 & 1 \\ 1 & 2 \end{bmatrix}$ and $\begin{bmatrix} -2 & 1 \\ 1 & -2 \end{bmatrix}$.

    (d) Not necessarily. Consider $\begin{bmatrix} 2 & -1 \\ 3 & 4 \end{bmatrix}$.

    (e) Not necessarily. Consider $\begin{bmatrix} 2 & 1 \\ 1 & 2 \end{bmatrix}$ and $\begin{bmatrix} 2 & -1 \\ -1 & 2 \end{bmatrix}$.

21. (a) No; for example, consider $\begin{bmatrix} 1 & 0 \\ 0 & 1 \end{bmatrix}$.

(b) Yes, since $A = A^t$.

(c) Yes, since $\mathbf{x}^t(A + B)\mathbf{x} = \mathbf{x}^t A\mathbf{x} + \mathbf{x}^t B\mathbf{x}$.

(d) Yes, since $\mathbf{x}^t A^2 \mathbf{x} = \mathbf{x}^t A^t A\mathbf{x} = (A\mathbf{x})^t(A\mathbf{x}) \geq 0$, and because A is nonsingular, equality holds only if $\mathbf{x} = \mathbf{0}$.

(e) No; for example, consider $A = \begin{bmatrix} 1 & 0 \\ 0 & 1 \end{bmatrix}$ and $B = \begin{bmatrix} 10 & 0 \\ 0 & 10 \end{bmatrix}$.

22. (a) When $\alpha = 2$ the matrix is singular.

(b) The matrix A cannot be strictly diagonally dominant regardless of α.

(c) The matrix is symmetric for all values of α.

(d) The matrix is positive definite when $\alpha > 2$.

23. (a) Since $\det A = 3\alpha - 2\beta$, the matrix A is singular if and only if $\alpha = 2\beta/3$.

(b) The matrix is strictly diagonally dominant when $|\alpha| > 1$ and $|\beta| < 1$.

(c) The matrix is symmetric when $\beta = 1$.

(d) The matrix is positive definite when $\alpha > \frac{2}{3}$ and $\beta = 1$.

24. Yes, since $A^t B^t = (BA)^t = (AB)^t = B^t A^t$.

25. One example is $A = \begin{bmatrix} 1.0 & 0.2 \\ 0.1 & 1.0 \end{bmatrix}$.

26. Partition $A^{(k)}$ into the form

$$A^{(k)} = \begin{bmatrix} a_{11}^{(1)} & a_{12}^{(1)} & \cdots & a_{1,k}^{(1)} & a_{1,k+1}^{(1)} & \cdots & a_{1,n}^{(1)} \\ 0 & a_{22}^{(2)} & \cdots & a_{2k}^{(2)} & a_{2,k+1}^{(2)} & \cdots & a_{2,n}^{(2)} \\ \vdots & \ddots & \ddots & \vdots & \vdots & \ddots & \vdots \\ 0 & \cdots & 0 & a_{k,k}^{(k)} & a_{k,k+1}^{(k)} & \cdots & a_{k,n}^{(k)} \\ 0 & \cdots & 0 & a_{k+1,k}^{(k)} & a_{k+1,k+1}^{(k)} & \cdots & a_{k+1,n}^{(k)} \\ \vdots & \ddots & \vdots & \vdots & \vdots & \ddots & \vdots \\ 0 & \cdots & 0 & a_{n,k}^{(k)} & a_{n,k+1}^{(k)} & \cdots & a_{n,n}^{(k)} \end{bmatrix} = \begin{bmatrix} A_{11}^{(k)} & A_{12}^{(k)} \\ A_{21}^{(k)} & A_{22}^{(k)} \end{bmatrix}.$$

The multiplier matrix $M^{(k-1)}$ and $A^{(k-1)}$ can be similarly partitioned into

$$M^{(k-1)} = \begin{bmatrix} 1 & 0 & \cdots & & \cdots & 0 & 0 & \cdots & \cdots & 0 \\ 0 & \ddots & \ddots & & & \vdots & \vdots & & & \vdots \\ \vdots & \ddots & \ddots & \ddots & & \vdots & \vdots & & & \vdots \\ 0 & \cdots & 0 & 1 & & 0 & \vdots & & & \vdots \\ 0 & \cdots & 0 & -m_{k,k-1} & 1 & 0 & \cdots & & \cdots & 0 \\ 0 & \cdots & 0 & -m_{k+1,k-1} & 0 & 1 & 0 & \cdots & & 0 \\ \vdots & & \vdots & \vdots & & 0 & \ddots & \ddots & & \vdots \\ \vdots & & \vdots & \vdots & & \vdots & \vdots & \ddots & \ddots & 0 \\ 0 & \cdots & 0 & -m_{n,k-1} & 0 & 0 & \cdots & 0 & & 1 \end{bmatrix} = \begin{bmatrix} M_{11}^{(k-1)} & O \\ M_{21}^{(k-1)} & I \end{bmatrix},$$

where $M_{11}^{(k-1)}$ is a $k \times k$ lower triangular matrix, O is a $k \times (n-k)$ block of zeros, $M_{21}^{(k-1)}$ is an $(n-k) \times k$ matrix, I is an $(n-k) \times (n-k)$ identity matrix, and

$$A^{(k-1)} = \begin{bmatrix} A_{11}^{(k-1)} & A_{12}^{(k-1)} \\ A_{21}^{(k-1)} & A_{22}^{(k-1)} \end{bmatrix}.$$

Here $A_{11}^{(k-1)}$ is $k \times k$, $A_{12}^{(k-1)}$ is $k \times (n-k)$, $A_{21}^{(k-1)}$ is $(n-k) \times k$, and $A_{22}^{(k-1)}$ is $(n-k) \times (n-k)$. The formation of $A_{11}^{(k)}$ can be obtained from the partitioned product of $M^{(k-1)}$ and $A^{(k-1)}$ and is given by

$$A_{11}^{(k)} = M_{11}^{(k-1)} A_{11}^{(k-1)} + 0 \cdot A_{21}^{(k-1)} = M_{11}^{(k-1)} A_{11}^{(k-1)}.$$

In a similar manner, each of $M^{(k-2)}, \ldots, M^{(1)}$ and $A^{(k-2)}, \ldots, A^{(1)}$ can be partitioned to obtain

$$A_{11}^{(k)} = M_{11}^{(k-1)} A_{11}^{(k-1)} = M_{11}^{(k-1)} M_{11}^{(k-2)} A_{11}^{(k-2)} = \cdots = M_{11}^{(k-1)} M_{11}^{(k-2)} \cdots M_{11}^{(1)} A_{11}^{(1)},$$

where $A_{11}^{(1)} = A_{11}$ is the $k \times k$ leading principal submatrix of A. Assume all leading principal submatrices of A are nonsingular. Then $a_{11} \neq 0$, and the elimination process can be started. For the inductive hypothesis, assume that $k-1$ elimination steps can be performed without row interchanges. It follows that $a_{11}^{(1)}, \ldots, a_{k-1,k-1}^{(k-1)}$ are all nonzero and the above equation holds. Taking determinants produces

$$a_{11}^{(1)} a_{22}^{(2)} \cdots a_{k-1,k-1}^{(k-1)} a_{k,k}^{(k)} = \det A_{11}^{(k)} = \det M_{11}^{(k-1)} \det M_{11}^{(k-2)} \cdots \det M_{11}^{(1)} \det A_{11} \neq 0.$$

Hence, $a_{k,k}^{(k)} \neq 0$ and the process can continue. By mathematical induction all pivot elements $a_{11}^{(1)}, \ldots, a_{n,n}^{(n)}$ are nonzero and Gaussian elimination can be performed without row interchanges.

Conversely, suppose Gaussian elimination can be performed without row interchanges. It follows that all the pivot elements $a_{11}^{(1)}, \ldots, a_{n,n}^{(n)}$ are nonzero. Thus,

$$\det A_{11} = a_{11}^{(1)} a_{22}^{(2)} \cdots a_{k,k}^{(k)} \neq 0,$$

27. The Crout Factorization Algorithm can be rewritten as follows:

   STEP 1 Set $l_1 = a_1; u_1 = c_1/l_1$.
   STEP 2 For $i = 2,\ldots,n-1$ set $l_i = a_i - b_i u_{i-1}; u_i = c_i/l_i$.
   STEP 3 Set $l_n = a_n - b_n u_{n-1}$.
   STEP 4 Set $z_1 = d_1/l_1$.
   STEP 5 For $i = 2,\ldots,n$ set $z_i = (d_i - b_i z_{i-1})/l_i$.
   STEP 6 Set $x_n = z_n$.
   STEP 7 For $i = n-1,\ldots,1$ set $x_i = z_i - u_i x_{i+1}$.
   STEP 8 OUTPUT $(x_1,\ldots,x_n)$;
   STOP.

28. First, $|l_{11}| = |a_{11}| > 0$ and $|u_{12}| = \frac{|a_{12}|}{|l_{11}|} < 1$. In general, assume $|l_{jj}| > 0$ and $|u_{j,j+1}| < 1$, for $j = 1,\ldots,i-1$. Then

$$|l_{ii}| = |a_{ii} - l_{i,i-1}u_{i-1,i}| = |a_{ii} - a_{i,i-1}u_{i-1,i}| \geq |a_{ii}| - |a_{i,i-1}u_{i-1,i}| > |a_{ii}| - |a_{i,i-1}| > 0,$$

and

$$|u_{i,i+1}| = \frac{|a_{i,i+1}|}{|l_{ii}|} < \frac{|a_{i,i+1}|}{|a_{ii}| - |a_{i,i-1}|} \leq 1,$$

for $i = 2,\ldots,n-1$. Further,

$$|l_{nn}| = |a_{nn} - l_{n,n-1}u_{n-1,n}| = |a_{nn} - a_{n,n-1}u_{n-1,n}| \geq |a_{nn}| - |a_{n,n-1}| > 0.$$

So

$$\det A = \det L \cdot \det U = l_{11} \cdot l_{22} \ldots l_{nn} \cdot 1 > 0.$$

29. $i_1 = 0.6785047$, $i_2 = 0.4214953$, $i_3 = 0.2570093$, $i_4 = 0.1542056$, $i_5 = 0.1028037$

30. The Crout Factorization Algorithm requires $5n - 4$ Multiplications/Divisions and $3n - 3$ Additions/Subtractions.

31. (a) Mating male i with female j produces offspring with the same wing characteristics as mating male j with female i.

    (b) No. Consider, for example, $\mathbf{x} = (1, 0, -1)^t$.

32. (a)

$$D^{1/2}D^{1/2} = \begin{bmatrix} \sqrt{d_{11}} & 0 & \cdots & 0 \\ 0 & \sqrt{d_{22}} & \ddots & \vdots \\ \vdots & \ddots & \ddots & 0 \\ 0 & \cdots & 0 & \sqrt{d_{nn}} \end{bmatrix} \cdot \begin{bmatrix} \sqrt{d_{11}} & 0 & \cdots & 0 \\ 0 & \sqrt{d_{22}} & \ddots & \vdots \\ \vdots & \ddots & \ddots & 0 \\ 0 & \cdots & 0 & \sqrt{d_{nn}} \end{bmatrix}$$

$$= \begin{bmatrix} d_{11} & 0 & \cdots & 0 \\ 0 & d_{22} & \ddots & \vdots \\ \vdots & \ddots & \ddots & 0 \\ 0 & \cdots & 0 & d_{nn} \end{bmatrix} = D$$

(b) We have

$$\left(\hat{L}D^{1/2}\right)\left(\hat{L}D^{1/2}\right)^t = \hat{L}D^{1/2}\left(D^{1/2}\right)^t \hat{L}^t = \hat{L}D^{1/2}D^{1/2}\hat{L}^t = \hat{L}D\hat{L}^t = A.$$

Since $LL^t = A$, we have $\hat{L}D^{1/2} = L$.

Iterative Techniques in Matrix Algebra

Exercise Set 7.1, page 427

1. (a) We have $||\mathbf{x}||_\infty = 4$ and $||\mathbf{x}||_2 = 5.220153$ (b) We have $||\mathbf{x}||_\infty = 4$ and $||\mathbf{x}||_2 = 5.477226$.
   (c) We have $||\mathbf{x}||_\infty = 2^k$ and $||\mathbf{x}||_2 = (1 + 4^k)^{1/2}$.
   (d) We have $||\mathbf{x}||_\infty = 4/(k+1)$ and $||\mathbf{x}||_2 = (16/(k+1)^2 + 4/k^4 + k^4 e^{-2k})^{1/2}$.

2. (a) Since $||\mathbf{x}||_1 = \sum_{i=1}^n |x_i| \geq 0$ with equality only if $x_i = 0$ for all i, properties (i) and (ii) in Definition 7.1 hold.
   Also,
   $$||\alpha \mathbf{x}||_1 = \sum_{i=1}^n |\alpha x_i| = \sum_{i=1}^n |\alpha||x_i| = |\alpha| \sum_{i=1}^n |x_i| = |\alpha| ||\mathbf{x}||_1,$$
   so property (iii) holds.
   Finally,
   $$||\mathbf{x} + \mathbf{y}||_1 = \sum_{i=1}^n |x_i + y_i| \leq \sum_{i=1}^n (|x_i| + |y_i|) = \sum_{i=1}^n |x_i| + \sum_{i=1}^n |y_i| = ||\mathbf{x}||_1 + ||\mathbf{y}||_1,$$
   so property (iv) also holds.

   (b) (1a) 8.5 (1b) 10 (1c) $|\sin k| + |\cos k| + e^k$ (1d) $4/(k+1) + 2/k^2 + k^2 e^{-k}$
   (c) We have
   $$||\mathbf{x}||_1^2 = \left(\sum_{i=1}^n |x_i|\right)^2 = (|x_1| + |x_2| + \cdots + |x_n|)^2$$
   $$\geq |x_1|^2 + |x_2|^2 + \cdots + |x_n|^2 = \sum_{i=1}^n |x_i|^2 = ||\mathbf{x}||_2^2.$$

   Thus, $||\mathbf{x}||_1 \geq ||\mathbf{x}||_2$.

3. (a) We have $\lim_{k\to\infty} \mathbf{x}^{(k)} = (0,0,0)^t$.
   (b) We have $\lim_{k\to\infty} \mathbf{x}^{(k)} = (0,1,3)^t$.
   (c) We have $\lim_{k\to\infty} \mathbf{x}^{(k)} = (0,0,\frac{1}{2})^t$.
   (d) We have $\lim_{k\to\infty} \mathbf{x}^{(k)} = (1,-1,1)^t$.

4. The $||\cdot||_\infty$ norms are as follows:

   (a) 25   (b) 16   (c) 4   (d) 12

5. (a) We have $||\mathbf{x} - \hat{\mathbf{x}}||_\infty = 8.57 \times 10^{-4}$ and $||A\hat{\mathbf{x}} - \mathbf{b}||_\infty = 2.06 \times 10^{-4}$.
   (b) We have $||\mathbf{x} - \hat{\mathbf{x}}||_\infty = 0.90$ and $||A\hat{\mathbf{x}} - \mathbf{b}||_\infty = 0.27$.
   (c) We have $||\mathbf{x} - \hat{\mathbf{x}}||_\infty = 0.5$ and $||A\hat{\mathbf{x}} - \mathbf{b}||_\infty = 0.3$.
   (d) We have $||\mathbf{x} - \hat{\mathbf{x}}||_\infty = 6.55 \times 10^{-2}$, and $||A\hat{\mathbf{x}} - \mathbf{b}||_\infty = 0.32$.

6. The $||\cdot||_\infty$ norms are as follows:

   (a) 16   (b) 25   (c) 4   (d) 12

7. Let $A = \begin{bmatrix} 1 & 1 \\ 0 & 1 \end{bmatrix}$ and $B = \begin{bmatrix} 1 & 0 \\ 1 & 1 \end{bmatrix}$. Then $||AB||_\infty = 2$, but $||A||_\infty \cdot ||B||_\infty = 1$.

8. Showing properties (i) – (iv) of Definition 7.8 is similar to the proof in Exercise 2a. To show property (v),

$$||AB||_① = \sum_{i=1}^n \sum_{j=1}^n \left| \sum_{k=1}^n a_{ik} b_{kj} \right| \leq \sum_{i=1}^n \sum_{j=1}^n \sum_{k=1}^n |a_{ik}||b_{kj}|$$

$$= \sum_{i=1}^n \left\{ \sum_{k=1}^n |a_{ik}| \sum_{j=1}^n |b_{kj}| \right\} \leq \sum_{i=1}^n \left(\sum_{k=1}^n |a_{ik}| \right) \left(\sum_{k=1}^n \sum_{j=1}^n |b_{kj}| \right)$$

$$= \left(\sum_{i=1}^n \sum_{k=1}^n |a_{ik}| \right) ||B||_① = ||A||_① ||B||_①.$$

The norms of the matrices in Exercise 4 are (4a) 26, (4b) 26, (4c) 10, and (4d) 28.

Iterative Techniques in Matrix Algebra

9. (a) Showing properties (i)-(iv) of Definition 7.8 is straight-forward. Property (v) is shown as follows:

$$\|AB\|_F^2 = \left(\sum_{i=1}^n \sum_{j=1}^n \left| \sum_{k=1}^n a_{ik} b_{kj} \right|^2 \right)$$

$$\leq \left(\sum_{i=1}^n \sum_{j=1}^n \left(\sum_{k=1}^n |a_{ik}|^2 \sum_{k=1}^n |b_{kj}|^2 \right) \right) \quad \text{by Theorem 7.3}$$

$$= \sum_{i=1}^n \sum_{k=1}^n \left[|a_{ik}|^2 \left(\sum_{j=1}^n \sum_{k=1}^n |b_{kj}|^2 \right) \right]$$

$$= \sum_{i=1}^n \sum_{k=1}^n |a_{ik}|^2 \|B\|_F^2 = \|B\|_F^2 \sum_{i=1}^n \sum_{k=1}^n |a_{ik}|^2 = \|B\|_F^2 \|A\|_F^2 = \|A\|_F^2 \|B\|_F^2.$$

(b) We have
(4a) $\|A\|_F = \sqrt{326}$
(4b) $\|A\|_F = \sqrt{326}$
(4c) $\|A\|_F = 4$

(c) (4d) $\|A\|_F = \sqrt{148}$.

$$\|A\|_2^2 = \max_{\|\mathbf{x}\|_2=1} \sum_{i=1}^n \left(\sum_{j=1}^n a_{ij} x_j \right)^2 \leq \max_{\|\mathbf{x}\|_2=1} \sum_{i=1}^n \left(\sum_{j=1}^n |a_{ij}||x_j| \right)^2$$

$$\leq \max_{\|\mathbf{x}\|_2=1} \sum_{i=1}^n \left[\left(\sum_{j=1}^n |a_{ij}|^2 \right)^{\frac{1}{2}} \left(\sum_{j=1}^n |x_j|^2 \right)^{\frac{1}{2}} \right]^2 = \max_{\|\mathbf{x}\|_2=1} \sum_{i=1}^n \left(\sum_{j=1}^n |a_{ij}|^2 \right) \left(\sum_{j=1}^n |x_j|^2 \right)$$

$$= \sum_{i=1}^n \sum_{j=1}^n |a_{ij}|^2 = \|A\|_F^2$$

Let j be fixed and define

$$x_k = \begin{cases} 0, & \text{if } k \neq j \\ 1, & \text{if } k = j. \end{cases}$$

Then $A\mathbf{x} = (a_{1j}, a_{2j}, \ldots, a_{nj})^t$, so

$$\|A\|_2^2 \geq \|A\mathbf{x}\|_2^2 \geq \sum_{i=1}^n |a_{ij}|^2.$$

Thus,

$$\|A\|_F^2 = \sum_{i=1}^n \sum_{j=1}^n |a_{ij}|^2 = \sum_{j=1}^n \sum_{i=1}^n |a_{ij}|^2 \leq \sum_{j=1}^n \|A\|_2^2 = n\|A\|_2^2.$$

Hence, $\|A\|_2 \leq \|A\|_F \leq \sqrt{n}\|A\|_2$.

10. We have
$$\|A\mathbf{x}\|_2^2 = \sum_{i=1}^{n} \left| \sum_{j=1}^{n} a_{ij} x_j \right|^2 \le \sum_{i=1}^{n} \left(\sum_{j=1}^{n} |a_{ij}||x_j| \right)^2.$$

Using the Cauchy–Buniakowsky–Schwarz inequality gives

$$\|A\mathbf{x}\|_2^2 \le \sum_{i=1}^{n} \left(\left(\sum_{j=1}^{n} |a_{ij}|^2 \right)^{\frac{1}{2}} \left(\sum_{j=1}^{n} |x_j|^2 \right)^{\frac{1}{2}} \right)^2 = \sum_{i=1}^{n} \left(\sum_{j=1}^{n} |a_{ij}|^2 \right) \|\mathbf{x}\|_2^2 = \|A\|_F^2 \|\mathbf{x}\|_2^2.$$

Thus, $\|A\mathbf{x}\|_2 \le \|A\|_F \|\mathbf{x}\|_2$.

11. That $\|\mathbf{x}\| \ge 0$ follows easily. That $\|\mathbf{x}\| = 0$ if and only if $\mathbf{x} = \mathbf{0}$ follows from the definition of positive definite. In addition,

$$\|\alpha\mathbf{x}\| = \left[(\alpha\mathbf{x}^t)\, S(\alpha\mathbf{x}) \right]^{\frac{1}{2}} = \left[\alpha^2 \mathbf{x}^t S\mathbf{x} \right]^{\frac{1}{2}} = |\alpha|\left(\mathbf{x}^t S\mathbf{x} \right)^{\frac{1}{2}} = |\alpha| \|\mathbf{x}\|.$$

From Cholesky's factorization, let $S = LL^t$. Then

$$\mathbf{x}^t S \mathbf{y} = \mathbf{x}^t LL^t \mathbf{y} = (L^t\mathbf{x})^t (L^t\mathbf{y})$$
$$\le \left[(L^t\mathbf{x})^t (L^t\mathbf{x}) \right]^{1/2} \left[(L^t\mathbf{y})^t (L^t\mathbf{y}) \right]^{1/2}$$
$$= \left(\mathbf{x}^t LL^t \mathbf{x} \right)^{1/2} \left(\mathbf{y}^t LL^t \mathbf{y} \right)^{1/2} = \left(\mathbf{x}^t S\mathbf{x} \right)^{1/2} \left(\mathbf{y}^t S\mathbf{y} \right)^{1/2}.$$

Thus,

$$\|\mathbf{x}+\mathbf{y}\|^2 = \left[(\mathbf{x}+\mathbf{y})^t S(\mathbf{x}+\mathbf{y}) \right] = \left[\mathbf{x}^t S\mathbf{x} + \mathbf{y}^t S\mathbf{x} + \mathbf{x}^t S\mathbf{y} + \mathbf{y}^t S\mathbf{y} \right]$$
$$\le \mathbf{x}^t S\mathbf{x} + 2\left(\mathbf{x}^t S\mathbf{x}\right)^{1/2}\left(\mathbf{y}^t S\mathbf{y}\right)^{1/2} + \left(\mathbf{y}^t S\mathbf{y}\right)^{1/2}$$
$$= \mathbf{x}^t S\mathbf{x} + 2\|\mathbf{x}\|\|\mathbf{y}\| + \mathbf{y}^t S\mathbf{y} = (\|\mathbf{x}\| + \|\mathbf{y}\|)^2.$$

This demonstrates properties $(i) - (iv)$ of Definition 7.1.

12. Since $\|\mathbf{x}\|' = 0$ implies $\|S\mathbf{x}\| = 0$, we have $S\mathbf{x} = \mathbf{0}$. Since S is nonsingular, $\mathbf{x} = \mathbf{0}$. Also,

$$\|\mathbf{x}+\mathbf{y}\|' = \|S(\mathbf{x}+\mathbf{y})\| = \|S\mathbf{x} + S\mathbf{y}\| \le \|S\mathbf{x}\| + \|S\mathbf{y}\| = \|\mathbf{x}\|' + \|\mathbf{y}\|'$$

and

$$\|\alpha\mathbf{x}\|' = \|S(\alpha\mathbf{x})\| = |\alpha|\,\|S\mathbf{x}\| = |\alpha|\,\|\mathbf{x}\|'.$$

13. It is not difficult to show that (i) holds. If $\|A\| = 0$, then $\|A\mathbf{x}\| = 0$ for all vectors $\mathbf{x}$ with $\|\mathbf{x}\| = 1$. Using $\mathbf{x} = (1, 0, \ldots, 0)^t$, $\mathbf{x} = (0, 1, 0, \ldots, 0)^t, \ldots,$ and $\mathbf{x} = (0, \ldots, 0, 1)^t$ successively implies that each column of A is zero. Thus, $\|A\| = 0$ if and only if $A = 0$. Moreover,

$$\|\alpha A\| = \max_{\|\mathbf{x}\|=1} \|(\alpha A\mathbf{x})\| = |\alpha| \max_{\|\mathbf{x}\|=1} \|A\mathbf{x}\| = |\alpha| \cdot \|A\|,$$

$$\|A+B\| = \max_{\|\mathbf{x}\|=1} \|(A+B)\mathbf{x}\| \le \max_{\|\mathbf{x}\|=1} (\|A\mathbf{x}\| + \|B\mathbf{x}\|),$$

so
$$\|A+B\| \leq \max_{\|\mathbf{x}\|=1} \|A\mathbf{x}\| + \max_{\|\mathbf{x}\|=1} \|B\mathbf{x}\| = \|A\| + \|B\|$$

and
$$\|AB\| = \max_{\|\mathbf{x}\|=1} \|(AB)\mathbf{x}\| = \max_{\|\mathbf{x}\|=1} \|A(B\mathbf{x})\|.$$

Thus,
$$\|AB\| \leq \max_{\|\mathbf{x}\|=1} \|A\| \, \|B\mathbf{x}\| = \|A\| \max_{\|\mathbf{x}\|=1} \|B\mathbf{x}\| = \|A\| \, \|B\|.$$

14. (a) We have
$$\sum_{i=1}^n \left(\frac{x_i}{\left(\sum_{j=1}^n x_j^2\right)^{1/2}} - \frac{y_i}{\left(\sum_{j=1}^n y_j^2\right)^{1/2}} \right)^2$$
$$= \sum_{i=1}^n \frac{x_i^2}{\sum_{j=1}^n x_j^2} - 2\sum_{i=1}^n \frac{x_i y_i}{\left(\sum_{j=1}^n x_j^2\right)^{1/2} \left(\sum_{j=1}^n y_j^2\right)^{1/2}} + \sum_{i=1}^n \frac{y_i^2}{\sum_{j=1}^n y_j^2}$$
$$= 1 - 2 \sum_{i=1}^n \frac{x_i y_i}{\left(\sum_{j=1}^n x_j^2\right)^{1/2} \left(\sum_{j=1}^n y_j^2\right)^{1/2}} + 1.$$

Thus,
$$\frac{\sum_{i=1}^n x_i y_i}{\left(\sum_{j=1}^n x_j^2\right)^{1/2} \left(\sum_{j=1}^n y_j^2\right)^{1/2}} = 1 - \frac{1}{2} \sum_{i=1}^n \left(\frac{x_i}{\left(\sum_{j=1}^n x_j^2\right)^{1/2}} - \frac{y_i}{\left(\sum_{j=1}^n y_j^2\right)^{1/2}} \right)^2.$$

(b) Since
$$\frac{1}{2} \sum_{i=1}^n \left(\frac{x_i}{\left(\sum_{j=1}^n x_j^2\right)^{1/2}} - \frac{y_i}{\left(\sum_{j=1}^n y_j^2\right)^{1/2}} \right)^2 \geq 0,$$

we have
$$\frac{\sum_{i=1}^n x_i y_i}{\left(\sum_{j=1}^n x_j^2\right)^{1/2} \left(\sum_{j=1}^n y_j^2\right)^{1/2}} \leq 1$$

and
$$\sum_{i=1}^n x_i y_i \leq \left(\sum_{i=1}^n x_i^2 \right)^{1/2} \left(\sum_{i=1}^n y_i^2 \right)^{1/2}.$$

Exercise Set 7.2, page 435

1. (a) The eigenvalue $\lambda_1 = 3$ has the eigenvector $\mathbf{x}_1 = (1, -1)^t$, and the eigenvalue $\lambda_2 = 1$ has the eigenvector $\mathbf{x}_2 = (1, 1)^t$.

   (b) The eigenvalue $\lambda_1 = \frac{1+\sqrt{5}}{2}$ has the eigenvector $\mathbf{x} = \left(1, (1+\sqrt{5})/2\right)^t$, and the eigenvalue $\lambda_2 = \frac{1-\sqrt{5}}{2}$ has the eigenvector $\mathbf{x} = \left(1, (1-\sqrt{5})/2\right)^t$.

   (c) The eigenvalue $\lambda_1 = \frac{1}{2}$ has the eigenvector $\mathbf{x}_1 = (1, 1)^t$, and the eigenvalue $\lambda_2 = -\frac{1}{2}$ has the eigenvector $\mathbf{x}_2 = (1, -1)^t$.

   (d) The eigenvalue $\lambda_1 = 1$ has the eigenvector $\mathbf{x}_1 = (1, -1, 0)^t$, and the eigenvalue $\lambda_2 = \lambda_3 = 3$ has the eigenvectors $\mathbf{x}_2 = (1, 1, 0)^t$ and $\mathbf{x}_3 = (1, 1, 1)^t$.

   (e) The eigenvalue $\lambda_1 = 1$ has the eigenvector $\mathbf{x}_1 = (1, 1, 4)^t$, the eigenvalue $\lambda_2 = -1$ has the eigenvector $\mathbf{x}_2 = (1, 0, 0)^t$, and the eigenvalue $\lambda_3 = 3$ has the eigenvector $\mathbf{x}_3 = (1, 2, 0)^t$.

   (f) The eigenvalue $\lambda_1 = \lambda_2 = 1$ has the eigenvectors $\mathbf{x}_1 = (-1, 0, 1)^t$ and $\mathbf{x}_2 = (-1, 1, 0)^t$, and the eigenvalue $\lambda_3 = 5$ has the eigenvector $\mathbf{x} = (1, 2, 1)^t$.

2. (a) The eigenvalue $\lambda_1 = 0$ has the eigenvector $\mathbf{x}_1 = (1, -1)^t$, and the eigenvalue $\lambda_2 = -1$ has the eigenvector $\mathbf{x}_2 = (1, -2)^t$.

   (b) The eigenvalue $\lambda_1 = (3 + \sqrt{7}i)/2$ has the eigenvector $\mathbf{x}_1 = ((1 - \sqrt{7}i)/2, 1)^t$, and the eigenvalue $\lambda_2 = (3 - \sqrt{7}i)/2$ has the eigenvector $\mathbf{x}_2 = ((1 + \sqrt{7}i)/2, 1)^t$.

   (c) The eigenvalue $\lambda_1 = -1$ has the eigenvector $\mathbf{x}_1 = (1, -1)^t$, and the eigenvalue $\lambda_2 = 4$ has the eigenvector $\mathbf{x}_2 = (4, 1)^t$.

   (d) The eigenvalue $\lambda_1 = 3$ has the eigenvector $\mathbf{x}_1 = (-1, 1, 2)^t$, the eigenvalue $\lambda_2 = 4$ has the eigenvector $\mathbf{x}_2 = (0, 1, 2)^t$, and the eigenvalue $\lambda_3 = -2$ has the eigenvector $\mathbf{x} = (-3, 8, 1)^t$.

   (e) The eigenvalue $\lambda_1 = \lambda_2 = 1/2$ has the eigenvector $\mathbf{x}_1 = (0, 5, 12)^t$, and the eigenvalue $\lambda_3 = -1/3$ has the eigenvector $\mathbf{x}_3 = (0, 0, 1)^t$.

   (f) The eigenvalue $\lambda_1 = 2 + 2i$ has the eigenvector $\mathbf{x}_1 = (0, -2i, 1)^t$, the eigenvalue $\lambda_2 = 2 - 2i$ has the eigenvector $\mathbf{x}_2 = (0, 2i, 1)^t$, and the eigenvalue $\lambda_3 = 2$ has the eigenvector $\mathbf{x}_3 = (1, 0, 0)^t$.

3. The spectral radii for the matrices in Exercise 1 are;

   (a) 3   (b) $\frac{1+\sqrt{5}}{2}$ (c) 1/2   (d) 3   (e) 7   (f) 5

4. The spectral radii for the matrices in Exercise 2 are:

    (a) 1   (b) 2   (c) 4   (d) 4   (e) 1/2   (f) $2\sqrt{2}$

5. Only the matrix in 1(c) is convergent.

6. Only the matrix in 2(e) is convergent.

7. The $||\cdot||_2$ norms for the matrices in Exercise 1 are:

    (a) 3   (b) 1.618034   (c) 0.5   (d) 3   (e) 8.224257   (f) 5.203527

8. The $||\cdot||_2$ norms for the matrices in Exercise 1 are:

    (a) 3.162278   (b) 2.828427   (c) 5.036796   (d) 5.601152   (e) 2.896954   (f) 4.701562

9. Since
$$A_1^k = \begin{bmatrix} 1 & 0 \\ \frac{2^k-1}{2^{k+1}} & 2^{-k} \end{bmatrix}, \quad \text{we have} \quad \lim_{k\to\infty} A_1^k = \begin{bmatrix} 1 & 0 \\ \frac{1}{2} & 0 \end{bmatrix}.$$

    Also,
$$A_2^k = \begin{bmatrix} 2^{-k} & 0 \\ \frac{16k}{2^{k-1}} & 2^{-k} \end{bmatrix}, \quad \text{so} \quad \lim_{k\to\infty} A_2^k = \begin{bmatrix} 0 & 0 \\ 0 & 0 \end{bmatrix}.$$

10. If $\mathbf{y}$ is an eigenvector, then $\mathbf{x} = \frac{\mathbf{y}}{||\mathbf{y}||}$ is also an eigenvector.

11. Let A be an $n \times n$ matrix. Expanding across the first row gives the characteristic polynomial
$$p(\lambda) = \det(A - \lambda I) = (a_{11} - \lambda)M_{11} + \sum_{j=2}^{n} (-1)^{j+1} a_{1j} M_{1j}.$$

    The determinants M_{1j} are of the form

$$M_{1j} = \det \begin{bmatrix} a_{21} & a_{22}-\lambda & \cdots & a_{2,j-1} & a_{2,j+1} & \cdots & a_{2n} \\ a_{31} & a_{32} & \cdots & a_{3,j-1} & a_{3,j+1} & \cdots & a_{3n} \\ \vdots & \vdots & & \vdots & \vdots & & \vdots \\ a_{j-1,1} & a_{j-1,2} & \cdots & a_{j-1,j-1}-\lambda & a_{j-1,j+1} & \cdots & a_{j-1,n} \\ a_{j,1} & a_{j,2} & \cdots & a_{j,j-1} & a_{j,j+1} & \cdots & a_{j,n} \\ a_{j+1,1} & a_{j+1,2} & \cdots & a_{j+1,j-1} & a_{j+1,j+1}-\lambda & \cdots & a_{j+1,n} \\ \vdots & \vdots & & \vdots & \vdots & & \vdots \\ a_{n1} & a_{n2} & \cdots & a_{n,j-1} & a_{n,j+1} & \cdots & a_{nn}-\lambda \end{bmatrix},$$

for $j = 2, \ldots, n$. Note that each M_{1j} has $n - 2$ entries of the form $a_{ii} - \lambda$. Thus,
$$p(\lambda) = \det(A - \lambda I) = (a_{11} - \lambda)M_{11} + \{\text{terms of degree } n - 2 \text{ or less}\}.$$
Since
$$M_{11} = \det \begin{bmatrix} a_{22} - \lambda & a_{23} & \cdots & & a_{2n} \\ a_{32} & a_{33} - \lambda & \ddots & & \vdots \\ \vdots & & \ddots & \ddots & \vdots \\ & & & \ddots & a_{n-1,n} \\ a_{n2} & \cdots & & a_{n,n-1} & a_{nn} - \lambda \end{bmatrix}$$
is of the same form as $\det(A - \lambda I)$, the same argument can be repeatedly applied to determine
$$p(\lambda) = (a_{11} - \lambda)(a_{22} - \lambda) \cdots (a_{nn} - \lambda) + \{\text{terms of degree } n - 2 \text{ or less in } \lambda\}.$$
Thus, $p(\lambda)$ is a polynomial of degree n.

12. (a) $P(\lambda) = (\lambda_1 - \lambda) \ldots (\lambda_n - \lambda) = \det(A - \lambda I)$, so $P(0) = \lambda_1 \cdots \lambda_n = \det A$.
    (b) A singular if and only if $\det A = 0$, which is equivalent to at least one of λ_i being 0.

13. (a) $\det(A - \lambda I) = \det((A - \lambda I)^t) = \det(A^t - \lambda I)$
    (b) If $A\mathbf{x} = \lambda\mathbf{x}$, then $A^2\mathbf{x} = \lambda A\mathbf{x} = \lambda^2 \mathbf{x}$, and by induction, $A^k \mathbf{x} = \lambda^k \mathbf{x}$.
    (c) If $A\mathbf{x} = \lambda\mathbf{x}$ and A^{-1} exists, then $\mathbf{x} = \lambda A^{-1}\mathbf{x}$. By Exercise 8 (b), $\lambda \neq 0$, so $\frac{1}{\lambda}\mathbf{x} = A^{-1}\mathbf{x}$.
    (d) Since $A^{-1}\mathbf{x} = \frac{1}{\lambda}\mathbf{x}$, we have $(A^{-1})^2\mathbf{x} = \frac{1}{\lambda}A^{-1}\mathbf{x} = \frac{1}{\lambda^2}\mathbf{x}$. Mathematical induction gives
$$(A^{-1})^k \mathbf{x} = \frac{1}{\lambda^k}\mathbf{x}.$$
    (e) If $A\mathbf{x} = \lambda\mathbf{x}$, then
$$q(A)\mathbf{x} = q_0\mathbf{x} + q_1 A\mathbf{x} + \ldots + q_k A^k \mathbf{x} = q_0\mathbf{x} + q_1 \lambda\mathbf{x} + \ldots + q_k \lambda^k \mathbf{x} = q(\lambda)\mathbf{x}.$$
    (f) Let $A - \alpha I$ be nonsingular. Since $A\mathbf{x} = \lambda\mathbf{x}$,
$$(A - \alpha I)\mathbf{x} = A\mathbf{x} - \alpha I\mathbf{x} = \lambda\mathbf{x} - \alpha\mathbf{x} = (\lambda - \alpha)\mathbf{x}.$$
Thus,
$$\frac{1}{\lambda - \alpha}\mathbf{x} = (A - \alpha I)^{-1}\mathbf{x}.$$

14. Since $A^t A = A^2$ and $A\mathbf{x} = \lambda\mathbf{x}$, we have $A^2 \mathbf{x} = \lambda^2 \mathbf{x}$. Thus, $\rho(A^t A) = \rho(A^2) = [\rho(A)]^2$ and $\|A\|_2 = [\rho(A^t A)]^{\frac{1}{2}} = \rho(A)$.

15. (a) We have the real eigenvalue $\lambda = 1$ with the eigenvector $\mathbf{x} = (6, 3, 1)^t$.
    (b) Choose any multiple of the vector $(6, 3, 1)^t$.

16. For
$$A = \begin{bmatrix} 1 & 1 \\ 0 & 1 \end{bmatrix} \text{ and } B = \begin{bmatrix} 1 & 0 \\ 1 & 1 \end{bmatrix},$$
we have $\rho(A) = \rho(B) = 1$ and $\rho(A + B) = 3$.

17. Let $A\mathbf{x} = \lambda\mathbf{x}$. Then $|\lambda| \, \|\mathbf{x}\| = \|A\mathbf{x}\| \leq \|A\| \, \|\mathbf{x}\|$, which implies $|\lambda| \leq \|A\|$. Also, $(1/\lambda)\mathbf{x} = A^{-1}\mathbf{x}$ so $1/|\lambda| \leq \|A^{-1}\|$ and $\|A^{-1}\|^{-1} \leq |\lambda|$.

Exercise Set 7.3, page 449

1. Two iterations of Jacobi's method gives the following results.

    (a) $\mathbf{x}^{(2)} = (0.1428571, -0.3571429, 0.4285714)^t$ (b) $\mathbf{x}^{(2)} = (0.97, 0.91, 0.74)^t$

    (c) $\mathbf{x}^{(2)} = (-0.65, 1.65, -0.4, -2.475)^t$ (d) $\mathbf{x}^{(2)} = (1.325, -1.6, 1.6, 1.675, 2.425)^t$

2. Two iterations of Jacobi's method gives the following results.

    (a) $\mathbf{x}^{(2)} = (1.2500000, -1.3333333, 0.2000000)^t$
    (b) $\mathbf{x}^{(2)} = (-1.0000000, 1.0000000, -1.3333333)^t$
    (c) $\mathbf{x}^{(2)} = (-0.5208333, -0.04166667, -0.2166667, 0.4166667)^t$
    (d) $\mathbf{x}^{(2)} = (0.6875, 1.125, 0.6875, 1.375, 0.5625, 1.375)^t$

3. Two iterations of the Gauss-Seidel method give the following results.

    (a) $\mathbf{x}^{(2)} = (0.1111111, -0.2222222, 0.6190476)^t$
    (b) $\mathbf{x}^{(2)} = (0.979, 0.9495, 0.7899)^t$
    (c) $\mathbf{x}^{(2)} = (-0.5, 2.64, -0.336875, -2.267375)^t$
    (d) $\mathbf{x}^{(2)} = (1.189063, -1.521354, 1.862396, 1.882526, 2.255645)^t$

4. Two iterations of the Gauss-Seidel method give the following results.

    (a) $\mathbf{x}^{(2)} = (1.250000000, -0.9166666667, 0.06666666666)^t$
    (b) $\mathbf{x}^{(2)} = (-1.666666667, 1.333333334, -0.8888888894)^t$
    (c) $\mathbf{x}^{(2)} = (-0.625, 0, -0.225, 0.6166667)^t$
    (d) $\mathbf{x}^{(2)} = (0.6875, 1.546875, 0.7929688, 1.71875, 0.7226563, 1.878906)^t$

5. Jacobi's Algorithm gives the following results.

    (a) $\mathbf{x}^{(10)} = (0.03507839, -0.2369262, 0.6578015)^t$
    (b) $\mathbf{x}^{(6)} = (0.9957250, 0.9577750, 0.7914500)^t$
    (c) $\mathbf{x}^{(22)} = (-0.7975853, 2.794795, -0.2588888, -2.251879)^t$
    (d) $\mathbf{x}^{(14)} = (-0.7529267, 0.04078538, -0.2806091, 0.6911662)^t$
    (e) $\mathbf{x}^{(12)} = (0.7870883, -1.003036, 1.866048, 1.912449, 1.985707)^t$
    (f) $\mathbf{x}^{(17)} = (0.9996805, 1.999774, 0.9996805, 1.999840, 0.9995482, 1.999840)^t$

6. Jacobi's Algorithm gives the following results.

    (a) $\mathbf{x}^{(10)} = (1.447642384, -0.8355647882, -0.0450226618)^t$
    (b) $\mathbf{x}^{(25)} = (-1.500322611, 1.500322611, -0.9997048580)^t$
    (c) $\mathbf{x}^{(14)} = (-0.7529267, 0.04078538, -0.2806091, 0.6911662)^t$
    (d) $\mathbf{x}^{(17)} = (0.9996805, 1.999774, 0.9996805, 1.999840, 0.9995482, 1.999840)^t$

7. The Gauss-Seidel Algorithm gives the following results.
   (a) $\mathbf{x}^{(6)} = (0.03535107, -0.2367886, 0.6577590)^t$
   (b) $\mathbf{x}^{(4)} = (0.9957475, 0.9578738, 0.7915748)^t$
   (c) $\mathbf{x}^{(10)} = (-0.7973091, 2.794982, -0.2589884, -2.251798)^t$
   (d) $\mathbf{x}^{(7)} = (0.7866825, -1.002719, 1.866283, 1.912562, 1.989790)^t$

8. The Gauss-Seidel Algorithm gives the following results.
   (a) $\mathbf{x}^{(6)} = (1.447816350, -0.8358173037, -0.0447996186)^t$
   (b) $\mathbf{x}^{(8)} = (-1.500228624, 1.499713760, -0.9998475841)^t$
   (c) $\mathbf{x}^{(8)} = (-0.7531763, 0.04101049, -0.2807047, 0.6916305)^t$
   (d) $\mathbf{x}^{(10)} = (0.9998334, 1.999858, 0.9999393, 1.999899, 0.9999142, 1.999963)^t$

9. Two iterations of the SOR method with $\omega = 1.1$ give the following results.
   (a) $\mathbf{x}^{(2)} = (0.05410079, -0.2115435, 0.6477159)^t$
   (b) $\mathbf{x}^{(2)} = (0.9876790, 0.9784935, 0.7899328)^t$
   (c) $\mathbf{x}^{(2)} = (-0.71885, 2.818822, -0.2809726, -2.235422)^t$
   (d) $\mathbf{x}^{(2)} = (1.079675, -1.260654, 2.042489, 1.995373, 2.049536)^t$

10. Two iterations of the SOR method with $\omega = 1.1$ give the following results.
    (a) $\mathbf{x}^{(2)} = (1.512775000, -0.8298491667, -0.0843373667)^t$
    (b) $\mathbf{x}^{(2)} = (-1.58523750, 1.37885688, -0.7039212812)^t$
    (c) $\mathbf{x}^{(2)} = (-0.6604902, 0.03700749, -0.2493513, 0.6561139)^t$
    (d) $\mathbf{x}^{(2)} = (0.3781250000, 1.445468750, 0.3596914062, 1.458531250, 0.3071921875, 1.572124727)^t$

11. Two iterations of the SOR method with $\omega = 1.3$ give the following results.
    (a) $\mathbf{x}^{(2)} = (-0.1040103, -0.1331814, 0.6774997)^t$
    (b) $\mathbf{x}^{(2)} = (0.957073, 0.9903875, 0.7206569)^t$
    (c) $\mathbf{x}^{(2)} = (-1.23695, 3.228752, -0.1523888, -2.041266)^t$
    (d) $\mathbf{x}^{(2)} = (0.7064258, -0.4103876, 2.417063, 2.251955, 1.061507)^t$

12. Two iterations of the SOR method with $\omega = 1.3$ give the following results.
    (a) $\mathbf{x}^{(2)} = (1.455783334, -0.7721494442, -0.0805396228)^t$
    (b) $\mathbf{x}^{(2)} = (-1.42073750, 1.595758125, -0.8597927812)^t$
    (c) $\mathbf{x}^{(2)} = (-0.7268893, 0.1251483, -0.2923371, 0.7037018)^t$
    (d) $\mathbf{x}^{(2)} = (0.5281250000, 1.480781250, 0.322816406, 1.359718750, 0.4288171875, 1.505949961)^t$

13. The SOR Algorithm with $\omega = 1.2$ gives the following results.
    (a) $\mathbf{x}^{(12)} = (0.03488469, -0.2366474, 0.6579013)^t$
    (b) $\mathbf{x}^{(7)} = (0.9958341, 0.9579041, 0.7915756)^t$

(c) $\mathbf{x}^{(8)} = (-0.7976009, 2.795288, -0.2588293, -2.251768)^t$

(d) $\mathbf{x}^{(7)} = (-0.7534489, 0.04106617, -0.2808146, 0.6918049)^t$

(e) $\mathbf{x}^{(10)} = (0.7866310, -1.002807, 1.866530, 1.912645, 1.989792)^t$

(f) $\mathbf{x}^{(7)} = (0.9999442, 1.999934, 1.000033, 1.999958, 0.9999815, 2.000007)^t$

14. The SOR Algorithm with $\omega = 1.2$ gives the following results.

    (a) $\mathbf{x}^{(8)} = (1.447503814, -0.8359297624, -0.0445516532)^t$

    (b) $\mathbf{x}^{(6)} = (-1.454582850, 1.454498863, -0.7273302714)^t$

    (c) $\mathbf{x}^{(7)} = (-0.7534489, 0.04106617, -0.2808146, 0.6918049)^t$

    (d) $\mathbf{x}^{(7)} = (0.3571284945, 1.428582240, 0.3571489731, 1.571440116, 0.2857000650, 1.571445036)^t$

15. The tridiagonal matrices are in parts (b) and (c).
    (9b): For $\omega = 1.012823$ we have $\mathbf{x}^{(4)} = (0.9957846, 0.9578935, 0.7915788)^t$.
    (9c): For $\omega = 1.153499$ we have $\mathbf{x}^{(7)} = (-0.7977651, 2.795343, -0.2588021, -2.251760)^t$.

16. The tridiagonal matrix is in part (d).
    (10d): For $\omega = 1.033370453$ we have

    $$\mathbf{x}^{(5)} = (0.3571407017, 1.428570817, 0.357142771, 1.571421010, 0.2857118407, 1.571428256)^t.$$

17. (a)
    $$T_j = \begin{bmatrix} 0 & \frac{1}{2} & -\frac{1}{2} \\ -1 & 0 & -1 \\ \frac{1}{2} & \frac{1}{2} & 0 \end{bmatrix} \quad \text{and} \quad \det(\lambda I - T_j) = \lambda^3 + \frac{5}{4}x.$$

    Thus, the eigenvalues of T_j are 0 and $\pm \frac{\sqrt{5}}{2} i$, so $\rho(T_j) = \frac{\sqrt{5}}{2} > 1$.

    (b) $\mathbf{x}^{(25)} = (-20.827873, 2.0000000, -22.827873)^t$

    (c)
    $$T_g = \begin{bmatrix} 0 & \frac{1}{2} & -\frac{1}{2} \\ 0 & -\frac{1}{2} & -\frac{1}{2} \\ 0 & 0 & -\frac{1}{2} \end{bmatrix} \quad \text{and} \quad \det(\lambda I - T_g) = \lambda \left(\lambda + \frac{1}{2} \right)^2.$$

    Thus, the eigenvalues of T_g are 0, $-\frac{1}{2}$, and $-\frac{1}{2}$; and $\rho(T_g) = \frac{1}{2}$.

    (d) $\mathbf{x}^{(23)} = (1.0000023, 1.9999975, -1.0000001)^t$ is within 10^{-5} in the l_∞ norm.

18. (a) $T_j = \begin{bmatrix} 0 & -2 & 2 \\ -1 & 0 & -1 \\ -2 & -2 & 0 \end{bmatrix}$ and $\det(\lambda I - T_j) = \lambda^3$, so $\rho(T_j) = 0$.

    (b) $\mathbf{x}^{(4)} = (1.00000000, 2.00000000, -1.00000000)^t$ is within 10^{-5} in the l_∞ norm.

    (c) $T_g = \begin{bmatrix} 0 & -2 & 2 \\ 0 & 2 & -3 \\ 0 & 0 & 2 \end{bmatrix}$ and $\det(\lambda I - T_g) = \lambda(\lambda - 2)^2$, so $\rho(T_g) = 2$.

    (d) $\mathbf{x}^{(25)} = \left(1.30 \times 10^9, -1.325 \times 10^9, 3.355 \times 10^7 \right)^t$

19. (a) A is not strictly diagonally dominant.
    (b)
    $$T_j = \begin{bmatrix} 0 & 0 & 1 \\ 0.5 & 0 & 0.25 \\ -1 & 0.5 & 0 \end{bmatrix} \quad \text{and} \quad \rho(T_j) = 0.97210521.$$
    Since T_j is convergent, the Jacobi method will converge.
    (c) With $\mathbf{x}^{(0)} = (0,0,0)^t$, $\mathbf{x}^{(187)} = (0.90222655, -0.79595242, 0.69281316)^t$
    (d) $\rho(T_j) = 1.39331779371$. Since T_j is not convergent, the Jacobi method will not converge.

20. (a) A is not strictly diagonally dominant.
    (b) We have
    $$T_j = \begin{bmatrix} 0 & 0 & 1 \\ 0.5 & 0 & 0.25 \\ -1 & 0.5 & 0 \end{bmatrix} \quad \text{and} \quad \rho(T_j) = 0.97210521.$$
    Since T_j is convergent, the Jacobi method will converge.
    (c) With $\mathbf{x}^{(0)} = (0,0,0)^t$, $\mathbf{x}^{(187)} = (0.90222655, -0.79595242, 0.69281316)^t$
    (d) $\rho(T_j) = 1.39331779371$. Since T_j is not convergent, the Jacobi method will not converge.

21. (a) Subtract $\mathbf{x} = T\mathbf{x} + \mathbf{c}$ from $\mathbf{x}^{(k)} = T\mathbf{x}^{(k-1)} + \mathbf{c}$ to obtain $\mathbf{x}^{(k)} - \mathbf{x} = T(\mathbf{x}^{(k-1)} - \mathbf{x})$. Thus,
    $$\|\mathbf{x}^{(k)} - \mathbf{x}\| \leq \|T\| \, \|\mathbf{x}^{(k-1)} - \mathbf{x}\|.$$
    Inductively, we have
    $$\|\mathbf{x}^{(k)} - \mathbf{x}\| \leq \|T\|^k \|\mathbf{x}^{(0)} - \mathbf{x}\|.$$
    The remainder of the proof is similar to the proof of Corollary 2.5.
    (b) The last column has no entry when $\|T\|_\infty = 1$.

	$\|\mathbf{x}^{(2)} - \mathbf{x}\|_\infty$	$\|T\|_\infty$	$\|T\|_\infty^2 \|\mathbf{x}^{(0)} - \mathbf{x}\|_\infty$	$\frac{\|T\|_\infty^2}{1-\|T\|_\infty} \|\mathbf{x}^{(1)} - \mathbf{x}^{(0)}\|_\infty$
1 (a)	0.22932	0.857143	0.48335	2.9388
1 (b)	0.051579	0.3	0.089621	0.11571
1 (c)	1.1453	0.9	2.2642	20.25
1 (d)	0.27511	1	0.75342	
1 (e)	0.59743	1	1.9897	
1 (f)	0.875	0.75	1.125	3.375

22. The matrix $T_j = (t_{ik})$ has entries given by
    $$t_{ik} = \begin{cases} 0, & i = k \text{ for } 1 \leq i \leq n \text{ and } 1 \leq k \leq n \\ -\frac{a_{ik}}{a_{ii}}, & i \neq k \text{ for } 1 \leq i \leq n \text{ and } 1 \leq k \leq n. \end{cases}$$
    Since A is strictly diagonally dominant,
    $$\|T_j\|_\infty = \max_{1 \leq i \leq n} \sum_{\substack{k=1 \\ k \neq i}}^{n} \left|\frac{a_{ik}}{a_{ii}}\right| < 1.$$

23. Let $\lambda_1, ..., \lambda_n$ be the eigenvalues of T_ω. Then

$$\prod_{i=1}^{n} \lambda_i = \det T_\omega = \det\left((D-\omega L)^{-1}[(1-\omega)D + \omega U]\right)$$

$$= \det(D-\omega L)^{-1} \det((1-\omega)D + \omega U) = \det\left(D^{-1}\right) \det((1-\omega)D)$$

$$= \left(\frac{1}{(a_{11}a_{22}\ldots a_{nn})}\right)\left((1-\omega)^n a_{11}a_{22}\ldots a_{nn}\right) = (1-\omega)^n.$$

Thus,

$$\rho(T_\omega) = \max_{1 \le i \le n} |\lambda_i| \ge |\omega - 1|,$$

and $|\omega - 1| < 1$ if and only if $0 < \omega < 2$.

24. (a) We have $P_0 = 1$, so the equation $P_1 = \frac{1}{2}P_0 + \frac{1}{2}P_2$ gives $P_1 - \frac{1}{2}P_2 = \frac{1}{2}$. Since $P_i = \frac{1}{2}P_{i-1} + \frac{1}{2}P_{i+1}$, we have $-\frac{1}{2}P_{i-1} + P_i - \frac{1}{2}P_{i+1} = 0$, for $i = 2, \ldots, n-2$. Finally, since $P_n = 0$ and $P_{n-1} = \frac{1}{2}P_{n-2} + \frac{1}{2}P_n$, we have $-\frac{1}{2}P_{n-2} + P_{n-1} = 0$. This gives the linear system.

(b) The solution vector is $(0.89996431, 0.79993544, 0.69991549, 0.59990552, 0.49990552,$
$0.39991454, 0.29993086, 0.19995223, 0.09997611)^t$, using 86 iterations with a tolerance 1.00×10^{-5} in l_∞ with the Gauss-Seidel method.

The solution vector is $(0.96289774, 0.92595527, 0.88925042, 0.85285897, 0.81685427,$
$0.78130672, 0.74628346, 0.71184798, 0.67805979, 0.64497421, 0.61264206, 0.58110953,$
$0.55041801, 0.52060401, 0.49169906, 0.46372973, 0.43671763, 0.41067944, 0.38562707,$
$0.36156768, 0.33850391, 0.31643400, 0.29535198, 0.27524791, 0.25610805, 0.23791514,$
$0.22064859, 0.20428475, 0.18879715, 0.17415669, 0.16033195, 0.14728936, 0.13499341,$
$0.12340690, 0.11249111, 0.10220596, 0.09251023, 0.08336165, 0.07471709, 0.06653267,$
$0.05876386, 0.05136562, 0.04429243, 0.03749843, 0.03093747, 0.02456315, 0.01832893,$
$0.01218814, 0.00609407)^t$, using 231 iterations with tolerance 1.00×10^{-3} in l_∞ with the Gauss-Seidel method.

The solution vector is $(0.96305854, 0.92627494, 0.88972613, 0.85348706, 0.81763026,$
$0.78222543, 0.74733909, 0.71303418, 0.67936983, 0.64640101, 0.61417841, 0.58274816,$
$0.55215178, 0.52242602, 0.49360287, 0.46570950, 0.43876832, 0.41279701, 0.38780868,$
$0.36381196, 0.34081114, 0.31880642, 0.29779408, 0.27776668, 0.25871338, 0.24062014,$
$0.22346997, 0.20724328, 0.19191807, 0.17747025, 0.16387393, 0.15110162, 0.13912457,$
$0.12791297, 0.11743622, 0.10766312, 0.09856216, 0.09010163, 0.08224988, 0.07497547,$
$0.06824731, 0.06203481, 0.05630801, 0.05103770, 0.04619548, 0.04175387, 0.03768638,$
$0.03396754, 0.03057293, 0.02747926, 0.02466435, 0.02210715, 0.01978772, 0.01768725,$
$0.01578806, 0.01407350, 0.01252803, 0.01113710, 0.00988718, 0.00876568, 0.00776092,$
$0.00686210, 0.00605926, 0.00534321, 0.00470552, 0.00413844, 0.00363490, 0.00318842,$
$0.00279312, 0.00244363, 0.00213509, 0.00186308, 0.00162362, 0.00141311, 0.00122831,$
$0.00106630, 0.00092447, 0.00080047, 0.00069221, 0.00059781, 0.00051560, 0.00044409,$
$0.00038197, 0.00032806, 0.00028132, 0.00024082, 0.00020575, 0.00017539, 0.00014909,$
$0.00012629, 0.00010648, 0.00008920, 0.00007405, 0.00006067, 0.00004871, 0.00003787,$
$0.00002786, 0.00001839, 0.00000919)^t$, using 233 iterations with tolerance 1.00×10^{-3} in l_∞ norm with the Gauss-Seidel method.

(c) The equations are $P_i = \alpha P_{i-1} + (1-\alpha)P_{i+1}$, for $i = 1, 2, \ldots, n-1$, and the linear system becomes

$$\begin{bmatrix} 1 & \alpha - 1 & 0 & \cdots & 0 \\ -\alpha & 1 & \alpha - 1 & \ddots & \vdots \\ 0 & -\alpha & \ddots & \ddots & 0 \\ \vdots & \ddots & \ddots & \ddots & \alpha - 1 \\ 0 & \cdots & 0 & -\alpha & 1 \end{bmatrix} \begin{bmatrix} P_1 \\ P_2 \\ \vdots \\ \vdots \\ P_{n-1} \end{bmatrix} = \begin{bmatrix} \alpha \\ 0 \\ \vdots \\ \vdots \\ 0 \end{bmatrix}$$

(d) The solution vector is $(0.49947985, 0.24922901, 0.12411164, 0.06155895, 0.03028662,$
$0.01465286, 0.00683728, 0.00293009, 0.00097670)^t$,
using 35 iterations with tolerance 1.00×10^{-5} in l_∞ norm with the Gauss-Seidel method.
The solution vector is $(4.9995328 \times 10^{-1}, 2.4993967 \times 10^{-1}, 1.2494215 \times 10^{-1},$
$6.2451172 \times 10^{-2}, 3.1211719 \times 10^{-2}, 1.5596448 \times 10^{-2}, 7.7919757 \times 10^{-3}, 3.8919193 \times 10^{-3},$
$1.9433556 \times 10^{-3}, 9.7003673 \times 10^{-4}, 4.8399876 \times 10^{-4}, 2.4137415 \times 10^{-4}, 1.2030832 \times 10^{-4},$
$5.9927321 \times 10^{-5}, 2.9829260 \times 10^{-5}, 1.4835803 \times 10^{-5}, 7.3721140 \times 10^{-6}, 3.6597037 \times 10^{-6},$
$1.8148167 \times 10^{-6}, 8.9890229 \times 10^{-7}, 4.4467752 \times 10^{-7}, 2.1968048 \times 10^{-7}, 1.0837093 \times 10^{-7},$
$5.3379165 \times 10^{-8}, 2.6250177 \times 10^{-8}, 1.2887232 \times 10^{-8}, 6.3156953 \times 10^{-9}, 3.0894829 \times 10^{-9},$
$1.5084277 \times 10^{-9}, 7.3503876 \times 10^{-10}, 3.5745232 \times 10^{-10}, 1.7347035 \times 10^{-10}, 8.4006105 \times 10^{-11},$
$4.0593470 \times 10^{-11}, 1.9572418 \times 10^{-11}, 9.4158798 \times 10^{-12}, 4.5195197 \times 10^{-12}, 2.1643465 \times 10^{-12},$
$1.0340770 \times 10^{-12}, 4.9289757 \times 10^{-13}, 2.3437677 \times 10^{-13}, 1.1116644 \times 10^{-13}, 5.2577488 \times 10^{-14},$
$2.4776509 \times 10^{-14}, 1.1608190 \times 10^{-14}, 5.3767458 \times 10^{-15}, 2.4249977 \times 10^{-15}, 1.0192489 \times 10^{-15},$
$3.3974965 \times 10^{-16})^t$,
using 40 iterations with tolerance 1.00×10^{-5} in l_∞ norm with the Gauss-Seidel method.
The solution vector is $(4.9995328 \times 10^{-1}, 2.4993967 \times 10^{-1}, 1.2494215 \times 10^{-1},$
$6.2451172 \times 10^{-2}, 3.1211719 \times 10^{-2}, 1.5596448 \times 10^{-2}, 7.7919757 \times 10^{-3}, 3.8919193 \times 10^{-3},$
$1.9433556 \times 10^{-3}, 9.7003673 \times 10^{-4}, 4.8399876 \times 10^{-4}, 2.4137415 \times 10^{-4}, 1.2030832 \times 10^{-4},$
$5.9927321 \times 10^{-5}, 2.9829260 \times 10^{-5}, 1.4835803 \times 10^{-5}, 7.3721140 \times 10^{-6}, 3.6597037 \times 10^{-6},$
$1.8148167 \times 10^{-6}, 8.9890229 \times 10^{-7}, 4.4467752 \times 10^{-7}, 2.1968048 \times 10^{-7}, 1.0837093 \times 10^{-7},$
$5.3379165 \times 10^{-8}, 2.6250177 \times 10^{-8}, 1.2887232 \times 10^{-8}, 6.3156953 \times 10^{-9}, 3.0894829 \times 10^{-9},$
$1.5084277 \times 10^{-9}, 7.3503876 \times 10^{-10}, 3.5745232 \times 10^{-10}, 1.7347035 \times 10^{-10}, 8.4006106 \times 10^{-11},$
$4.0593472 \times 10^{-11}, 1.9572421 \times 10^{-11}, 9.4158848 \times 10^{-12}, 4.5195275 \times 10^{-12}, 2.1643581 \times 10^{-12},$
$1.0340940 \times 10^{-12}, 4.9292167 \times 10^{-13}, 2.3441025 \times 10^{-13}, 1.1121189 \times 10^{-13}, 5.2637877 \times 10^{-14},$
$2.4855116 \times 10^{-14}, 1.1708532 \times 10^{-14}, 5.5024789 \times 10^{-15}, 2.5797915 \times 10^{-15}, 1.2066549 \times 10^{-15},$
$5.6306241 \times 10^{-16}, 2.6212505 \times 10^{-16}, 1.2174281 \times 10^{-16}, 5.6411249 \times 10^{-17}, 2.6078415 \times 10^{-17},$
$1.2028063 \times 10^{-17}, 5.5349743 \times 10^{-18}, 2.5412522 \times 10^{-18}, 1.1641243 \times 10^{-18}, 5.3208120 \times 10^{-19},$
$2.4265609 \times 10^{-19}, 1.1041988 \times 10^{-19}, 5.0136548 \times 10^{-20}, 2.2715436 \times 10^{-20}, 1.0269655 \times 10^{-20},$
$4.6330552 \times 10^{-21}, 2.0857623 \times 10^{-21}, 9.3703715 \times 10^{-22}, 4.2009978 \times 10^{-22}, 1.8795800 \times 10^{-22},$
$8.3924933 \times 10^{-23}, 3.7398320 \times 10^{-23}, 1.6632335 \times 10^{-23}, 7.3825009 \times 10^{-24}, 3.2704840 \times 10^{-24},$
$1.4460652 \times 10^{-24}, 6.3817537 \times 10^{-25}, 2.8111081 \times 10^{-25}, 1.2359739 \times 10^{-25}, 5.4243064 \times 10^{-26},$
$2.3762443 \times 10^{-26}, 1.0391031 \times 10^{-26}, 4.5358179 \times 10^{-27}, 1.9764714 \times 10^{-27}, 8.5974956 \times 10^{-28},$
$3.7334326 \times 10^{-28}, 1.6184823 \times 10^{-28}, 7.0045319 \times 10^{-29}, 3.0264255 \times 10^{-29}, 1.3054753 \times 10^{-29},$
$5.6221577 \times 10^{-30}, 2.4173573 \times 10^{-30}, 1.0377414 \times 10^{-30}, 4.4478726 \times 10^{-31}, 1.9033751 \times 10^{-31},$
$8.1312453 \times 10^{-32}, 3.4660513 \times 10^{-32}, 1.4712665 \times 10^{-32}, 6.1707325 \times 10^{-33}, 2.4790812 \times 10^{-33},$
$8.2636039 \times 10^{-34})^t$,
using 40 iterations with tolerance 1.00×10^{-5} in l_∞ norm with the Gauss-Seidel method.

25.

	Jacobi 33 iterations	Gauss-Seidel 8 iterations	SOR ($\omega = 1.2$) 13 iterations
x_1	1.53873501	1.53873270	1.53873549
x_2	0.73142167	0.73141966	0.73142226
x_3	0.10797136	0.10796931	0.10797063
x_4	0.17328530	0.17328340	0.17328480
x_5	0.04055865	0.04055595	0.04055737
x_6	0.08525019	0.08524787	0.08524925
x_7	0.16645040	0.16644711	0.16644868
x_8	0.12198156	0.12197878	0.12198026
x_9	0.10125265	0.10124911	0.10125043
x_{10}	0.09045966	0.09045662	0.09045793
x_{11}	0.07203172	0.07202785	0.07202912
x_{12}	0.07026597	0.07026266	0.07026392
x_{13}	0.06875835	0.06875421	0.06875546
x_{14}	0.06324659	0.06324307	0.06324429
x_{15}	0.05971510	0.05971083	0.05971200
x_{16}	0.05571199	0.05570834	0.05570949
x_{17}	0.05187851	0.05187416	0.05187529
x_{18}	0.04924911	0.04924537	0.04924648
x_{19}	0.04678213	0.04677776	0.04677885
x_{20}	0.04448679	0.04448303	0.04448409
x_{21}	0.04246924	0.04246493	0.04246597
x_{22}	0.04053818	0.04053444	0.04053546
x_{23}	0.03877273	0.03876852	0.03876952
x_{24}	0.03718190	0.03717822	0.03717920
x_{25}	0.03570858	0.03570451	0.03570548
x_{26}	0.03435107	0.03434748	0.03434844
x_{27}	0.03309542	0.03309152	0.03309246
x_{28}	0.03192212	0.03191866	0.03191958
x_{29}	0.03083007	0.03082637	0.03082727
x_{30}	0.02980997	0.02980666	0.02980755
x_{31}	0.02885510	0.02885160	0.02885248
x_{32}	0.02795937	0.02795621	0.02795707
x_{33}	0.02711787	0.02711458	0.02711543
x_{34}	0.02632478	0.02632179	0.02632262

	Jacobi 33 iterations	Gauss-Seidel 8 iterations	SOR ($\omega = 1.2$) 13 iterations
x_{35}	0.02557705	0.02557397	0.02557479
x_{36}	0.02487017	0.02486733	0.02486814
x_{37}	0.02420147	0.02419858	0.02419938
x_{38}	0.02356750	0.02356482	0.02356560
x_{39}	0.02296603	0.02296333	0.02296410
x_{40}	0.02239424	0.02239171	0.02239247
x_{41}	0.02185033	0.02184781	0.02184855
x_{42}	0.02133203	0.02132965	0.02133038
x_{43}	0.02083782	0.02083545	0.02083615
x_{44}	0.02036585	0.02036360	0.02036429
x_{45}	0.01991483	0.01991261	0.01991324
x_{46}	0.01948325	0.01948113	0.01948175
x_{47}	0.01907002	0.01906793	0.01906846
x_{48}	0.01867387	0.01867187	0.01867239
x_{49}	0.01829386	0.01829190	0.01829233
x_{50}	0.71792896	0.01792707	0.01792749
x_{51}	0.01757833	0.01757648	0.01757683
x_{52}	0.01724113	0.01723933	0.01723968
x_{53}	0.01691660	0.01691487	0.01691517
x_{54}	0.01660406	0.01660237	0.01660267
x_{55}	0.01630279	0.01630127	0.01630146
x_{56}	0.01601230	0.01601082	0.01601101
x_{57}	0.01573198	0.01573087	0.01573077
x_{58}	0.01546129	0.01546020	0.01546010
x_{59}	0.01519990	0.01519909	0.01519878
x_{60}	0.01494704	0.01494626	0.01494595
x_{61}	0.01470181	0.01470085	0.01470077
x_{62}	0.01446510	0.01446417	0.01446409
x_{63}	0.01423556	0.01423437	0.01423461
x_{64}	0.01401350	0.01401233	0.01401256
x_{65}	0.01380328	0.01380234	0.01380242
x_{66}	0.01359448	0.01359356	0.01359363
x_{67}	0.01338495	0.01338434	0.01338418
x_{68}	0.01318840	0.01318780	0.01318765
x_{69}	0.01297174	0.01297109	0.01297107
x_{70}	0.01278663	0.01278598	0.01278597
x_{71}	0.01270328	0.01270263	0.01270271
x_{72}	0.01252719	0.01252656	0.01252663
x_{73}	0.01237700	0.01237656	0.01237654
x_{74}	0.01221009	0.01220965	0.01220963
x_{75}	0.01129043	0.01129009	0.01129008
x_{76}	0.01114138	0.01114104	0.01114102
x_{77}	0.01217337	0.01217312	0.01217313
x_{78}	0.01201771	0.01201746	0.01201746
x_{79}	0.01542910	0.01542896	0.01542896
x_{80}	0.01523810	0.01523796	0.01523796

26. (a) Since A is a positive definite, $a_{ii} > 0$ for $1 \le i \le n$ and A is symmetric. Thus, A can be written as $A = D - L - L^t$, where D is diagonal with $d_{ii} > 0$ and L is lower triangular. The diagonal of the lower triangular matrix $D - L$ has the positive entries $d_{11} = a_{11}$, $d_{22} = a_{22}, \cdots, d_{nn} = a_{nn}$, so $(D - L)^{-1}$ exists.

(b) Since A is symmetric,
$$P^t = \left(A - T_g^t A T_g\right)^t = A^t - T_g^t A^t T_g = A - T_g^t A T_g = P.$$
Thus, P is symmetric.

(c) $T_g = (D - L)^{-1} L^t$, so
$$(D - L)T_g = L^t = D - L - D + L + L^t = (D - L) - (D - L - L^t) = (D - L) - A.$$
Since $(D - L)^{-1}$ exists, we have $T_g = I - (D - L)^{-1} A$.

(d) Since $Q = (D - L)^{-1} A$, we have $T_g = I - Q$. Note that Q^{-1} exists. By the definition of P we have
$$\begin{aligned}P &= A - T_g^t A T_g = A - \left[I - (D - L)^{-1} A\right]^t A \left[I - (D - L)^{-1} A\right]\\ &= A - [I - Q]^t A[I - Q] = A - \left(I - Q^t\right) A (I - Q)\\ &= A - \left(A - Q^t A\right)(I - Q) = A - \left(A - Q^t A - AQ + Q^t AQ\right)\\ &= Q^t A + AQ - Q^t AQ = Q^t \left[A + (Q^t)^{-1} AQ - AQ\right]\\ &= Q^t \left[AQ^{-1} + (Q^t)^{-1} A - A\right] Q.\end{aligned}$$

(e) Since
$$AQ^{-1} = A\left[A^{-1}(D - L)\right] = D - L$$
and
$$(Q^t)^{-1} A = D - L^t,$$
we have
$$AQ^{-1} + (Q^t)^{-1} A - A = D - L + D - L^t - (D - L - L^t) = D.$$
Thus,
$$P = Q^t \left[AQ^{-1} + (Q^t)^{-1} A - A\right] Q = Q^t D Q.$$
So for $\mathbf{x} \in \mathbb{R}^n$, we have $\mathbf{x}^t P \mathbf{x} = \mathbf{x}^t Q^t D Q \mathbf{x} = (Q\mathbf{x})^t D(Q\mathbf{x})$.
Since D is a positive diagonal matrix, $(Q\mathbf{x})^t D(Q\mathbf{x}) \ge 0$ unless $Q\mathbf{x} = \mathbf{0}$. However, Q is nonsingular, so $Q\mathbf{x} = \mathbf{0}$ if and only if $\mathbf{x} = \mathbf{0}$. Thus, P is positive definite.

(f) Let λ be an eigenvalue of T_g with the eigenvector $\mathbf{x} \ne \mathbf{0}$. Since $\mathbf{x}^t P \mathbf{x} > 0$,
$$\mathbf{x}^t \left[A - T_g^t A T_g\right] \mathbf{x} > 0$$
and
$$\mathbf{x}^t A \mathbf{x} - \mathbf{x}^t T_g^t A T_g \mathbf{x} > 0.$$

Since $T_g \mathbf{x} = \lambda \mathbf{x}$, we have $\mathbf{x}^t T_g^t = \lambda \mathbf{x}^t$ so

$$\left(1 - \lambda^2\right) \mathbf{x}^t A x = \mathbf{x}^t A \mathbf{x} - \lambda^2 \mathbf{x}^t A x > 0.$$

Since A is positive definite, $1 - \lambda^2 > 0$, and $\lambda^2 < 1$. Thus $|\lambda| < 1$.

(g) For any eigenvalue λ of T_g, we have $|\lambda| < 1$. This implies $\rho(T_g) < 1$ and T_g is convergent.

27. For $0 < \omega < 2$, let $T_\omega = (D - \omega L)^{-1}\left[(1-\omega)D + \omega L^t\right]$. Let $P = A - T_\omega^t A T_\omega$ and note that P is symmetric.

As in Exercise 16 we derive a new representation for T_ω:

$$(D - \omega L)T_\omega = (1-\omega)D + \omega L^t = (D - \omega L) - \omega A, \quad \text{so} \quad T_\omega = I - \omega(D - \omega L)^{-1}A.$$

Let $Q = \omega(D - \omega L)^{-1} A$ and $Q^t = \omega A \left[(D - \omega L)^{-1}\right]^t$.

Again $P = Q^t \left[AQ^{-1} + (Q^t)^{-1} A - A\right] Q$. But $AQ^{-1} = \frac{1}{\omega}(D - \omega L)$ and $(Q^t)^{-1} A = \frac{1}{\omega}(D - \omega L^t)$ so that

$$AQ^{-1} + (Q^t)^{-1} A - A = \frac{1}{\omega}\left[D - \omega L + D - \omega L^t\right] - A$$

$$= \frac{2}{\omega}D - D + D - L - L^t - A$$

$$= \left(\frac{2}{\omega} - 1\right)D.$$

Thus $P = \left(\frac{2}{\omega} - 1\right) Q^t D Q$. Since $0 < \omega < 2$, we have $\frac{2}{\omega} - 1 > 0$ and P is positive definite. This proof follows Exercise 16 with T_g replaced by T_ω. Hence, T_ω is convergent.

28. (a) The system was reordered so that the diagonal of the matrix had nonzero entries.

(b) (i) The solution vector using 30 iterations is

$$(0.00362, -6339.744638, -3660.253272, -8965.755808, 6339.744638, 10000,$$
$$-7320.508959, 6339.746729)^t.$$

(ii) The solution vector using 57 iterations is

$$(-0.002651, -6339.744637, -3660.255362, -8965.752851, 6339.748259, 10000,$$
$$-7320.506544, 6339.748258)^t.$$

(iii) Method does not converge using $\omega = 1.25$. However, using $\omega = 1.1$ and using 132 iterations gives the solution vector

$$(0.0045175, -6339.744528, -3660.253009, -8965.756179, 6339.743756, 10000,$$
$$-7320.509547, 6339.747544)^t.$$

Iterative Techniques in Matrix Algebra

Exercise Set 7.4, page 461

1. The $\|\cdot\|_\infty$ condition number is:

    (a) 50   (b) 241.37   (c) 600,002   (d) 339,866

2. The $\|\cdot\|_\infty$ condition numbers are:

    (a) 12.24012756   (b) 12.24012756   (c) 12   (d) 198.17

3. We have

	$\|\mathbf{x} - \hat{\mathbf{x}}\|_\infty$	$K_\infty(A)\|\mathbf{b} - A\hat{\mathbf{x}}\|_\infty/\|A\|_\infty$
(a)	8.571429×10^{-4}	1.238095×10^{-2}
(b)	0.1	3.832060
(c)	0.04	0.8
(d)	20	1.152440×10^5

4. We have

	$\|\mathbf{x} - \hat{\mathbf{x}}\|_\infty$	$K_\infty(A)\|\mathbf{b} - A\hat{\mathbf{x}}\|_\infty/\|A\|_\infty$
(a)	20	65.03241
(b)	0.02	720.5764
(c)	0.1	3.727412×10^{-1}
(d)	6.551700×10^{-2}	9.059201

5. Gaussian elimination and iterative refinement give the following results.

    (a) (i) $(-10.0, 1.01)^t$, (ii) $(10.0, 1.00)^t$
    (b) (i) $(12.0, 0.499, -1.98)^t$, (ii) $(1.00, 0.500, -1.00)^t$
    (c) (i) $(0.185, 0.0103, -0.0200, -1.12)^t$, (ii) $(0.177, 0.0127, -0.0207, -1.18)^t$
    (d) (i) $(0.799, -3.12, 0.151, 4.56)^t$, (ii) $(0.758, -3.00, 0.159, 4.30)^t$

6. Gaussian elimination and iterative refinement give the following results.

    (a) $(12.00, 0.9990)^t$, $(10.00, 1.000)^t$
    (b) $(1.200, 0.5002, -1.380)^t$, $(1.000, 0.5000, -0.9998)^t$
    (c) $(0.1756, 0.01305, -0.02075, -1.192)^t$, $(0.1768, 0.01269, -0.02065, -1.182)^t$
    (d) $(0.7963, -3.152, 0.1705, 4.615)^t$, $(0.7889, -3.128, 0.1678, 4.561)^t$

7. The matrix is ill-conditioned since $K_\infty = 60002$. We have $\tilde{\mathbf{x}} = (-1.0000, 2.0000)^t$.

8. The matrix A is ill-conditioned since $K_\infty(A) = 600,002$ and $\hat{\mathbf{x}} = (1.818192, 0.5909091)^t$

9. For any vector $\mathbf{x}$, we have

$$\|\mathbf{x}\| = \|A^{-1}A\mathbf{x}\| \leq \|A^{-1}\|\,\|A\mathbf{x}\|, \text{ so } \|A\mathbf{x}\| \geq \frac{\|\mathbf{x}\|}{\|A^{-1}\|}.$$

Let $\mathbf{x} \neq \mathbf{0}$ be such that $\|\mathbf{x}\| = 1$ and $B\mathbf{x} = \mathbf{0}$. Then

$$\|(A-B)\mathbf{x}\| = \|A\mathbf{x}\| \geq \frac{\|\mathbf{x}\|}{\|A^{-1}\|} \text{ and } \frac{\|(A-B)\mathbf{x}\|}{\|A\|} \geq \frac{1}{\|A^{-1}\|\,\|A\|} = \frac{1}{K(A)}.$$

Since $\|\mathbf{x}\| = 1$,

$$\|(A-B)\mathbf{x}\| \leq \|A-B\|\,\|\mathbf{x}\| = \|A-B\| \text{ and } \frac{\|A-B\|}{\|A\|} \geq \frac{1}{K(A)}.$$

10. The approximate condition numbers are as follows:

   (a) With $B = \begin{bmatrix} 1 & 2 \\ 1 & 2 \end{bmatrix}$, we have $K_\infty(A) \geq 30{,}000$.

   (b) With $B = \begin{bmatrix} 4.0 & 1.6 \\ 7.0 & 2.8 \end{bmatrix}$, we have $K_\infty(A) \geq \frac{97}{3}$.

11. (a) $K_\infty\left(H^{(4)}\right) = 28{,}375$
    (b) $K_\infty\left(H^{(5)}\right) = 943{,}656$
    (c) actual solution $\mathbf{x} = (-124, 1560, -3960, 2660)^t$;
        approximate solution $\tilde{\mathbf{x}} = (-124.2, 1563.8, -3971.8, 2668.8)^t$; $\|\mathbf{x}-\tilde{\mathbf{x}}\|_\infty = 11.8$; $\frac{\|\mathbf{x}-\tilde{\mathbf{x}}\|_\infty}{\|\mathbf{x}\|_\infty} = 0.02980$;

$$\frac{K_\infty(A)}{1-K_\infty(A)\left(\frac{\|\delta A\|_\infty}{\|A\|_\infty}\right)}\left[\frac{\|\delta b\|_\infty}{\|b\|_\infty}+\frac{\|\delta A\|_\infty}{\|A\|_\infty}\right] = \frac{28375}{1-28375\left(\frac{6.\overline{6}\times 10^{-6}}{2.08\overline{3}}\right)}\left[0+\frac{6.\overline{6}\times 10^{-6}}{2.08\overline{3}}\right]$$
$$= 0.09987.$$

12. For the 3×3 Hilbert matrix H, we have

$$\hat{H}^{-1} = \begin{bmatrix} 8.968 & -35.77 & 29.77 \\ -35.77 & 190.6 & -178.6 \\ 29.77 & -178.6 & 178.6 \end{bmatrix}, \quad \hat{H} = \begin{bmatrix} 0.9799 & 0.4870 & 0.3238 \\ 0.4860 & 0.3246 & 0.2434 \\ 0.3232 & 0.2433 & 0.1949 \end{bmatrix},$$

and $\|H - \hat{H}\|_\infty = 0.04260$.

Iterative Techniques in Matrix Algebra 199

Exercise Set 7.5, page 476

1. (a) $(0.18, 0.13)^t$ (b) $(0.19, 0.10)^t$

    (a) Gaussian elimination gives the best answer since $\mathbf{v}^{(2)} = (0, 0)^t$ in the conjugate gradient method.

    (b) $(0.13, 0.21)^t$. There is no improvement, although $\mathbf{v}^{(2)} \neq \mathbf{0}$.

2. (a) $(1.0, 1.0)^t$ (b) $(1.0, 1.0)^t$

    (a) Both answers are the same. However, more operations are required in the conjugate gradient method.

    (b) $(1.1, 1.0)^t$. The answer is not as good due to rounding error.

3. (a) $(1.00, -1.00, 1.00)^t$ (b) $(0.827, 0.0453, -0.0357)^t$

    (c) Partial pivoting and scaled partial pivoting also give $(1.00, -1.00, 1.00)^t$.

    (d) $(0.776, 0.238, -0.185)^t$;
    The residual from (3b) is $(-0.0004, -0.0038, 0.0037)^t$, and the residual from part (3d) is $(0.0022, -0.0038, 0.0024)^t$. There does not appear to be much improvement, if any. Rounding error is more prevalent because of the increase in the number of matrix multiplications.

4. (a) $(0.9999999997, -1, 1)^t$

    (b) $(0.9999991959, -1.000066419, 0.9999996693)^t$;
    The residual is $(0.11236 \times 10^{-5}, 0.6242 \times 10^{-6}, 0.4387 \times 10^{-6})^t$

    (c) Partial pivoting gives the same answer as in part (a).

    (d) $(1.000000364, -0.999999391, 1.000000888)^t$;
    The residual is $(-0.10001 \times 10^{-5}, -0.63087 \times 10^{-6}, -0.4691 \times 10^{-6})^t$.
    There does not seem to be an improvement in this preconditioning method.

5. Two steps of the Conjugate Gradient method with $C = C^{-1} = I$ give the following:

    (a) $\mathbf{x}^{(2)} = (0.1535933456, -0.1697932117, 0.5901172091)^t$, $\|\mathbf{r}^{(2)}\|_\infty = 0.221$.

    (b) $\mathbf{x}^{(2)} = (0.9993129510, 0.9642734456, 0.7784266575)^t$, $\|\mathbf{r}^{(2)}\|_\infty = 0.144$.

    (c) $\mathbf{x}^{(2)} = (-0.7290954114, 2.515782452, -0.6788904058, -2.331943982)^t$, $\|\mathbf{r}^{(2)}\|_\infty = 2.2$.

    (d) $\mathbf{x}^{(2)} = (-0.7071108901, -0.0954748881, -0.3441074093, 0.5256091497)^t$, $\|\mathbf{r}^{(2)}\|_\infty = 0.39$.

    (e) $\mathbf{x}^{(2)} = (0.5335968381, 0.9367588935, 1.339920949, 1.743083004, 1.743083004)^t$, $\|\mathbf{r}^{(2)}\|_\infty = 1.3$.

    (f) $\mathbf{x}^{(2)} = (1.022375671, 1.686451893, 1.022375671, 2.060919568, 0.8310997764, 2.060919568)^t$, $\|\mathbf{r}^{(2)}\|_\infty = 1.13$.

6. Two steps of the Conjugate Gradient method with $C^{-1} = D^{-1/2}$ give the following:

   (a) $\mathbf{x}^{(2)} = (0.1012813293, -0.2095507352, 0.0701217891)^t$, $\|\mathbf{r}^{(2)}\|_\infty = 0.145$

   (b) $\mathbf{x}^{(2)} = (0.9993129510, 0.9642734455, 0.7784266577)^t$, $\|\mathbf{r}^{(2)}\|_\infty = 0.144$

   (c) $\mathbf{x}^{(2)} = (-0.3365802625, 2.129693189, -0.7600395580, -2.703196814)^t$, $\|\mathbf{r}^{(2)}\|_\infty = 2.35$

   (d) $\mathbf{x}^{(2)} = (0.5927721564, -0.3791968233, -0.02649943827, 0.0197727283)^t$, $\|\mathbf{r}^{(2)}\|_\infty = 0.146$

   (e) $\mathbf{x}^{(2)} = (0.4414248576, 0.8089276500, 1.463760200, 1.730537721, 1.895808600)^t$, $\|\mathbf{r}^{(2)}\|_\infty = 1.06$

   (f) $\mathbf{x}^{(2)} = (1.022375670, 1.686451892, 1.022375670, 2.060919568, 0.8310997753, 2.060919568)^t$, $\|\mathbf{r}^{(2)}\|_\infty = 1.13$

7. The Conjugate Gradient method with $C = C^{-1} = I$ gives the following:

   (a) $\mathbf{x}^{(3)} = (0.06185567013, -0.1958762887, 0.6185567010)^t$, $\|\mathbf{r}^{(3)}\|_\infty = 0.4 \times 10^{-9}$.

   (b) $\mathbf{x}^{(3)} = (0.9957894738, 0.9578947369, 0.7915789474)^t$, $\|\mathbf{r}^{(3)}\|_\infty = 0.1 \times 10^{-9}$.

   (c) $\mathbf{x}^{(4)} = (-0.7976470579, 2.795294120, -0.2588235305, -2.251764706)^t$, $\|\mathbf{r}^{(4)}\|_\infty = 0.39 \times 10^{-7}$.

   (d) $\mathbf{x}^{(4)} = (-0.7534246575, 0.04109589039, -0.2808219179, 0.6917808219)^t$, $\|\mathbf{r}^{(4)}\|_\infty = 0.11 \times 10^{-9}$.

   (e) $\mathbf{x}^{(5)} = (0.4516129032, 0.7096774197, 1.677419355, 1.741935483, 1.806451613)^t$, $\|\mathbf{r}^{(5)}\|_\infty = 0.2 \times 10^{-9}$.

   (f) $\mathbf{x}^{(4)} = (1.000000000, 2.000000000, 1.000000000, 2.000000000, 0.9999999997, 2.000000000)^t$, $\|\mathbf{r}^{(4)}\|_\infty = 0.44 \times 10^{-9}$.

8. The Conjugate Gradient method with $C^{-1} = D^{-1/2}$ gives the following:

   (a) $\mathbf{x}^{(3)} = (0.06185567019, -0.1958762885, 0.6185567006)^t$, $\|\mathbf{r}^{(3)}\|_\infty = 0.12 \times 10^{-8}$

   (b) $\mathbf{x}^{(3)} = (0.9957894739, 0.9578947368, 0.7915789475)^t$, $\|\mathbf{r}^{(3)}\|_\infty = 0.19 \times 10^{-8}$

   (c) $\mathbf{x}^{(4)} = (-0.7976470596, 2.795294118, -0.2588235287, -2.251764706)^t$, $\|\mathbf{r}^{(4)}\|_\infty = 0.7 \times 10^{-8}$

   (d) $\mathbf{x}^{(4)} = (0.6164383560, -0.3972602742, 0.04794520550, -0.02054794525)^t$, $\|\mathbf{r}^{(4)}\|_\infty = 0.76 \times 10^{-9}$

   (e) $\mathbf{x}^{(5)} = (0.4516129026, 0.7096774190, 1.677419356, 1.741935484, 1.806451615)^t$, $\|\mathbf{r}^{(5)}\|_\infty = 0.61 \times 10^{-10}$

   (f) $\mathbf{x}^{(4)} = (0.9999999992, 1.999999999, 0.9999999992, 2.000000000, 0.9999999989, 2.000000000)^t$, $\|\mathbf{r}^{(4)}\|_\infty = 0.11 \times 10^{-9}$

9. Approximations to within 10^{-5} in the l_{infty} are shown in the tables.

(a)		Jacobi 49 iterations	Gauss-Seidel 28 iterations	SOR ($\omega = 1.3$) 13 iterations	Conjugate Gradient 9 iterations
	x_1	0.93406183	0.93406917	0.93407584	0.93407713
	x_2	0.97473885	0.97475285	0.97476180	0.97476363
	x_3	1.10688692	1.10690302	1.10691093	1.10691243
	x_4	1.42346150	1.42347226	1.42347591	1.42347699
	x_5	0.85931331	0.85932730	0.85933633	0.85933790
	x_6	0.80688119	0.80690725	0.80691961	0.80692197
	x_7	0.85367746	0.85370564	0.85371536	0.85372011
	x_8	1.10688692	1.10690579	1.10691075	1.10691250
	x_9	0.87672774	0.87674384	0.87675177	0.87675250
	x_{10}	0.80424512	0.80427330	0.80428301	0.80428524
	x_{11}	0.80688119	0.80691173	0.80691989	0.80692252
	x_{12}	0.97473885	0.97475850	0.97476265	0.97476392
	x_{13}	0.93003466	0.93004542	0.93004899	0.93004987
	x_{14}	0.87672774	0.87674661	0.87675155	0.87675298
	x_{15}	0.85931331	0.85933296	0.85933709	0.85933979
	x_{16}	0.93406183	0.93407462	0.93407672	0.93407768

(b)	Jacobi 60 iterations	Gauss-Seidel 35 iterations	SOR ($\omega = 1.2$) 23 iterations	Conjugate Gradient 11 iterations
x_1	0.39668038	0.39668651	0.39668915	0.39669775
x_2	0.07175540	0.07176830	0.07177348	0.07178516
x_3	−0.23080396	−0.23078609	−0.23077981	−0.23076923
x_4	0.24549277	0.24550989	0.24551535	0.24552253
x_5	0.83405412	0.83406516	0.83406823	0.83407148
x_6	0.51497606	0.51498897	0.51499414	0.51500583
x_7	0.12116003	0.12118683	0.12119625	0.12121212
x_8	−0.24044414	−0.24040991	−0.24039898	−0.24038462
x_9	0.37873579	0.37876891	0.37877812	0.37878788
x_{10}	1.09073364	1.09075392	1.09075899	1.09076341
x_{11}	0.54207872	0.54209658	0.54210286	0.54211344
x_{12}	0.13838259	0.13841682	0.13842774	0.13844211
x_{13}	−0.23083868	−0.23079452	−0.23078224	−0.23076923
x_{14}	0.41919067	0.41923122	0.41924136	0.41925019
x_{15}	1.15015953	1.15018477	1.15019025	1.15019425
x_{16}	0.51497606	0.51499318	0.51499864	0.51500583
x_{17}	0.12116003	0.12119315	0.12120236	0.12121212
x_{18}	−0.24044414	−0.24040359	−0.24039345	−0.24038462
x_{19}	0.37873579	0.37877365	0.37878188	0.37878788
x_{20}	1.09073364	1.09075629	1.09076069	1.09076341
x_{21}	0.39668038	0.39669142	0.39669449	0.39669775
x_{22}	0.07175540	0.07177567	0.07178074	0.07178516
x_{23}	−0.23080396	−0.23077872	−0.23077323	−0.23076923
x_{24}	0.24549277	0.24551542	0.24551982	0.24552253
x_{25}	0.83405412	0.83406793	0.83407025	0.83407148

(c)	Jacobi 15 iterations	Gauss-Seidel 9 iterations	SOR ($\omega = 1.1$) 8 iterations	Conjugate Gradient 8 iterations
x_1	-3.07611424	-3.07611739	-3.07611796	-3.07611794
x_2	-1.65223176	-1.65223563	-1.65223579	-1.65223582
x_3	-0.53282391	-0.53282528	-0.53282531	-0.53282528
x_4	-0.04471548	-0.04471608	-0.04471609	-0.04471604
x_5	0.17509673	0.17509661	0.17509661	0.17509661
x_6	0.29568226	0.29568223	0.29568223	0.29568218
x_7	0.37309012	0.37309011	0.37309011	0.37309011
x_8	0.42757934	0.42757934	0.42757934	0.42757927
x_9	0.46817927	0.46817927	0.46817927	0.46817927
x_{10}	0.49964748	0.49964748	0.49964748	0.49964748
x_{11}	0.52477026	0.52477026	0.52477026	0.52477027
x_{12}	0.54529835	0.54529835	0.54529835	0.54529836
x_{13}	0.56239007	0.56239007	0.56239007	0.56239009
x_{14}	0.57684345	0.57684345	0.57684345	0.57684347
x_{15}	0.58922662	0.58922662	0.58922662	0.58922664
x_{16}	0.59995522	0.59995522	0.59995522	0.59995523
x_{17}	0.60934045	0.60934045	0.60934045	0.60934045
x_{18}	0.61761997	0.61761997	0.61761997	0.61761998
x_{19}	0.62497846	0.62497846	0.62497846	0.62497847
x_{20}	0.63156161	0.63156161	0.63156161	0.63156161
x_{21}	0.63748588	0.63748588	0.63748588	0.63748588
x_{22}	0.64284553	0.64284553	0.64284553	0.64284553
x_{23}	0.64771764	0.64771764	0.64771764	0.64771764
x_{24}	0.65216585	0.65216585	0.65216585	0.65216585
x_{25}	0.65624320	0.65624320	0.65624320	0.65624320
x_{26}	0.65999423	0.65999423	0.65999423	0.65999422
x_{27}	0.66345660	0.66345660	0.66345660	0.66345660
x_{28}	0.66666242	0.66666242	0.66666242	0.66666242
x_{29}	0.66963919	0.66963919	0.66963919	0.66963919
x_{30}	0.67241061	0.67241061	0.67241061	0.67241060
x_{31}	0.67499722	0.67499722	0.67499722	0.67499721
x_{32}	0.67741692	0.67741692	0.67741691	0.67741691
x_{33}	0.67968535	0.67968535	0.67968535	0.67968535
x_{34}	0.68181628	0.68181628	0.68181628	0.68181628
x_{35}	0.68382184	0.68382184	0.68382184	0.68382184
x_{36}	0.68571278	0.68571278	0.68571278	0.68571278
x_{37}	0.68749864	0.68749864	0.68749864	0.68749864
x_{38}	0.68918652	0.68918652	0.68918652	0.68918652
x_{39}	0.69067718	0.69067718	0.69067718	0.69067717
x_{40}	0.68363346	0.68363346	0.68363346	0.68363349

10. $n = 10$: The solution vector is
$(0.90909091, 0.81818182, 0.72727273, 0.63636364, 0.54545455, 0.45454545, 0.36363636, 0.27272727,$
$0.18181818, 0.09090909)^t$,
using 10 iterations with $\left\|\mathbf{r}^{(10)}\right\|_\infty = 0$.

$n = 50$: The solution vector is
$(0.98039216, 0.96078432, 0.94117648, 0.92156863, 0.90196079, 0.88235295, 0.86274511, 0.84313727,$
$0.82352943, 0.80392158, 0.78431374, 0.76470590, 0.74509806, 0.72549021, 0.70588237, 0.68627453,$
$0.66666668, 0.64705884, 0.62745100, 0.60784315, 0.58823531, 0.56862747, 0.54901962, 0.52941178,$
$0.50980394, 0.49019609, 0.47058825, 0.45098041, 0.43137256, 0.41176472, 0.39215688, 0.37254903,$
$0.35294119, 0.33333335, 0.31372550, 0.29411766, 0.27450981, 0.25490197, 0.23529413, 0.21568628,$
$0.19607844, 0.17647060, 0.15686275, 0.13725491, 0.11764706, 0.09803922, 0.07843138, 0.05882353,$
$0.03921569, 0.01960784)^t$,
using 50 iterations with a tolerance 1.00×10^{-3} in l_∞ and $\left\|\mathbf{r}^{(50)}\right\|_\infty = 0$.

$n = 100$: The solution vector is
$(0.99009901, 0.98019803, 0.97029704, 0.96039606, 0.95049507, 0.94059409, 0.93069310, 0.92079212,$
$0.91089113, 0.90099014, 0.89108916, 0.88118817, 0.87128718, 0.86138620, 0.85148521, 0.84158422,$
$0.83168323, 0.82178225, 0.81188126, 0.80198027, 0.79207928, 0.78217830, 0.77227731, 0.76237632,$
$0.75247533, 0.74257434, 0.73267335, 0.72277237, 0.71287138, 0.70297039, 0.69306940, 0.68316841,$
$0.67326742, 0.66336643, 0.65346544, 0.64356445, 0.63366347, 0.62376248, 0.61386149, 0.60396050,$
$0.59405951, 0.58415852, 0.57425753, 0.56435654, 0.55445555, 0.54455456, 0.53465357, 0.52475258,$
$0.51485159, 0.50495059, 0.49504960, 0.48514861, 0.47524762, 0.46534663, 0.45544564, 0.44554465,$
$0.43564366, 0.42574267, 0.41584168, 0.40594068, 0.39603969, 0.38613870, 0.37623771, 0.36633672,$
$0.35643573, 0.34653474, 0.33663374, 0.32673275, 0.31683176, 0.30693077, 0.29702978, 0.28712879,$
$0.27722779, 0.26732680, 0.25742581, 0.24752482, 0.23762383, 0.22772283, 0.21782184, 0.20792085,$
$0.19801986, 0.18811886, 0.17821787, 0.16831688, 0.15841589, 0.14851489, 0.13861390, 0.12871291,$
$0.11881192, 0.10891092, 0.09900993, 0.08910894, 0.07920794, 0.06930695, 0.05940596, 0.04950497,$
$0.03960397, 0.02970298, 0.01980199, 0.00990099)^t$,
using 100 iterations with a tolerance 1.00×10^{-3} in l_∞ and $\left\|\mathbf{r}^{(100)}\right\|_\infty = 0$.

Iterative Techniques in Matrix Algebra

11. (a)

Solution	Residual
2.55613420	0.00668246
4.09171393	−0.00533953
4.60840390	−0.01739814
3.64309950	−0.03171624
5.13950533	0.01308093
7.19697808	−0.02081095
7.68140405	−0.04593118
5.93227784	0.01692180
5.81798997	0.04414047
5.85447806	0.03319707
5.94202521	−0.00099947
4.42152959	−0.00072826
3.32211695	0.02363822
4.49411604	0.00982052
4.80968966	0.00846967
3.81108707	−0.01312902

This converges in 6 iterations with tolerance 5.00×10^{-2} in the l_∞ norm and $\|\mathbf{r}^{(6)}\|_\infty = 0.046$.

(b)

Solution	Residual
2.55613420	0.00668246
4.09171393	−0.00533953
4.60840390	−0.01739814
3.64309950	−0.03171624
5.13950533	0.01308093
7.19697808	−0.02081095
7.68140405	−0.04593118
5.93227784	0.01692180
5.81798996	0.04414047
5.85447805	0.03319706
5.94202521	−0.00099947
4.42152959	−0.00072826
3.32211694	0.02363822
4.49411603	0.00982052
4.80968966	0.00846967
3.81108707	−0.01312902

This converges in 6 iterations with tolerance 5.00×10^{-2} in the l_∞ norm and $\|\mathbf{r}^{(6)}\|_\infty = 0.046$.

(c) All tolerances lead to the same convergence specifications.

12. With $\langle \mathbf{x}, \mathbf{y} \rangle = \mathbf{x}^t \mathbf{y}$, we have
$$\langle \mathbf{x}, \mathbf{y} \rangle = \mathbf{x}^t \mathbf{y} = \mathbf{y}^t \mathbf{x} = \langle \mathbf{y}, \mathbf{x} \rangle; \tag{i}$$
$$\langle c\mathbf{x}, \mathbf{y} \rangle = (c\mathbf{x})^t \mathbf{y} = c\mathbf{x}^t \mathbf{y} = c\langle \mathbf{x}, \mathbf{y} \rangle = \mathbf{x}^t c\mathbf{y} = \langle \mathbf{x}, c\mathbf{y} \rangle; \tag{ii}$$
$$\langle \mathbf{x} + \mathbf{z}, \mathbf{y} \rangle = (\mathbf{x} + \mathbf{z})^t \mathbf{y} = \left(\mathbf{x}^t + \mathbf{z}^t\right) \mathbf{y} = \mathbf{x}^t \mathbf{y} + \mathbf{z}^t \mathbf{y} = \langle \mathbf{x}, \mathbf{y} \rangle + \langle \mathbf{z}, \mathbf{y} \rangle; \tag{iii}$$
$$\langle \mathbf{x}, \mathbf{x} \rangle = \mathbf{x}^t \mathbf{x} = \|\mathbf{x}\|_2^2 \geq 0. \tag{iv}$$

We show **(v)** as follows:

If $\langle \mathbf{x}, \mathbf{x} \rangle = \|\mathbf{x}\|_2^2 = 0$, then $\mathbf{x} = \mathbf{0}$ by the properties of norms. If $\mathbf{x} = \mathbf{0}$, then $0 = \mathbf{x}^t \mathbf{x} = \langle \mathbf{x}, \mathbf{x} \rangle$.

13. (a) Let $\{\mathbf{v}^{(1)}, \ldots, \mathbf{v}^{(n)}\}$ be a set of nonzero A-orthogonal vectors for the symmetric positive definite matrix A. Then $\langle \mathbf{v}^{(i)}, A\mathbf{v}^{(j)} \rangle = 0$, if $i \neq j$. Suppose
$$c_1 \mathbf{v}^{(1)} + c_2 \mathbf{v}^{(2)} + \cdots + c_n \mathbf{v}^{(n)} = \mathbf{0},$$
where not all c_i are zero. Suppose k is the smallest integer for which $c_k \neq 0$. Then
$$c_k \mathbf{v}^{(k)} + c_{k+1} \mathbf{v}^{(k+1)} + \cdots + c_n \mathbf{v}^{(n)} = \mathbf{0}.$$
We solve for $\mathbf{v}^{(k)}$ to obtain
$$\mathbf{v}^{(k)} = -\frac{c_{k+1}}{c_k} \mathbf{v}^{(k+1)} - \cdots - \frac{c_n}{c_k} \mathbf{v}^{(n)}.$$
Multiplying by A gives
$$A\mathbf{v}^{(k)} = -\frac{c_{k+1}}{c_k} A\mathbf{v}^{(k+1)} - \cdots - \frac{c_n}{c_k} A\mathbf{v}^{(n)},$$
so
$$\begin{aligned}
(\mathbf{v}^{(k)})^t A \mathbf{v}^{(k)} &= -\frac{c_{k+1}}{c_k} (\mathbf{v}^{(k)})^t A \mathbf{v}^{(k+1)} - \cdots - \frac{c_n}{c_k} (\mathbf{v}^{(k)t}) A \mathbf{v}^{(n)} \\
&= -\frac{c_{k+1}}{c_k} \langle \mathbf{v}^{(k)}, A\mathbf{v}^{(k+1)} \rangle - \cdots - \frac{c_n}{c_k} \langle \mathbf{v}^{(k)}, A\mathbf{v}^{(n)} \rangle \\
&= -\frac{c_{k+1}}{c_k} \cdot 0 - \cdots - \frac{c_n}{c_k} \cdot 0.
\end{aligned}$$

Since A is positive definite, $\mathbf{v}^{(k)} = \mathbf{0}$, which is a contradiction. Thus, all c_i must be zero, and $\{\mathbf{v}^{(1)}, \ldots, \mathbf{v}^{(n)}\}$ is linearly independent.

(b) Let $\{\mathbf{v}^{(1)}, \ldots, \mathbf{v}^{(n)}\}$ be a set of nonzero A-orthogonal vectors for the symmetric positive definite matrix A, and let $\mathbf{z}$ be orthogonal to $\mathbf{v}^{(i)}$, for each $i = 1, \ldots, n$. From part (a), the set $\{\mathbf{v}^{(1)}, \ldots \mathbf{v}^{(n)}\}$ is linearly independent, so there is a collection of constants $\beta_1, \ldots, \beta_n$ with
$$\mathbf{z} = \sum_{i=1}^n \beta_i \mathbf{v}^{(i)}.$$
Hence,
$$\langle \mathbf{z}, \mathbf{z} \rangle = \mathbf{z}^t \mathbf{z} = \sum_{i=1}^n \beta_i \mathbf{z}^t \mathbf{v}^{(i)} = \sum_{i=1}^n \beta_i \cdot 0 = 0,$$
and Theorem 7.30, part (v), implies that $\mathbf{z} = \mathbf{0}$.

Iterative Techniques in Matrix Algebra

14. To prove Theorem 7.33 by mathematical induction:

    (a) First note that we have

    $$\mathbf{x}^{(1)} = \mathbf{x}^{(0)} + t_1 \mathbf{v}^{(1)} = \mathbf{x}^{(0)} + \frac{\langle \mathbf{v}^{(1)}, \mathbf{r}^{(0)} \rangle}{\langle \mathbf{v}^{(1)}, A\mathbf{v}^{(1)} \rangle} \mathbf{v}^{(1)}.$$

    Thus,

    $$A\mathbf{x}^{(1)} = A\mathbf{x}^{(0)} + \frac{\langle \mathbf{v}^{(1)}, \mathbf{r}^{(0)} \rangle}{\langle \mathbf{v}^{(1)}, A\mathbf{v}^{(1)} \rangle} A\mathbf{v}^{(1)}$$

    and

    $$\mathbf{b} - A\mathbf{x}^{(1)} = \mathbf{b} - A\mathbf{x}^{(0)} - \frac{\langle \mathbf{v}^{(1)}, \mathbf{r}^{(0)} \rangle}{\langle \mathbf{v}^{(1)}, A\mathbf{v}^{(1)} \rangle} A\mathbf{v}^{(1)}.$$

    Hence,

    $$\mathbf{r}^{(1)} = \mathbf{r}^{(0)} - \frac{\langle \mathbf{v}^{(1)}, \mathbf{r}^{(0)} \rangle}{\langle \mathbf{v}^{(1)}, A\mathbf{v}^{(1)} \rangle} A\mathbf{v}^{(1)}.$$

    Taking the inner product with $\mathbf{v}^{(1)}$ gives

    $$\langle \mathbf{r}^{(1)}, \mathbf{v}^{(1)} \rangle = \langle \mathbf{r}^{(0)}, \mathbf{v}^{(1)} \rangle - \frac{\langle \mathbf{v}^{(1)}, \mathbf{r}^{(0)} \rangle}{\langle \mathbf{v}^{(1)}, A\mathbf{v}^{(1)} \rangle} \langle A\mathbf{v}^{(1)}, \mathbf{v}^{(1)} \rangle$$
    $$= \langle \mathbf{r}^{(0)}, \mathbf{v}^{(1)} \rangle - \langle \mathbf{v}^{(1)}, \mathbf{r}^{(0)} \rangle = 0.$$

    This establishes the base step.

    (b) For the inductive hypothesis we assume that $\langle \mathbf{r}^{(k)}, \mathbf{v}^{(j)} \rangle = 0$, for all $k \leq l$ and $j = 1, 2, \ldots, k$. We must then show

    $$\langle \mathbf{r}^{(l+1)}, \mathbf{v}^{(j)} \rangle = 0, \quad \text{for} \quad j = 1, 2, \ldots, l+1.$$

    We do this in two parts.
    First, for $j = 1, 2, \ldots, l$, we will show that $\langle \mathbf{r}^{(l+1)}, \mathbf{v}^{(j)} \rangle = 0$. We have

    $$\mathbf{x}^{(l+1)} = \mathbf{x}^{(l)} + t_{l+1} \mathbf{v}^{(l+1)}$$
    $$= \mathbf{x}^{(l)} + \frac{\langle \mathbf{v}^{(l+1)}, \mathbf{r}^{(l)} \rangle}{\langle \mathbf{v}^{(l+1)}, A\mathbf{v}^{(l+1)} \rangle} \mathbf{v}^{(l+1)},$$

    so

    $$A\mathbf{x}^{(l+1)} = A\mathbf{x}^{(l)} + \frac{\langle \mathbf{v}^{(l+1)}, \mathbf{r}^{(l)} \rangle}{\langle \mathbf{v}^{(l+1)}, A\mathbf{v}^{(l+1)} \rangle} A\mathbf{v}^{(l+1)}.$$

    Subtracting $\mathbf{b}$ from both sides gives

    (2) $$-\mathbf{r}^{(l+1)} = -\mathbf{r}^{(l)} + \frac{\langle \mathbf{v}^{(l+1)}, \mathbf{r}^{(l)} \rangle}{\langle \mathbf{v}^{(l+1)}, A\mathbf{v}^{(l+1)} \rangle} A\mathbf{v}^{(l+1)}.$$

    Taking the inner product of both sides of (2) with $\mathbf{v}^{(i)}$ gives

    (3) $$-\langle \mathbf{r}^{(l+1)}, \mathbf{v}^{(i)} \rangle = -\langle \mathbf{r}^{(l)}, \mathbf{v}^{(i)} \rangle + \frac{\langle \mathbf{v}^{(l+1)}, \mathbf{r}^{(l)} \rangle}{\langle \mathbf{v}^{(l+1)}, A\mathbf{v}^{(l+1)} \rangle} \langle A\mathbf{v}^{(l+1)}, \mathbf{v}^{(i)} \rangle.$$

The first term on the right-hand side of (3) is 0 by the inductive hypothesis, and the factor $\langle A\mathbf{v}^{(l+1)}, \mathbf{v}^{(i)}\rangle$ is 0 because of A-orthogonality. Thus, $\langle \mathbf{r}^{(l+1)}, \mathbf{v}^{(i)}\rangle = 0$, for $1, 2, \ldots, l$.

(c) For the second part we take the inner product of both sides of (2) with $\mathbf{v}^{(l+1)}$ to obtain

$$-\langle \mathbf{r}^{(l+1)}, \mathbf{v}^{(l+1)}\rangle = -\langle \mathbf{r}^{(l)}, \mathbf{v}^{(l+1)}\rangle + \frac{\langle \mathbf{v}^{(l+1)}, \mathbf{r}^{(l)}\rangle}{\langle \mathbf{v}^{(l+1)}, A\mathbf{v}^{(l+1)}\rangle} \langle A\mathbf{v}^{(l+1)}, \mathbf{v}^{(l+1)}\rangle.$$

Thus,
$$-\langle \mathbf{r}^{(l+1)}, \mathbf{v}^{(l+1)}\rangle = -\langle \mathbf{r}^{(l)}, \mathbf{v}^{(l+1)}\rangle + \langle \mathbf{v}^{(l+1)}, \mathbf{r}^{(l)}\rangle = 0.$$

This completes the proof by induction.

Approximation Theory

Exercise Set 8.1, page 490

1. The linear least-squares polynomial is $1.70784x + 0.89968$.

2. The least-squares polynomial of degree two is $P_2(x) = 0.4066667 + 1.154848x + 0.03484848x^2$, with $E = 1.7035$.

3. The least-squares polynomials with their errors are, respectively, $0.6208950 + 1.219621x$, with $E = 2.719 \times 10^{-5}$; $0.5965807 + 1.253293x - 0.01085343x^2$, with $E = 1.801 \times 10^{-5}$; and $0.6290193 + 1.185010x + 0.03533252x^2 - 0.01004723x^3$, with $E = 1.741 \times 10^{-5}$.

4. The least-squares polynomials with their errors are, respectively,

    $P_1(x) = 0.9295140 + 0.5281021x$, with 2.457×10^{-2};

    $P_2(x) = 1.011341 - 0.3256988x + 1.147330x^2$, with 9.453×10^{-4};

    $P_3(x) = 1.000440 - 0.001540986x - 0.011505675x^2 + 1.021023x^3$ with 1.112×10^{-4}.

5. (a) The linear least-squares polynomial is $72.0845x - 194.138$, with error 329.

    (b) The least-squares polynomial of degree two is $6.61821x^2 - 1.14352x + 1.23556$, with error 1.44×10^{-3}.

    (c) The least-squares polynomial of degree three is $-0.0136742x^3 + 6.84557x^2 - 2.37919x + 3.42904$, with error 5.27×10^{-4}.

    (d) The least-squares approximation of the form be^{ax} is $24.2588e^{0.372382x}$, with error 418.

    (e) The least-squares approximation of the form bx^a is $6.23903x^{2.01954}$, with error 0.00703.

6. (a) The linear least-squares polynomial is $P_1(x) = 1.665540x - 0.5124568$, with error 0.33559.

    (b) The least-squares polynomial of degree two is $P_2(x) = 1.129424x^2 - 0.3114035x + 0.08514393$, with error 2.4199×10^{-3}.

    (c) The least-squares polynomial of degree three is $P_3(x) = 0.2662081x^3 + 0.4029322x^2 + 0.2483857x - 0.01840140$, with error 5.0747×10^{-6}.

    (d) The least-squares approximation of the form be^{ax} is $f(x) = 0.04570748e^{2.707295x}$, with error 1.0750.

    (e) The least-squares approximation of the form bx^a is $f(x) = 0.9501565x^{1.872009}$, with error 0.054477.

7. (a) $k = 0.8996$, $E(k) = 0.295$
   (b) $k = 0.9052$, $E(k) = 0.128$ Part (b) fits the total experimental data best.

8. $P_1(x) = 0.22335x - 0.80283$. For minimal A, 406; for minimal D, 272. The prediction for an A is certainly unreasonable.

9. The least squares line for the point average is 0.101 (ACT score) $+ 0.487$.

10. The percent occurrence is $-0.0022550x$(average weight) $+13.146$.

11. The linear least-squares polynomial gives $y \approx 0.17952x + 8.2084$.

12. The linear least-squares polynomial is $1.600393x + 25.92175$.

13. (a) $\ln R = \ln 1.304 + 0.5756 \ln W$
    (b) $E = 25.25$
    (c) $\ln R = \ln 1.051 + 0.7006 \ln W + 0.06695 (\ln W)^2$
    (d) $E = \sum_{i=1}^{37} \left(R_i - bW_i^a e^{c(\ln W_i)^2} \right)^2 = 20.30$

14. For each $i = 1, \ldots, n+1$ and $j = 1, \ldots, n+1$, $a_{ij} = a_{ji} = \sum_{k=1}^{m} x_k^{i+j-2}$, so $A = (a_{ij})$ is symmetric.
    Suppose A is singular and $\mathbf{c} \neq \mathbf{0}$ satisfies $\mathbf{c}^t A \mathbf{c} = \mathbf{0}$. Then

$$0 = \sum_{i=1}^{n+1}\sum_{j=1}^{n+1} a_{ij} c_i c_j = \sum_{i=1}^{n+1}\sum_{j=1}^{n+1} \left(\sum_{k=1}^{m} x_k^{i+j-2} \right) c_i c_j = \sum_{k=1}^{m} \left[\sum_{i=1}^{n+1}\sum_{j=1}^{n+1} c_i c_j x_k^{i+j-2} \right],$$

so

$$\sum_{k=1}^{m} \left(\sum_{i=1}^{n+1} c_i x_k^{i-1} \right)^2 = 0.$$

Define $P(x) = c_1 + c_2 x + \ldots + c_{n+1} x^n$. Then $\sum_{k=1}^{m} [P(x_k)]^2 = 0$ and $P(x)$ has roots $x_1, \ldots, x_m$. Since the roots are distinct and $m > n$, $P(x)$ must be the zero polynomial. Thus, $c_1 = c_2 = \ldots = c_{n+1} = 0$, and A must be nonsingular.

Exercise Set 8.2, page 502

1. The linear least-squares approximations are:

   (a) $P_1(x) = 1.833333 + 4x$
   (b) $P_1(x) = -1.600003 + 3.600003x$
   (c) $P_1(x) = 1.140981 - 0.2958375x$
   (d) $P_1(x) = 0.1945267 + 3.000001x$
   (e) $P_1(x) = 0.6109245 + 0.09167105x$
   (f) $P_1(x) = -1.861455 + 1.666667x$

Approximation Theory

2. The linear least-squares approximations on $[-1, 1]$ are:

   (a) $P_1(x) = 3.333333 - 2x$
   (b) $P_1(x) = 0.6000025x$
   (c) $P_1(x) = 0.5493063 - 0.2958375x$
   (d) $P_1(x) = 1.175201 + 1.103639x$
   (e) $P_1(x) = 0.4207355 + 0.4353975x$
   (f) $P_1(x) = 0.6479184 + 0.5281226x$

3. The least squares approximations of degree two are:

   (a) $P_2(x) = 2 + 3x + x^2 \equiv f(x)$
   (b) $P_2(x) = 0.4000163 - 2.400054x + 3.000028x^2$
   (c) $P_2(x) = 1.723551 - 0.9313682x + 0.1588827x^2$
   (d) $P_2(x) = 1.167179 + 0.08204442x + 1.458979x^2$
   (e) $P_2(x) = 0.4880058 + 0.8291830x - 0.7375119x^2$
   (f) $P_2(x) = -0.9089523 + 0.6275723x + 0.2597736x^2$

4. The least squares approximation of degree two on $[-1, 1]$ are:

   (a) $P_2(x) = 3 - 2x + 1.000009x^2$
   (b) $P_2(x) = 0.6000025x$
   (c) $P_2(x) = 0.4963454 - 0.2958375x + 0.1588827x^2$
   (d) $P_2(x) = 0.9962918 + 1.103639x + 0.5367282x^2$
   (e) $P_2(x) = 0.4982798 + 0.4353975x - 0.2326330x^2$
   (f) $P_2(x) = 0.6947898 + 0.5281226x - 0.1406141x^2$

5. The errors E for the least squares approximations in Exercise 3 are:

   (a) 0.3427×10^{-9}
   (b) 0.0457142
   (c) 0.000358354
   (d) 0.0106445
   (e) 0.0000134621
   (f) 0.0000967795

6. The errors for the approximations in Exercise 4 are:

   (a) 0
   (b) 0.0457206
   (c) 0.00035851
   (d) 0.0014082
   (e) 0.00575753
   (f) 0.00011949

7. The Gram-Schmidt process produces the following collections of polynomials:

   (a) $\phi_0(x) = 1, \phi_1(x) = x - 0.5, \phi_2(x) = x^2 - x + \frac{1}{6},$ and $\phi_3(x) = x^3 - 1.5x^2 + 0.6x - 0.05$
   (b) $\phi_0(x) = 1, \phi_1(x) = x - 1, \phi_2(x) = x^2 - 2x + \frac{2}{3},$ and $\phi_3(x) = x^3 - 3x^2 + \frac{12}{5}x - \frac{2}{5}$
   (c) $\phi_0(x) = 1, \phi_1(x) = x - 2, \phi_2(x) = x^2 - 4x + \frac{11}{3},$ and $\phi_3(x) = x^3 - 6x^2 + 11.4x - 6.8$

8. The Gram-Schmidt process produces the following collections of polynomials.

   (a) $3.833333\phi_0(x) + 4.000000\phi_1(x)$

   (b) $2\phi_0(x) + 3.6\phi_1(x)$

   (c) $0.5493061\phi_0(x) - 0.2958369\phi_1(x)$

   (d) $3.194528\phi_0(x) + 3\phi_1(x)$

   (e) $0.6567600\phi_0(x) + 0.09167105\phi_1(x)$

   (f) $1.471878\phi_0(x) + 1.666667\phi_1(x)$

9. The least-squares polynomials of degree two are:

   (a) $P_2(x) = 3.833333\phi_0(x) + 4\phi_1(x) + 0.9999998\phi_2(x)$

   (b) $P_2(x) = 2\phi_0(x) + 3.6\phi_1(x) + 3\phi_2(x)$

   (c) $P_2(x) = 0.5493061\phi_0(x) - 0.2958369\phi_1(x) + 0.1588785\phi_2(x)$

   (d) $P_2(x) = 3.194528\phi_0(x) + 3\phi_1(x) + 1.458960\phi_2(x)$

   (e) $P_2(x) = 0.6567600\phi_0(x) + 0.09167105\phi_1(x) - 0.73751218\phi_2(x)$

   (f) $P_2(x) = 1.471878\phi_0(x) + 1.666667\phi_1(x) + 0.2597705\phi_2(x)$

10. The least-squares polynomials of degree three are:

    (a) $P_3(x) = 3.833333\phi_0(x) + 4.000000\phi_1(x) + 0.9999998\phi_2(x)$

    (b) $P_3(x) = 2\phi_0(x) + 3.6\phi_1(x) + 3\phi_2(x) + \phi_3(x)$

    (c) $P_3(x) = 0.5493061\phi_0(x) - 0.2958369\phi_1(x) + 0.1588785\phi_2(x) - 0.08524470\phi_3(x)$

    (d) $P_3(x) = 3.194528\phi_0(x) + 3\phi_1(x) + 1.458960\phi_2(x) + 0.4787959\phi_3(x)$

    (e) $P_3(x) = 0.6567600\phi_0(x) + 0.09167105\phi_1(x) - 0.7375118\phi_2(x) - 0.1876952\phi_3(x)$

    (f) $P_3(x) = 1.471878\phi_0(x) + 1.666667\phi_1(x) + 0.2597705\phi_2(x) - 0.04559611\phi_3(x)$

11. The Laguerre polynomials are $L_1(x) = x-1$, $L_2(x) = x^2-4x+2$ and $L_3(x) = x^3-9x^2+18x-6$.

12. The least-squares polynomials of degrees one, two, and three are:

    (a) $2L_0(x) + 4L_1(x) + L_2(x)$

    (b) $\frac{1}{2}L_0(x) - \frac{1}{4}L_1(x) + \frac{1}{16}L_2(x) - \frac{1}{96}L_3(x)$

    (c) $6L_0(x) + 18L_1(x) + 9L_2(x) + L_3(x)$

    (d) $\frac{1}{3}L_0(x) - \frac{2}{9}L_1(x) + \frac{2}{27}L_2(x) - \frac{4}{243}L_3(x)$

13. Let $\{\phi_0(x), \phi_1(x), \ldots, \phi_n(x)\}$ be a linearly independent set of polynomials in $\prod_n$. For each $i = 0, 1, \ldots, n$, let $\phi_i(x) = \sum_{k=0}^{n} b_{ki}x^k$. Let $Q(x) = \sum_{k=0}^{n} a_k x^k \in \prod_n$. We want to find constants $c_0, \ldots, c_n$ so that

$$Q(x) = \sum_{i=0}^{n} c_i \phi_i(x).$$

This equation becomes

$$\sum_{k=0}^{n} a_k x^k = \sum_{i=0}^{n} c_i \left(\sum_{k=0}^{n} b_{ki} x^k \right)$$

and

$$\sum_{k=0}^{n} a_k x^k = \sum_{k=0}^{n} \left(\sum_{i=0}^{n} c_i b_{ki} \right) x^k;$$

$$\sum_{k=0}^{n} a_k x^k = \sum_{k=0}^{n} \left(\sum_{i=0}^{n} b_{ki} c_i \right) x^k.$$

But $\{1, x, \ldots, x^n\}$ is linearly independent, so, for each $k = 0, \ldots, n$, we have

$$\sum_{i=0}^{n} b_{ki} c_i = a_k,$$

which expands to the linear system

$$\begin{bmatrix} b_{01} & b_{02} & \cdots & b_{0n} \\ b_{11} & b_{12} & \cdots & b_{1n} \\ \vdots & \vdots & & \vdots \\ b_{n1} & b_{n2} & \cdots & b_{nn} \end{bmatrix} \begin{bmatrix} c_0 \\ c_1 \\ \vdots \\ c_n \end{bmatrix} = \begin{bmatrix} a_0 \\ a_1 \\ \vdots \\ a_n \end{bmatrix}.$$

This linear system must have a unique solution $\{c_0, c_1, \ldots, c_n\}$, or else there is a nontrivial set of constants $\{c'_0, c'_1, \ldots, c'_n\}$, for which

$$\begin{bmatrix} b_{01} & \cdots & b_{0n} \\ \vdots & & \vdots \\ b_{n1} & \cdots & b_{nn} \end{bmatrix} \begin{bmatrix} c'_0 \\ \vdots \\ c'_n \end{bmatrix} = \begin{bmatrix} 0 \\ \vdots \\ 0 \end{bmatrix}.$$

Thus,

$$c'_0 \phi_0(x) + c'_1 \phi_1(x) + \ldots + c'_n \phi_n(x) = \sum_{k=0}^{n} 0 x^k = 0,$$

which contradicts the linear independence of the set $\{\phi_0, \ldots, \phi_n\}$. Thus, there is a unique set of constants $\{c_0, \ldots, c_n\}$, for which

$$Q(x) = c_0 \phi_0(x) + c_1 \phi_1(x) + \ldots + c_n \phi_n(x).$$

14. If $\sum_{i=0}^{n} c_i \phi_i(x) = 0$, for all $a \leq x \leq b$, then

$$\int_a^b \left(\sum_{i=0}^{n} c_i \phi_i(x) \right) \phi_j(x) w(x) \, dx = 0, \quad \text{for each } j = 0, 1, \ldots, n.$$

Thus, $c_j = 0$, for each $j = 0, 1, \ldots, n$.

15. The normal equations are

$$\sum_{k=0}^{n} a_k \int_a^b x^{j+k} \, dx = \int_a^b x^j f(x) \, dx, \quad \text{for each } j = 0, 1, \ldots, n.$$

Let
$$b_{jk} = \int_a^b x^{j+k} dx, \quad \text{for each } j = 0, \ldots, n, \quad \text{and} \quad k = 0, \ldots, n,$$
and let $B = (b_{jk})$. Further, let
$$\mathbf{a} = (a_0, \ldots, a_n)^t \quad \text{and} \quad \mathbf{g} = \left(\int_a^b f(x) dx, \ldots, \int_a^b x^n f(x) dx\right)^t.$$

Then the normal equations produce the linear system $B\mathbf{a} = \mathbf{g}$.
To show that the normal equations have a unique solution, it suffices to show that if $f \equiv 0$ then $\mathbf{a} = \mathbf{0}$. If $f \equiv 0$, then
$$\sum_{k=0}^n a_k \int_a^b x^{j+k} dx = 0, \quad \text{for } j = 0, \ldots, n, \quad \text{and} \quad \sum_{k=0}^n a_j a_k \int_a^b x^{j+k} dx = 0, \quad \text{for } j = 0, \ldots, n,$$
and summing over j gives
$$\sum_{j=0}^n \sum_{k=0}^n a_j a_k \int_a^b x^{j+k} dx = 0.$$

Thus,
$$\int_a^b \sum_{j=0}^n \sum_{k=0}^n a_j x^j a_k x^k dx = 0 \quad \text{and} \quad \int_a^b \left(\sum_{j=0}^n a_j x^j\right)^2 dx = 0.$$

Define $P(x) = a_0 + a_1 x + \cdots + a_n x^n$. Then $\int_a^b [P(x)]^2 dx = 0$ and $P(x) \equiv 0$. This implies that $a_0 = a_1 = \cdots = a_n = 0$, so $\mathbf{a} = \mathbf{0}$. Hence, the matrix B is nonsingular, and the normal equations have a unique solution.

Exercise Set 8.3, page 512

1. The interpolating polynomials of degree two are:
    (a) $P_2(x) = 2.377443 + 1.590534(x - 0.8660254) + 0.5320418(x - 0.8660254)x$
    (b) $P_2(x) = 0.7617600 + 0.8796047(x - 0.8660254)$
    (c) $P_2(x) = 1.052926 + 0.4154370(x - 0.8660254) - 0.1384262x(x - 0.8660254)$
    (d) $P_2(x) = 0.5625 + 0.649519(x - 0.8660254) + 0.75x(x - 0.8660254)$

2. The interpolating polynomials of degree three are:
    (a) $P_3(x) = 2.519044 + 1.945377(x - 0.9238795)$
        $+0.7047420(x - 0.9238795)(x - 0.3826834)$
        $+0.1751757(x - 0.9238795)(x - 0.3826834)(x + 0.3826834)$
    (b) $P_3(x) = 0.7979459 + 0.7844380(x - 0.9238795)$
        $-0.1464394(x - 0.9238795)(x - 0.3826834)$
        $-0.1585049(x - 0.9238795)(x - 0.3826834)(x + 0.3826834)$
    (c) $P_3(x) = 1.072911 + 0.3782067(x - 0.9238795)$
        $-0.09799213(x - 0.9238795)(x - 0.3826834)$
        $+0.04909073(x - 0.9238795)(x - 0.3826834)(x + 0.3826834)$

(d) $P_3(x) = 0.7285533 + 1.306563(x - 0.9238795)$
$\qquad + 0.9999999(x - 0.9238795)(x - 0.3826834)$

3. Bounds for the maximum errors of polynomials in Exercise 1 are:

   (a) 0.1132617   (b) 0.04166667   (c) 0.08333333   (d) 1.000000

4. Bounds for the maximum errors of polynomials in Exercise 3 are:

   (a) 0.01415772   (b) 0.004382661   (c) 0.03125000   (d) 0.1250000

5. The zeros of $\tilde{T}_3$ produce the following interpolating polynomials of degree two.

   (a) $P_2(x) = 0.3489153 - 0.1744576(x - 2.866025) + 0.1538462(x - 2.866025)(x - 2)$
   (b) $P_2(x) = 0.1547375 - 0.2461152(x - 1.866025) + 0.1957273(x - 1.866025)(x - 1)$
   (c) $P_2(x) = 0.6166200 - 0.2370869(x - 0.9330127) - 0.7427732(x - 0.9330127)(x - 0.5)$
   (d) $P_2(x) = 3.0177125 + 1.883800(x - 2.866025) + 0.2584625(x - 2.866025)(x - 2)$

6. $P(x) = \frac{1}{3840} + \frac{379}{384}x + \frac{637}{640}x^2 + \frac{53}{96}x^3 + \frac{43}{240}x^4$ approximates xe^x, with error at most 0.00718.

7. The cubic polynomial $\frac{383}{384}x - \frac{5}{32}x^3$ approximates $\sin x$ with error at most 7.19×10^{-4}.

8. If $i > j$, then
$$\frac{1}{2}(T_{i+j}(x) + T_{i-j}(x)) = \frac{1}{2}(\cos(i+j)\theta + \cos(i-j)\theta) = \cos i\theta \cos j\theta = T_i(x)T_j(x).$$

9. The change of variable $x = \cos\theta$ produces
$$\int_{-1}^{1} \frac{T_n^2(x)}{\sqrt{1-x^2}}\, dx = \int_{-1}^{1} \frac{[\cos(n\arccos x)]^2}{\sqrt{1-x^2}}\, dx = \int_0^{\pi} (\cos(n\theta))^2\, dx = \frac{\pi}{2}.$$

Exercise Set 8.4, page 522

1. The Padé approximations of degree two for $f(x) = e^{2x}$ are:

$$\begin{aligned} n &= 2, m = 0 : r_{2,0}(x) = 1 + 2x + 2x^2 \\ n &= 1, m = 1 : r_{1,1}(x) = (1+x)/(1-x) \\ n &= 0, m = 2 : r_{0,2}(x) = (1 - 2x + 2x^2)^{-1} \end{aligned}$$

i	x_i	$f(x_i)$	$r_{2,0}(x_i)$	$r_{1,1}(x_i)$	$r_{0,2}(x_i)$
1	0.2	1.4918	1.4800	1.5000	1.4706
2	0.4	2.2255	2.1200	2.3333	1.9231
3	0.6	3.3201	2.9200	4.0000	1.9231
4	0.8	4.9530	3.8800	9.0000	1.4706
5	1.0	7.3891	5.0000	undefined	1.0000

2. The Padé approximations of degree three for $f(x) = x\ln(x+1)$ are:
   $m = 0, n = 3$: $x^2 - \frac{1}{2}x^3$
   $m = 1, n = 2$: $\frac{x^2}{1+\frac{1}{2}x}$
   $m = 1, n = 2$; $m = 2, n = 1$; and $m = 3, n = 0$: $\frac{x^2}{1+\frac{1}{2}x}$

i	x_i	$f(x_i)$	$r_{3,0}(x_i)$	$r_{2,1}(x_i)$
1	0.2	0.03646431	0.03600000	0.03636364
2	0.4	0.13458889	0.12800000	0.13333333
3	0.6	0.28200218	0.25200000	0.27692308
4	0.8	0.47022933	0.38400000	0.45714286
5	1.0	0.69314718	0.50000000	0.66666666

3. The Padé approximation of degree five for $f(x) = e^x$ with $n = 2$ and $m = 3$ is:
   $r_{2,3}(x) = (1 + \frac{2}{5}x + \frac{1}{20}x^2)/(1 - \frac{3}{5}x + \frac{3}{20}x^2 - \frac{1}{60}x^3)$

i	x_i	$f(x_i)$	$r_{2,3}(x_i)$
1	0.2	1.22140276	1.22140277
2	0.4	1.49182470	1.49182561
3	0.6	1.82211880	1.82213210
4	0.8	2.22554093	2.22563652
5	1.0	2.71828183	2.71875000

4. The Padé approximations of degree five for $f(x) = e^x$ with $n = 3$ and $m = 2$ is:
   $r_{3,2}(x) = \left(1 + \frac{3}{5}x + \frac{3}{20}x^2 + \frac{1}{60}x^3\right) / \left(1 - \frac{2}{5}x + \frac{1}{20}x^2\right)$

i	x_i	$f(x_i)$	$r_{3,2}(x_i)$
1	0.2	1.22140276	1.22140275
2	0.4	1.49182470	1.49182390
3	0.6	1.82211880	1.82210797
4	0.8	2.22554093	2.22546816
5	1.0	2.71828183	2.71794872

Approximation Theory

5. The Padé approximations of degree six for $f(x) = \sin x$ with $m = n = 3$ is:
$r_{3,3}(x) = (x - \frac{7}{60}x^3)/(1 + \frac{1}{20}x^2)$

i	x_i	$f(x_i)$	Maclaurin polynomial of degree 6	$r_{3,3}(x_i)$
0	0.0	0.00000000	0.00000000	0.00000000
1	0.1	0.09983342	0.09966675	0.09938640
2	0.2	0.19866933	0.19733600	0.19709571
3	0.3	0.29552021	0.29102025	0.29246305
4	0.4	0.38941834	0.37875200	0.38483660
5	0.5	0.47942554	0.45859375	0.47357724

6. The Padé approximations of degree six for $f(x) = \sin x$ are as follows.

    (a) With $n = 2$ and $m = 4$: $r_{2,4}(x) = x/\left(1 + \frac{1}{6}x^2 + \frac{7}{360}x^4\right)$
    (b) With $n = 4$ and $m = 2$: $r_{4,2}(x) = \left(x - \frac{7}{60}x^3\right)/\left(1 + \frac{1}{20}x^2\right)$

i	x_i	$f(x_i)$	$r_{2,4}(x_i)$	$r_{4,2}(x_i)$
0	0.0	0.00000000	0.00000000	0.00000000
1	0.1	0.09983342	0.09983342	0.09938640
2	0.2	0.19866933	0.19866936	0.19709571
3	0.3	0.29552021	0.29552065	0.29246305
4	0.4	0.38941834	0.38942158	0.38483660
5	0.5	0.47942554	0.47944065	0.47357724

7. The Padé approximations of degree five are:

    (a) $r_{0,5}(x) = (1 + x + \frac{1}{2}x^2 + \frac{1}{6}x^3 + \frac{1}{24}x^4 + \frac{1}{120}x^5)^{-1}$
    (b) $r_{1,4}(x) = (1 - \frac{1}{5}x)/(1 + \frac{4}{5}x + \frac{3}{10}x^2 + \frac{1}{15}x^3 + \frac{1}{120}x^4)$
    (c) $r_{3,2}(x) = (1 - \frac{3}{5}x + \frac{3}{20}x^2 - \frac{1}{60}x^3)/(1 + \frac{2}{5}x + \frac{1}{20}x^2)$
    (d) $r_{4,1}(x) = (1 - \frac{4}{5}x + \frac{3}{10}x^2 - \frac{1}{15}x^3 + \frac{1}{120}x^4)/(1 + \frac{1}{5}x)$

i	x_i	$f(x_i)$	$r_{0,5}(x_i)$	$r_{1,4}(x_i)$	$r_{2,3}(x_i)$	$r_{4,1}(x_i)$
1	0.2	0.81873075	0.81873081	0.81873074	0.81873075	0.81873077
2	0.4	0.67032005	0.67032276	0.67031942	0.67031963	0.67032099
3	0.6	0.54881164	0.54883296	0.54880635	0.54880763	0.54882143
4	0.8	0.44932896	0.44941181	0.44930678	0.44930966	0.44937931
5	1.0	0.36787944	0.36809816	0.36781609	0.36781609	0.36805556

8. The continued fraction forms of the rational functions are shown.

   (a) $1 + \frac{4}{x-\frac{5}{4}} + \frac{\frac{21}{16}}{x+\frac{1}{4}}$

   (b) $\frac{4}{2x-\frac{1}{2}} + \frac{\frac{23}{8}}{x-\frac{63}{92}} - \frac{\frac{406}{529}}{x+\frac{33}{23}}$

   (c) $2x - 7 + \frac{10}{x-\frac{3}{10}} + \frac{\frac{469}{100}}{x+\frac{23}{10}}$

   (d) $\frac{2}{3} - \frac{\frac{1}{9}}{x-\frac{1}{3}} + \frac{7}{x+\frac{9}{7}} - \frac{\frac{325}{49}}{x-\frac{2}{7}}$

9. For $f(x) = e^x$ we have the following approximations.
   $r_{T_{2,0}}(x) = (1.266066T_0(x) - 1.130318T_1(x) + 0.2714953T_2(x))/T_0(x)$
   $r_{T_{1,1}}(x) = (0.9945705T_0(x) - 0.4569046T_1(x))/(T_0(x) + 0.48038745T_1(x))$
   $r_{T_{0,2}}(x) = 0.7940220T_0(x)/(T_0(x) + 0.8778575T_1(x) + 0.1774266T_2(x))$

i	x_i	$f(x_i)$	$r_{T_{2,0}}(x_i)$	$r_{T_{1,1}}(x_i)$	$r_{T_{0,2}}(x_i)$
1	0.25	0.77880078	0.74592811	0.78595377	0.74610974
2	0.50	0.60653066	0.56515935	0.61774075	0.58807059
3	1.00	0.36787944	0.40724330	0.36319269	0.38633199

10. For $f(x) = \cos x$ we have the following approximations.
    $m = 3, n = 0$ and $m = 2, n = 1$:

    $$\frac{0.7306893T_0(x)}{T_0(x) + 0.3003238T_2(x)}$$

    $m = 1, n = 2$ and $m = 0, n = 3$:

    $$\frac{0.7651975T_0(x) - 0.2298070T_2(x)}{T_0(x)}$$

x	$f(x)$	$r_{T_{0,3}}(x)$ and $r_{T_{1,2}}(x)$	$r_{T_{2,1}}(x)$ and $r_{T_{3,0}}(x)$
0.78539816	0.70710678	0.68276861	0.71149148
1.04719755	0.50000000	0.53792021	0.49098135

11. For $f(x) = \sin x$ we have the following approximations.
    $$r_{T_{2,2}}(x) = \frac{0.91747T_1(x)}{T_0(x) + 0.088914T_2(x)}$$

i	x_i	$f(x_i)$	$r_{T_{2,2}}(x_i)$
0	0.00	0.00000000	0.00000000
1	0.10	0.09983342	0.09093843
2	0.20	0.19866933	0.18028797
3	0.30	0.29552021	0.26808992
4	0.40	0.38941834	0.35438412

Approximation Theory

12. For $f(x) = e^x$ we have the following degree five approximations.
    When $m = 5, n = 0$:

$$\frac{0.7898486T_0(x)}{T_0(x) - 0.8927799T_1(x) + 0.2144414T_2(x) - 0.03502476T_3(x) + 0.004335741T_4(x) - 0.0004335974T_5(x)}$$

When $m = 4, n = 1$:

$$\frac{0.8698859T_0(x) + 0.1792990T_1(x)}{T_0(x) - 0.7319036T_1(x) + 0.1308634T_2(x) - 0.01374200T_3(x) + 0.0007516311T_4(x)}$$

When $m = 3, n = 2$:

$$\frac{0.9455983T_0(x) + 0.3537814T_1(x) + 0.02028345T_2(x)}{T_0(x) - 0.5848039T_1(x) + 0.07467597T_2(x) - 0.004402997T_3(x)}$$

When $m = 2, n = 3$:

$$\frac{1.055167T_0(x) + 0.6127802T_1(x) + 0.07740801T_2(x) + 0.004495996T_3(x)}{T_0(x) - 0.3785111T_1(x) + 0.02224353T_2(x)}$$

When $m = 1, n = 4$:

$$\frac{1.153963T_0(x) + 0.8522588T_1(x) + 0.1549949T_2(x) + 0.01686746T_3(x) + 0.001023136T_4(x)}{T_0(x) - 0.1983568T_1(x)}$$

$m = 0, n = 5$:

$$1.266066T_0(x) + 1.130318T_1(x) + 0.2714953T_2(x) + 0.04433685T_3(x)$$
$$+ 0.005474240T_4(x) + 0.0005429263T_5(x)$$

i	x_i	$f(x_i)$	$r_{T_{0,5}}(x_i)$	$r_{T_{1,4}}(x_i)$	$r_{T_{2,3}}(x_i)$	$r_{T_{3,2}}(x_i)$	$r_{T_{4,1}}(x_i)$	$r_{T_{5,0}}(x_i)$
1	0.2	1.22140276	1.22137251	1.22142042	1.22140929	1.22141264	1.29573091	1.22142198
2	0.4	1.49182470	1.49190745	1.49184755	1.49184841	1.49183231	1.54914242	1.49179061
3	0.6	1.82211880	1.82224269	1.82211712	1.82213166	1.82211572	1.84678705	1.82208177
4	0.8	2.22554093	2.22539680	2.22551178	2.22550877	2.22553290	2.19970546	2.22557527
5	1.0	2.71828183	2.71856417	2.71831087	2.71832589	2.71828966	2.62151591	2.71823332

13. (a) $e^x = e^{M \ln \sqrt{10} + s} = e^{M \ln \sqrt{10}} e^s = e^{\ln 10 \frac{M}{2}} e^s = 10^{\frac{M}{2}} e^s$
    (b) $e^s \approx \left(1 + \frac{1}{2}s + \frac{1}{10}s^2 + \frac{1}{120}s^3\right) / \left(1 - \frac{1}{2}s + \frac{1}{10}s^2 - \frac{1}{120}s^3\right)$, with $|\text{error}| \leq 3.75 \times 10^{-7}$.

(c) Set $M = \text{round}(0.8685889638x)$, $s = x - M/(0.8685889638)$, and
$\hat{f} = \left(1 + \frac{1}{2}s + \frac{1}{10}s^2 + \frac{1}{120}s^3\right) / \left(1 - \frac{1}{2}s + \frac{1}{10}s^2 - \frac{1}{120}s^3\right)$. Then $f = (3.16227766)^M \hat{f}$.

14. (a) Since
$$\sin|x| = \sin(M\pi + s) = \sin M\pi \cos s + \cos M\pi \sin s = (-1)^M \sin s,$$
we have
$$\sin x = \text{sign } x \sin|x| = \text{sign}(x)(-1)^M \sin s.$$

(b) We have
$$\sin x \approx \left(s - \frac{31}{294}s^3\right) \bigg/ \left(1 + \frac{3}{49}s^2 + \frac{11}{5880}s^3\right),$$
with $|\text{error}| \leq 2.84 \times 10^{-4}$.

(c) Set $M = \text{Round}(|x|/\pi)$, $s = |x| - M\pi$, and
$f_1 = \left(s - \frac{31}{294}s^3\right) \bigg/ \left(1 + \frac{3}{49}s^2 + \frac{11}{5880}s^4\right)$. Then $f = (-1)^M f_1 \cdot x/|x|$ is the approximation.

(d) Set $y = x + \frac{\pi}{2}$, and repeat part (c) with y in place of x.

Exercise Set 8.5, page 531

1. $S_2(x) = \frac{\pi^2}{3} - 4\cos x + \cos 2x$

2. $S_3(x) = 2\sin x - \sin 2x$

3. $S_3(x) = 3.676078 - 3.676078 \cos x + 1.470431 \cos 2x - 0.7352156 \cos 3x + 3.676078 \sin x - 2.940862 \sin 2x$

4. The general trigonometric least-squares polynomial is
$$S_n(x) = \frac{e^\pi - e^{-\pi}}{2\pi} + \frac{(-1)^n e^\pi + (-1)^{n+1} e^{-\pi}}{\pi(n^2+1)} \cos nx$$
$$+ \frac{1}{\pi} \sum_{k=1}^{n-1} \left[\frac{(-1)^k e^\pi + (-1)^{k+1} e^{-\pi}}{k^2+1}\right] (\cos kx - k\sin kx).$$

5. $S_n(x) = \frac{1}{2} + \frac{1}{\pi} \sum_{k=1}^{n-1} \frac{1-(-1)^k}{k} \sin kx$

6. The general trigonometric least-squares polynomial is $S_n(x) = \sum_{k=1}^{n-1} \frac{2}{k\pi} \left(1 - (-1)^k\right) \sin kx$.

7. The trigonometric least-squares polynomials are:

(a) $S_2(x) = \cos 2x$
(b) $S_2(x) = 0$

(c) $S_3(x) = 1.566453 + 0.5886815 \cos x - 0.2700642 \cos 2x + 0.2175679 \cos 3x + 0.8341640 \sin x - 0.3097866 \sin 2x$

(d) $S_3(x) = -2.046326 + 3.883872 \cos x - 2.320482 \cos 2x + 0.7310818 \cos 3x$

8. (a) $E(S_2) = 0$ (b) $E(S_2) = 4$

     (c) $E(S_3) = 0.8259814$ (d) $E(S_3) = 1.936668$

9. The trigonometric least-squares polynomial is

$$S_3(x) = -0.4968929 + 0.2391965 \cos x + 1.515393 \cos 2x \\ + 0.2391965 \cos 3x - 1.150649 \sin x,$$

with error $E(S_3) = 7.271197$.

10. The trigonometric least-squares polynomial is

$$S_3(x) = 0.06201467 - 0.8600803 \cos x + 2.549330 \cos 2x \\ - 0.6409933 \cos 3x - 0.8321197 \sin x - 0.6695062 \sin 2x,$$

with error 107.913.

The approximation in Exercise 10 is better because, in this case,

$$\sum_{j=0}^{10} (f(\xi_j) - S_3(\xi_j))^2 = 397.3678,$$

whereas the approximation in Exercise 9 has

$$\sum_{j=0}^{10} (f(\xi_j) - S_3(\xi_j))^2 = 569.3589.$$

11. The trigonometric least-squares polynomials and their errors are

    (a) $S_3(x) = -0.08676065 - 1.446416 \cos \pi(x-3) - 1.617554 \cos 2\pi(x-3) + 3.980729 \cos 3\pi(x-3) - 2.154320 \sin \pi(x-3) + 3.907451 \sin 2\pi(x-3)$ with $E(S_3) = 210.90453$

    (b) $S_3(x) = -0.0867607 - 1.446416 \cos \pi(x-3) - 1.617554 \cos 2\pi(x-3) + 3.980729 \cos 3\pi(x-3) - 2.354088 \cos 4\pi(x-3) - 2.154320 \sin \pi(x-3) + 3.907451 \sin 2\pi(x-3) - 1.166181 \sin 3\pi(x-3)$ with $E(S_4) = 169.4943$

12. (a) The trigonometric least-squares polynomial is

$$S_4(x) = 0.2772149 - 0.1180378 \cos(2x-1)\pi + 0.05649078 \cos 2(2x-1)\pi \\ - 0.08807404 \cos 3(2x-1)\pi + 0.04715799 \cos 4(2x-1)\pi + 0.1376064 \sin(2x-1)\pi \\ - 0.001375524 \sin 2(2x-1)\pi + 0.02118788 \sin 3(2x-1)\pi.$$

     (b) $\int_0^1 S_4(x)\,dx = 0.27721486$ (c) $\int_0^1 x^2 \sin x\,dx = 0.2232443$

13. Let $f(-x) = -f(x)$. The integral $\int_{-a}^{0} f(x)\, dx$ under the change of variable $t = -x$ transforms to

$$-\int_{a}^{0} f(-t)\, dt = \int_{0}^{a} f(-t)\, dt = -\int_{0}^{a} f(t)\, dt = -\int_{0}^{a} f(x)\, dx.$$

Thus,

$$\int_{-a}^{a} f(x)\, dx = \int_{-a}^{0} f(x)\, dx + \int_{0}^{a} f(x)\, dx = -\int_{0}^{a} f(x)\, dx + \int_{0}^{a} f(x)\, dx = 0.$$

14. Let $f(-x) = f(x)$. The integral $\int_{-a}^{0} f(x)\, dx$ under the change of variable $t = -x$ transforms to

$$-\int_{a}^{0} f(-t)\, dt = \int_{0}^{a} f(-t)\, dt = \int_{0}^{a} f(t)\, dt = \int_{0}^{a} f(x)\, dx.$$

Thus,

$$\int_{-a}^{a} f(x)\, dx = \int_{-a}^{0} f(x)\, dx + \int_{0}^{a} f(x)\, dx = \int_{0}^{a} f(x)\, dx + \int_{0}^{a} f(x)\, dx = 2\int_{0}^{a} f(x)\, dx.$$

15. The following integrations establish the orthogonality.

$$\int_{-\pi}^{\pi} [\phi_0(x)]^2\, dx = \frac{1}{2}\int_{-\pi}^{\pi} dx = \pi,$$

$$\int_{-\pi}^{\pi} [\phi_k(x)]^2\, dx = \int_{-\pi}^{\pi} (\cos kx)^2\, dx = \int_{-\pi}^{\pi} \left[\frac{1}{2} + \frac{1}{2}\cos 2kx\right] dx = \pi + \left[\frac{1}{4k}\sin 2kx\right]_{-\pi}^{\pi} = \pi,$$

$$\int_{-\pi}^{\pi} [\phi_{n+k}(x)]^2\, dx = \int_{-\pi}^{\pi} (\sin kx)^2\, dx = \int_{-\pi}^{\pi} \left[\frac{1}{2} - \frac{1}{2}\cos 2kx\right] dx = \pi - \left[\frac{1}{4k}\sin 2kx\right]_{-\pi}^{\pi} = \pi,$$

$$\int_{-\pi}^{\pi} \phi_k(x)\phi_0(x)\, dx = \frac{1}{2}\int_{-\pi}^{\pi} \cos kx\, dx = \left[\frac{1}{2k}\sin kx\right]_{-\pi}^{\pi} = 0,$$

$$\int_{-\pi}^{\pi} \phi_{n+k}(x)\phi_0(x)\, dx = \frac{1}{2}\int_{-\pi}^{\pi} \sin kx\, dx = \left[\frac{-1}{2k}\cos kx\right]_{-\pi}^{\pi} = \frac{-1}{2k}[\cos k\pi - \cos(-k\pi)] = 0,$$

$$\int_{-\pi}^{\pi} \phi_k(x)\phi_j(x)\, dx = \int_{-\pi}^{\pi} \cos kx \cos jx\, dx = \frac{1}{2}\int_{-\pi}^{\pi} [\cos(k+j)x + \cos(k-j)x]\, dx = 0,$$

$$\int_{-\pi}^{\pi} \phi_{n+k}(x)\phi_{n+j}(x)\, dx = \int_{-\pi}^{\pi} \sin kx \sin jx\, dx = \frac{1}{2}\int_{-\pi}^{\pi} [\cos(k-j)x - \cos(k+j)x]\, dx = 0,$$

and

$$\int_{-\pi}^{\pi} \phi_k(x)\phi_{n+j}(x)\, dx = \int_{-\pi}^{\pi} \cos kx \sin jx\, dx = \frac{1}{2}\int_{-\pi}^{\pi} [\sin(k+j)x - \sin(k-j)x]\, dx = 0.$$

16. The Fourier Series for $f(x) = |x|$ is

$$S(x) = \frac{\pi}{2} + \frac{2}{\pi}\sum_{k=1}^{\infty} \frac{(-1)^k - 1}{k^2} \cos kx.$$

Approximation Theory

Assuming $f(0) = S(0)$ gives

$$0 = S(0) = \frac{\pi}{2} + \frac{2}{\pi} \sum_{k=1}^{\infty} \frac{(-1)^k - 1}{k^2},$$

but

$$\sum_{k=1}^{\infty} \frac{(-1)^k - 1}{k^2} = -\frac{2}{1^2} + \frac{0}{2^2} - \frac{2}{3^2} + \frac{0}{4^2} + \cdots = -\sum_{k=0}^{\infty} \frac{2}{(2k+1)^2}.$$

Thus,

$$0 = \frac{\pi}{2} - \frac{2}{\pi} \sum_{k=0}^{\infty} \frac{2}{(2k+1)^2},$$

from which

$$\sum_{k=0}^{\infty} \frac{1}{(2k+1)^2} = \frac{\pi^2}{8}$$

follows.

Exercise Set 8.6, page 543

1. The trigonometric interpolating polynomials are:

    (a) $S_2(x) = -12.33701 + 4.934802 \cos x - 2.467401 \cos 2x + 4.934802 \sin x$
    (b) $S_2(x) = -6.168503 + 9.869604 \cos x - 3.701102 \cos 2x + 4.934802 \sin x$

    (c) $S_2(x) = 1.570796 - 1.570796 \cos x$
    (d) $S_2(x) = -0.5 - 0.5 \cos 2x + \sin x$

2. Parts (a) and (b) give the same answer: The trigonometric interpolating polynomial is
$S_4(x) = -4.626377 + 6.679518 \cos x - 3.701102 \cos 2x + 3.190086 \cos 3x - 1.542126 \cos 4x + 5.956833 \sin x - 2.467401 \sin 2x + 1.022031 \sin 3x$.

3. The Fast Fourier Transform Algorithm gives the following trigonometric interpolating polynomials.

    (a) $S_4(x) = -11.10331 + 2.467401 \cos x - 2.467401 \cos 2x + 2.467401 \cos 3x - 1.233701 \cos 4x + 5.956833 \sin x - 2.467401 \sin 2x + 1.022030 \sin 3x$
    (b) $S_4(x) = 1.570796 - 1.340759 \cos x - 0.2300378 \cos 3x$
    (c) $S_4(x) = -0.1264264 + 0.2602724 \cos x - 0.3011140 \cos 2x + 1.121372 \cos 3x + 0.04589648 \cos 4x - 0.1022190 \sin x + 0.2754062 \sin 2x - 2.052955 \sin 3x$
    (d) $S_4(x) = -0.1526819 + 0.04754278 \cos x + 0.6862114 \cos 2x - 1.216913 \cos 3x + 1.176143 \cos 4x - 0.8179387 \sin x + 0.1802450 \sin 2x + 0.2753402 \sin 3x$

4. (a) The trigonometric interpolating polynomial is

    $S_4(x) = 0.1735500 - 0.02475498 \cos(2x - 1)\pi - 0.0697570 \cos 2(2x - 1)\pi$
    $+ 0.08468317 \cos 3(2x - 1)\pi - 0.04386479 \cos 4(2x - 1)\pi + 0.2268260 \sin(2x - 1)\pi$
    $- 0.1021640 \sin 2(2x - 1)\pi + 0.04284648 \sin 3(2x - 1)\pi.$

(b) 0.1735500   (c) 0.2232443

5.

	Approximation	Actual
(a)	−69.76415	−62.01255
(b)	9.869602	9.869604
(c)	−0.7943605	−0.2739383
(d)	−0.9593287	−0.9557781

6. The b_k terms are all zero. The a_k terms are $a_0 = -4.01287586$, $a_1 = 3.80276903$, $a_2 = -2.23519870$, $a_3 = 0.63810403$, $a_4 = -0.31550821$, $a_5 = 0.19408145$, $a_6 = -0.13464491$, $a_7 = 0.10100593$, $a_8 = -0.08015708$, $a_9 = 0.06643598$, $a_{10} = -0.05704353$, $a_{11} = 0.05046675$, $a_{12} = -0.04583431$, $a_{13} = 0.04262318$, $a_{14} = -0.04051395$, $a_{15} = 0.03931584$, and $a_{16} = -0.03892713$.

7. The b_j terms are all zero. The a_j terms are as follows:

$a_0 = -4.0008033 \quad a_1 = 3.7906715 \quad a_2 = -2.2230259 \quad a_3 = 0.6258042$
$a_4 = -0.3030271 \quad a_5 = 0.1813613 \quad a_6 = -0.1216231 \quad a_7 = 0.0876136$
$a_8 = -0.0663172 \quad a_9 = 0.0520612 \quad a_{10} = -0.0420333 \quad a_{11} = 0.0347040$
$a_{12} = -0.0291807 \quad a_{13} = 0.0249129 \quad a_{14} = -0.0215458 \quad a_{15} = 0.0188421$
$a_{16} = -0.0166380 \quad a_{17} = 0.0148174 \quad a_{18} = -0.0132962 \quad a_{19} = 0.0120123$
$a_{20} = -0.0109189 \quad a_{21} = 0.0099801 \quad a_{22} = -0.0091683 \quad a_{23} = 0.0084617$
$a_{24} = -0.0078430 \quad a_{25} = 0.0072984 \quad a_{26} = -0.0068167 \quad a_{27} = 0.0063887$
$a_{28} = -0.0060069 \quad a_{29} = 0.0056650 \quad a_{30} = -0.0053578 \quad a_{31} = 0.0050810$
$a_{32} = -0.0048308 \quad a_{33} = 0.0046040 \quad a_{34} = -0.0043981 \quad a_{35} = 0.0042107$
$a_{36} = -0.0040398 \quad a_{37} = 0.0038837 \quad a_{38} = -0.0037409 \quad a_{39} = 0.0036102$
$a_{40} = -0.0034903 \quad a_{41} = 0.0033803 \quad a_{42} = -0.0032793 \quad a_{43} = 0.0031866$
$a_{44} = -0.0031015 \quad a_{45} = 0.0030233 \quad a_{46} = -0.0029516 \quad a_{47} = 0.0028858$
$a_{48} = -0.0028256 \quad a_{49} = 0.0027705 \quad a_{50} = -0.0027203 \quad a_{51} = 0.0026747$
$a_{52} = -0.0026333 \quad a_{53} = 0.0025960 \quad a_{54} = -0.0025626 \quad a_{55} = 0.0025328$
$a_{56} = -0.0025066 \quad a_{57} = 0.0024837 \quad a_{58} = -0.0024642 \quad a_{59} = 0.0024478$
$a_{60} = -0.0024345 \quad a_{61} = 0.0024242 \quad a_{62} = -0.0024169 \quad a_{63} = 0.0024125$

8. Since $(\cos x)^2 = \frac{1}{2} + \frac{1}{2}\cos 2x$,

$$\sum_{j=0}^{2m-1} (\cos mx_j)^2 = \frac{1}{2}\sum_{j=0}^{2m-1} 1 + \frac{1}{2}\sum_{j=0}^{2m-1} \cos 2mx_j = m + \frac{1}{2}\sum_{j=0}^{2m-1} \cos 2mx_j.$$

However,

$$\cos 2mx_j = \cos 2m\left(-\pi + \frac{j}{m}\pi\right) = \cos(2j\pi - 2m\pi) = \cos(2j - 2m)\pi = (-1)^{2j-2m} = 1.$$

Thus,

$$\sum_{j=0}^{2m-1} (\cos mx_j)^2 = m + \frac{1}{2}\sum_{j=0}^{2m-1} 1 = m + m = 2m.$$

Approximation Theory

9. From Eq. (8.28),

$$c_k = \sum_{j=0}^{2m-1} y_j e^{\frac{\pi i j k}{m}} = \sum_{j=0}^{2m-1} y_j (\zeta)^{jk} = \sum_{j=0}^{2m-1} y_j \left(\zeta^k\right)^j.$$

Thus,

$$c_k = \left(1, \zeta^k, \zeta^{2k}, \ldots, \zeta^{(2m-1)k}\right)^t \begin{bmatrix} y_0 \\ y_1 \\ \vdots \\ y_{2m-1} \end{bmatrix},$$

and the result follows.

10. We have $\mathbf{c} = A\mathbf{d}$, $\mathbf{d} = B\mathbf{e}$, $\mathbf{e} = C\mathbf{f}$, and $\mathbf{f} = D\mathbf{y}$, where

$$A = \begin{bmatrix} 1 & 1 & 0 & 0 & 0 & 0 & 0 & 0 \\ 0 & 0 & 1 & 1 & 0 & 0 & 0 & 0 \\ 0 & 0 & 0 & 0 & 1 & 1 & 0 & 0 \\ 0 & 0 & 0 & 0 & 0 & 0 & 1 & 1 \\ 1 & -1 & 0 & 0 & 0 & 0 & 0 & 0 \\ 0 & 0 & 1 & -1 & 0 & 0 & 0 & 0 \\ 0 & 0 & 0 & 0 & 1 & -1 & 0 & 0 \\ 0 & 0 & 0 & 0 & 0 & 0 & 1 & -1 \end{bmatrix}, \quad B = \begin{bmatrix} 1 & 1 & 0 & 0 & 0 & 0 & 0 & 0 \\ 0 & 0 & -i & -i & 0 & 0 & 0 & 0 \\ 0 & 0 & 0 & 0 & 1 & 1 & 0 & 0 \\ 0 & 0 & 0 & 0 & 0 & 0 & -i & -i \\ 1 & -1 & 0 & 0 & 0 & 0 & 0 & 0 \\ 0 & 0 & 1 & -1 & 0 & 0 & 0 & 0 \\ 0 & 0 & 0 & 0 & 1 & -1 & 0 & 0 \\ 0 & 0 & 0 & 0 & 0 & 0 & 1 & -1 \end{bmatrix},$$

$$C = \begin{bmatrix} 1 & 1 & 0 & 0 & 0 & 0 & 0 & 0 \\ 0 & 0 & -i & -i & 0 & 0 & 0 & 0 \\ 0 & 0 & 0 & 0 & \frac{-i+1}{\sqrt{2}} & \frac{-i+1}{\sqrt{2}} & 0 & 0 \\ 0 & 0 & 0 & 0 & 0 & 0 & \frac{-i-1}{\sqrt{2}} & \frac{-i-1}{\sqrt{2}} \\ 1 & -1 & 0 & 0 & 0 & 0 & 0 & 0 \\ 0 & 0 & 1 & -1 & 0 & 0 & 0 & 0 \\ 0 & 0 & 0 & 0 & 1 & -1 & 0 & 0 \\ 0 & 0 & 0 & 0 & 0 & 0 & 1 & -1 \end{bmatrix},$$

and

$$D = \begin{bmatrix} 1 & 0 & 0 & 0 & 0 & 0 & 0 & 0 \\ 0 & 0 & 0 & 0 & 1 & 0 & 0 & 0 \\ 0 & 0 & i & 0 & 0 & 0 & 0 & 0 \\ 0 & 0 & 0 & 0 & 0 & 0 & i & 0 \\ 0 & \frac{i-1}{\sqrt{2}} & 0 & 0 & 0 & 0 & 0 & 0 \\ 0 & 0 & 0 & 0 & 0 & \frac{i-1}{\sqrt{2}} & 0 & 0 \\ 0 & 0 & 0 & \frac{-(i+1)}{\sqrt{2}} & 0 & 0 & 0 & 0 \\ 0 & 0 & 0 & 0 & 0 & 0 & 0 & -\frac{(i+1)}{\sqrt{2}} \end{bmatrix}.$$

Note that $\mathbf{c} = ABCD\mathbf{y}$, which would give Eq. (8.28) if expanded.

Approximating Eigenvalues

Exercise Set 9.1, page 555

1. (a) The eigenvalues and associated eigenvectors are $\lambda_1 = 2, \mathbf{v}^{(1)} = (1,0,0)^t; \lambda_2 = 1, \mathbf{v}^{(2)} = (0,2,1)^t$; and $\lambda_3 = -1, \mathbf{v}^{(3)} = (-1,1,1)^t$. The set is linearly independent.

   (b) The eigenvalues and associated eigenvectors are $\lambda_1 = 2, \mathbf{v}^{(1)} = (0,1,0)^t; \lambda_2 = 3, \mathbf{v}^{(2)} = (1,0,1)^t$; and $\lambda_3 = 1, \mathbf{v}^{(3)} = (1,0,-1)^t$. The set is linearly independent.

   (c) The eigenvalues and associated eigenvectors are $\lambda_1 = 1, \mathbf{v}^{(1)} = (0,-1,1)^t; \lambda_2 = 1 + \sqrt{2}, \mathbf{v}^{(2)} = (\sqrt{2},1,1)^t$; and $\lambda_3 = 1 - \sqrt{2}, \mathbf{v}^{(3)} = (-\sqrt{2},1,1)^t$. The set is linearly independent.

   (d) The eigenvalues and associated eigenvectors are $\lambda_1 = \lambda_2 = 2$ with $\mathbf{v}^{(1)} = (1,0,0)^t$ and $\lambda_3 = 3$ with $\mathbf{v}^{(3)} = (0,1,1)^t$. There are not three linearly independent eigenvectors.

2. (a) Eigenvalue $\lambda_1 = 1$ has multiplicity 3 and eigenvectors $\mathbf{v}^{(1)} = (-1,1,0)^t$ and $\mathbf{v}^{(2)} = (1,0,1)^t$. There are not three linearly independent eigenvectors.

   (b) Eigenvalue $\lambda_1 = 3$ has multiplicity 2 and eigenvectors $\mathbf{v}^{(1)} = (-1,1,0)^t$ and $\mathbf{v}^{(2)} = (-1,0,1)^t$. Eigenvalue $\lambda_2 = 0$ has eigenvector $\mathbf{v}^{(3)} = (1,1,1)^t$. There are three linearly independent eigenvectors.

   (c) Eigenvalue $\lambda_1 = 4$ has eigenvector $\mathbf{v}^{(1)} = (1,1,1)^t$. Eigenvalue $\lambda_2 = 1$ has multiplicity 2 and eigenvectors $\mathbf{v}^{(2)} = (-1,1,0)^t$ and $\mathbf{v}^{(3)} = (-1,0,1)^t$. There are three linearly independent eigenvectors.

   (d) Eigenvalue $\lambda_1 = 2$ has multiplicity 2 and eigenvectors $\mathbf{v}^{(1)} = (1,0,0)^t$ and $\mathbf{v}^{(2)} = (0,-1,1)^t$. Eigenvalue $\lambda_2 = 3$ has eigenvector $\mathbf{v}^{(3)} = (1,1,0)^t$. There are three linearly independent eigenvectors.

3. (a) The matrix in 1(b) is positive definite.

   (b)
   $$Q = \begin{bmatrix} 0 & \frac{\sqrt{2}}{2} & \frac{\sqrt{2}}{2} \\ 1 & 0 & 0 \\ 0 & \frac{\sqrt{2}}{2} & \frac{\sqrt{2}}{2} \end{bmatrix}$$

4. (a) The matrix in 2(c) is positive definite.
   (b)
   $$Q = \begin{bmatrix} \dfrac{\sqrt{3}}{3} & \dfrac{\sqrt{2}}{2} & \dfrac{\sqrt{6}}{6} \\ \dfrac{\sqrt{3}}{3} & 0 & \dfrac{\sqrt{6}}{6} \\ \dfrac{\sqrt{3}}{3} & \dfrac{\sqrt{2}}{2} & -\dfrac{\sqrt{6}}{3} \end{bmatrix}$$

5. The eigenvalues are within the Geršgorin circles that are shown.

(a)
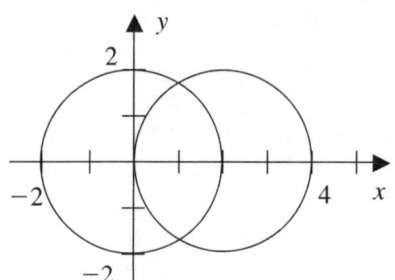

(b)
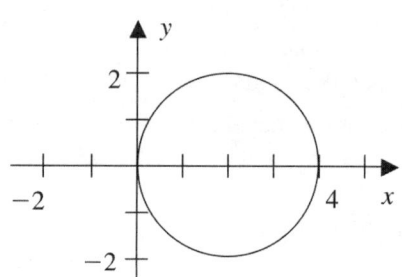

(c)
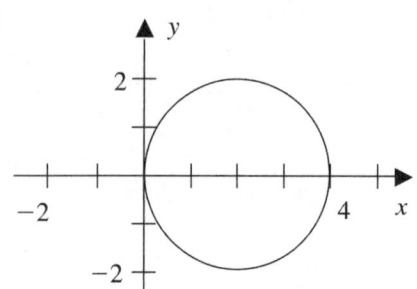

(d)
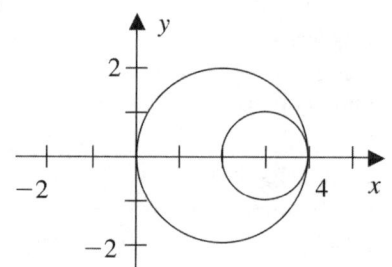

6. The eigenvalues are within the Geršgorin circles that are shown.

(a)
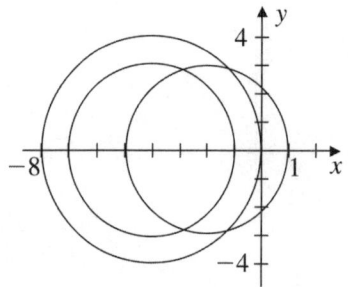

(b)
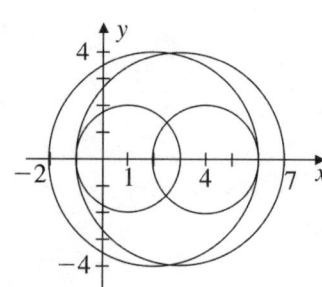

(c)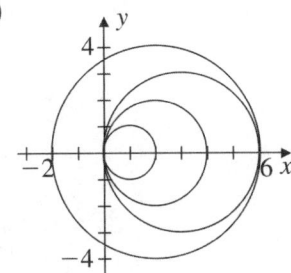

(d)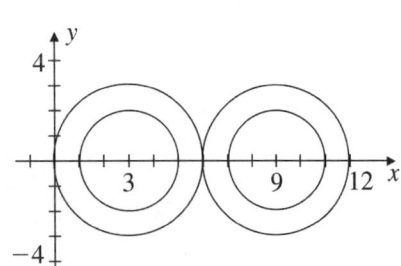

7. The vectors are linearly dependent since $-2v_1 + 7v_2 - 3v_3 = 0$.

8. Let $\mathbf{w} = (w_1, w_2, w_3)^t$, $\mathbf{x} = (x_1, x_2, x_3)^t$, $\mathbf{y} = (y_1, y_2, y_3)^t$ and $\mathbf{z} = (z_1, z_2, z_3)^t$ be in $\mathbb{R}^3$. If $\{\mathbf{w}, \mathbf{x}, \mathbf{y}\}$ is linearly dependent, then $\{\mathbf{w}, \mathbf{x}, \mathbf{y}, \mathbf{z}\}$ also is linearly dependent. Suppose $\mathbf{w}$, $\mathbf{x}$, and $\mathbf{y}$ are linearly independent. Consider the linear system

$$\begin{bmatrix} w_1 & x_1 & y_1 \\ w_2 & x_2 & y_2 \\ w_3 & x_3 & y_3 \end{bmatrix} \begin{bmatrix} a \\ b \\ c \end{bmatrix} = \begin{bmatrix} 0 \\ 0 \\ 0 \end{bmatrix}.$$

Since $\mathbf{w}$, $\mathbf{x}$, and $\mathbf{y}$ are linearly independent, the only solution is $a = b = c = 0$. Thus the determinant of the matrix is nonzero, and the linear system

$$\begin{bmatrix} w_1 & x_1 & y_1 \\ w_2 & x_2 & y_2 \\ w_3 & x_3 & y_3 \end{bmatrix} \begin{bmatrix} a \\ b \\ c \end{bmatrix} = \begin{bmatrix} z_1 \\ z_2 \\ z_3 \end{bmatrix}$$

has a unique solution. Therefore, $a\mathbf{w} + b\mathbf{x} + c\mathbf{y} - \mathbf{z} = \mathbf{0}$, which implies that $\{\mathbf{w}, \mathbf{x}, \mathbf{y}, \mathbf{z}\}$ is linearly dependent.

9. If $c_1 \mathbf{v}_1 + \cdots + c_k \mathbf{v}_k = \mathbf{0}$, then for any j, with $1 \le j \le k$, we have $c_1 \mathbf{v}_j^t \mathbf{v}_1 + \cdots + c_k \mathbf{v}_j^t \mathbf{v}_k = \mathbf{0}$. But orthogonality gives $c_i \mathbf{v}_j^t \mathbf{v}_i = 0$, for $i \ne j$, so $c_j \mathbf{v}_j^t \mathbf{v}_j = 0$ and since $\mathbf{v}_j^t \mathbf{v}_j \ne 0$, we must have $c_j = 0$.

10. (a) Let $\mathbf{Q}_1, \ldots, \mathbf{Q}_n$ denote the columns of Q. Since $Q^t Q = I$,

$$\begin{bmatrix} \mathbf{Q}_1^t \\ \mathbf{Q}_2^t \\ \mathbf{Q}_3^t \\ \vdots \\ \mathbf{Q}_n^t \end{bmatrix} [\mathbf{Q}_1, \mathbf{Q}_2, \ldots, \mathbf{Q}_n] = I.$$

Thus, $(Q^t Q)_{i,j} = \mathbf{Q}_i^t \mathbf{Q}_j = (I)_{i,j}$ and $\{\mathbf{Q}_i\}$ is an orthonormal set.

(b) Since $Q^t Q = I$, we have

$$\|Q\|_2 = \left(\rho \left(Q^t Q \right) \right)^{\frac{1}{2}} = (\rho(I))^{\frac{1}{2}} = 1$$

and

$$\|Q^t\|_2 = \left(Q \left((Q^t)^t Q^t \right) \right)^{1/2} = \left(Q \left(I^t \right) \right)^{1/2} = (Q(I))^{1/2} = 1.$$

11. Since $\{\mathbf{v}_i\}_{i=1}^n$ is linearly independent in $\mathbb{R}^n$, there exist numbers $c_1,\ldots,c_n$ with

$$\mathbf{x} = c_1\mathbf{v}_1 + \cdots + c_n\mathbf{v}_n.$$

Hence, for any k, with $1 \leq k \leq n$,

$$\mathbf{v}_k^t\mathbf{x} = c_1\mathbf{v}_k^t\mathbf{v}_1 + \cdots + c_n\mathbf{v}_k^t\mathbf{v}_n = c_k\mathbf{v}_k^t\mathbf{v}_k = c_k.$$

12. Let $A\mathbf{x}^{(i)} = \lambda_i\mathbf{x}^{(i)}$, for $i = 1,2,\ldots,n$, where the λ_i are distinct. Suppose $\{\mathbf{x}^{(i)}\}_{i=1}^k$ is the largest linearly independent set of eigenvectors of A, where $1 \leq k < n$. (Note that a re-indexing may be necessary for the preceding statement to hold.)
Since $\{\mathbf{x}^{(i)}\}_{i=1}^{k+1}$ is linearly dependent, there exist numbers $c_1,\ldots,c_{k+1}$, not all zero, with

$$c_1\mathbf{x}^{(1)} + \cdots + c_k\mathbf{x}^{(k)} + c_{k+1}\mathbf{x}^{(k+1)} = \mathbf{0}.$$

Since $\{\mathbf{x}^{(i)}\}_{i=1}^k$ is linearly independent, $c_{k+1} \neq 0$. Thus, $\mathbf{x}^{(k+1)} = \frac{1}{c_{k+1}}\left(-c_1\mathbf{x}^{(1)} - \cdots - c_k\mathbf{x}^{(k)}\right)$.
Multiplying the first equation by A gives

$$c_1\lambda_1\mathbf{x}^{(1)} + \cdots + c_k\lambda_k\mathbf{x}^{(k)} + c_{k+1}\lambda_{k+1}\mathbf{x}^{(k+1)} = \mathbf{0}.$$

Substituting for $\mathbf{x}^{(k+1)}$ yields

$$\frac{c_1(\lambda_{k+1} - \lambda_1)}{c_{k+1}}\mathbf{x}^{(1)} + \cdots + \frac{c_k(\lambda_{k+1} - \lambda_k)}{c_{k+1}}\mathbf{x}^{(k)} = \mathbf{0}.$$

But $\{\mathbf{x}^{(i)}\}_{i=1}^k$ is linearly independent and $\mathbf{x}^{(k+1)} \neq \mathbf{0}$, so $\lambda_{k+1} = \lambda_i$, for some $1 \leq i \leq k$.

13. (a) The eigenvalues are

$$\lambda_1 = 5.307857563, \quad \lambda_2 = -0.4213112993, \quad \lambda_3 = -0.1365462647$$

with associated eigenvectors

$$(0.59020967, 0.51643129, 0.62044441)^t,$$

$$(0.77264234, -0.13876278, -0.61949069)^t,$$

and

$$(0.23382978, -0.84501102, 0.48091581)^t,$$

respectively.

(b) A is not positive definite since $\lambda_2 < 0$ and $\lambda_3 < 0$.

14. (a) Let μ be an eigenvalue of A. Since A is symmetric, μ is real and Theorem 9.13 gives $0 \leq \mu \leq 4$. The eigenvalues of $A - 4I$ are of the form $\mu - 4$. Thus,

$$\rho(A - 4I) = \max|\mu - 4| = \max(4 - \mu) = 4 - \min\mu = 4 - \lambda = |\lambda - 4|.$$

(b) The eigenvalues of $A - 4I$ are $-3.618034, -2.618034, -1.381966$, and -0.381966, so $\rho(A - 4I) = 3.618034$ and $\lambda = 0.381966$. An eigenvector is $(0.618034, 1, 1, 0.618034)^t$.

(c) As in part (a), $0 \leq \mu \leq 6$, so $|\lambda - 6| = \rho(B - 6I)$.

(d) The eigenvalues of $B - 6I$ are $-5.2360673, -4, -2$, and -0.76393202, so $\rho(B - 6I) = 5.2360673$ and $\lambda = 0.7639327$. An eigenvector is $(0.61803395, 1, 1, 0.6180395)^t$.

Approximating Eigenvalues

Exercise Set 9.2, page 571

1. The approximate eigenvalues and approximate eigenvectors are:

    (a) $\mu^{(3)} = 3.666667$, $\mathbf{x}^{(3)} = (0.9772727, 0.9318182, 1)^t$
    (b) $\mu^{(3)} = 2.000000$, $\mathbf{x}^{(3)} = (1, 1, 0.5)^t$
    (c) $\mu^{(3)} = 5.000000$, $\mathbf{x}^{(3)} = (-0.2578947, 1, -0.2842105)^t$
    (d) $\mu^{(3)} = 5.038462$, $\mathbf{x}^{(3)} = (1, 0.2213741, 0.3893130, 0.4045802)^t$

2. The approximate eigenvalues and approximate eigenvectors are:

    (a) $\mu^{(3)} = 6.0508475$, $\mathbf{x}^{(3)} = (1, 0.57142857, 0.77591036)^t$
    (b) $\mu^{(3)} = 5.5263158$, $\mathbf{x}^{(3)} = (0.17117117, 0.45945946, 1, 0.9459460)^t$
    (c) $\mu^{(3)} = 7.531073$, $\mathbf{x}^{(3)} = (0.6886722, -0.6706677, -0.9219805, 1)^t$
    (d) $\mu^{(3)} = 4.106061$, $\mathbf{x}^{(3)} = (0.1254613, 0.08487085, 0.00922509, 1)^t$

3. The approximate eigenvalues and approximate eigenvectors are:

    (a) $\mu^{(3)} = 1.027730$, $\mathbf{x}^{(3)} = (-0.1889082, 1, -0.7833622)^t$
    (b) $\mu^{(3)} = -0.4166667$, $\mathbf{x}^{(3)} = (1, -0.75, -0.6666667)^t$
    (c) $\mu^{(3)} = 17.64493$, $\mathbf{x}^{(3)} = (-0.3805794, -0.09079132, 1)^t$
    (d) $\mu^{(3)} = 1.378684$, $\mathbf{x}^{(3)} = (-0.3690277, -0.2522880, 0.2077438, 1)^t$

4. The approximate eigenvalues and approximate eigenvectors are:

    (a) $\mu^{(3)} = 5.9182329$, $\mathbf{x}^{(3)} = (1, 0.55263364, 0.81296561)^t$
    (b) $\mu^{(3)} = 2.6458436$, $\mathbf{x}^{(3)} = (0.60846040, 1, -0.326774888, 0.03738318)^t$
    (c) $\mu^{(3)} = 3.996073$, $\mathbf{x}^{(3)} = (0.9991429, 0.9932014, 1, 0.9939825)^t$
    (d) $\mu^{(3)} = 4.105293$, $\mathbf{x}^{(3)} = (0.06281419, 0.08704089, 0.01825213, 1)^t$

5. The approximate eigenvalues and approximate eigenvectors are:

    (a) $\mu^{(3)} = 3.959538$, $\mathbf{x}^{(3)} = (0.5816124, 0.5545606, 0.5951383)^t$
    (b) $\mu^{(3)} = 2.0000000$, $\mathbf{x}^{(3)} = (-0.6666667, -0.6666667, -0.3333333)^t$
    (c) $\mu^{(3)} = 7.189567$, $\mathbf{x}^{(3)} = (0.5995308, 0.7367472, 0.3126762)^t$
    (d) $\mu^{(3)} = 6.037037$, $\mathbf{x}^{(3)} = (0.5073714, 0.4878571, -0.6634857, -0.2536857)^t$

6. The approximate eigenvalues and approximate eigenvectors are:

    (a) $\mu^{(3)} = 3.8484163$, $\mathbf{x}^{(3)} = (0.29841319, -0.46893501, 0.8312939)^t$
    (b) $\mu^{(3)} = 4.6905660$, $\mathbf{x}^{(3)} = (-0.95557266, -0.29122214, 0.04550346)^t$
    (c) $\mu^{(3)} = 5.142562$, $\mathbf{x}^{(3)} = (0.8373051, 0.3701770, 0.1939022, 0.3525495)^t$
    (d) $\mu^{(3)} = 8.593142$, $\mathbf{x}^{(3)} = (-0.4134762, 0.4026664, 0.5535536, -0.6003962)^t$

7. The approximate eigenvalues and approximate eigenvectors are:

    (a) $\mu^{(9)} = 3.999908$, $\quad \mathbf{x}^{(9)} = (0.9999943, 0.9999828, 1)^t$
    (b) $\mu^{(13)} = 2.414214$, $\quad \mathbf{x}^{(13)} = (1, 0.7071429, 0.7070707)^t$
    (c) $\mu^{(9)} = 5.124749$, $\quad \mathbf{x}^{(9)} = (-0.2424476, 1, -0.3199733)^t$
    (d) $\mu^{(24)} = 5.235861$, $\quad \mathbf{x}^{(24)} = (1, 0.6178361, 0.1181667, 0.4999220)^t$

8. The approximate eigenvalues and approximate eigenvectors are:

    (a) $\mu^{(12)} = 5.9193476$, $\quad \mathbf{x}^{(12)} = (1, 0.55478845, 0.80995816)^t$
    (b) $\mu^{(14)} = 5.6658972$, $\quad \mathbf{x}^{(14)} = (0.05520444, 0.25749728, 1, 0.88861726)^t$
    (c) $\mu^{(17)} = 8.999667$, $\quad \mathbf{x}^{(17)} = (0.9999085, -0.9999078, -0.9999993, 1)^t$
    (d) The method did not converge in 25 iterations. However, $\lambda_1 \approx \mu^{(363)} = 4.105309$, $\mathbf{x}^{(363)} = (0.06286299, 0.08702754, 0.01824680, 1)^t$, $\lambda_2 \approx \mu^{(15)} = -4.024308$

9. The approximate eigenvalues and approximate eigenvectors are:

    (a) $\mu^{(9)} = 1.00001523$ with $\mathbf{x}^{(9)} = (-0.19999391, 1, -0.79999087)^t$
    (b) $\mu^{(12)} = -0.41421356$ with $\mathbf{x}^{(12)} = (1, -0.70709184, -0.707121720^t$
    (c) The method did not converge in 25 iterations. However, convergence occurred with $\mu^{(42)} = 1.63663642$ with $\mathbf{x}^{(42)} = (-0.57068151, 0.3633658, 1)^t$
    (d) $\mu^{(9)} = 1.38195929$ with $\mathbf{x}^{(9)} = (-0.38194003, -0.23610068, 0.23601909, 1)^t$

10. The approximate eigenvalues and approximate eigenvectors are:

    (a) $\mu^{(7)} = 5.9196688$, $\quad \mathbf{x}^{(7)} = (1, 0.55484776, 0.80997330)^t$
    (b) $\mu^{(6)} = 2.6459312$, $\quad \mathbf{x}^{(6)} = (0.60756191, 1, -0.32506930, 0.03836926)^t$
    (c) $\mu^{(6)} = 3.999997$, $\quad \mathbf{x}^{(6)} = (0.9999939, 0.9999999, 0.9999940, 1)^t$
    (d) $\mu^{(3)} = 4.105293$, $\quad \mathbf{x}^{(3)} = (0.06281419, 0.08704089, 0.01825213, 1)^t$

11. The approximate eigenvalues and approximate eigenvectors are:

    (a) $\mu^{(8)} = 4.0000000$, $\quad \mathbf{x}^{(8)} = (0.5773547, 0.5773282, 0.5773679)^t$
    (b) $\mu^{(13)} = 2.414214$, $\quad \mathbf{x}^{(13)} = (-0.7071068, -0.5000255, -0.4999745)^t$
    (c) $\mu^{(16)} = 7.223663$, $\quad \mathbf{x}^{(16)} = (0.6247845, 0.7204271, 0.3010466)^t$
    (d) $\mu^{(20)} = 7.086130$, $\quad \mathbf{x}^{(20)} = (0.3325999, 0.2671862, -0.7590108, -0.4918246)^t$

12. The approximate eigenvalues and approximate eigenvectors are:

    (a) The method did not converge in 25 iterations. Dominant eigenvalues are $\sqrt{15}$ and $-\sqrt{15}$.
    (b) $\mu^{(16)} = 4.8347780$, $\quad \mathbf{x}^{(16)} = (-0.92904870, -0.36778361, 0.04004662)^t$
    (c) $\mu^{(21)} = 5.236068$, $\quad \mathbf{x}^{(21)} = (0.7795539, 0.4815996, 0.09214214, 0.3897016)^t$
    (d) $\mu^{(16)} = 9.0000000$, $\quad \mathbf{x}^{(16)} = (-0.4999592, 0.4999584, 0.5000408, -0.5000416)^t$

Approximating Eigenvalues

13. The approximate eigenvalues and approximate eigenvectors are:

    (a) $\lambda_2 \approx \mu^{(1)} = 1.000000$, $\quad \mathbf{x}^{(1)} = (-2.999908, 2.999908, 0)^t$
    (b) $\lambda_2 \approx \mu^{(1)} = 1.000000$, $\quad \mathbf{x}^{(1)} = (0, -1.414214, 1.414214)^t$
    (c) $\lambda_2 \approx \mu^{(6)} = 1.636734$, $\quad \mathbf{x}^{(6)} = (1.783218, -1.135350, -3.124733)^t$
    (d) $\lambda_2 \approx \mu^{(10)} = 3.618177$, $\quad \mathbf{x}^{(10)} = (0.7236390, -1.170573, 1.170675, -0.2763374)^t$

14. The approximate eigenvalues and approximate eigenvectors are:

    (a) The method did not converge in 25 iterations. The remaining eigenvalues are complex numbers.
    (b) $\mu^{(9)} = 2.6459095$, $\quad \mathbf{x}^{(9)} = (-1.6930953, -2.7867383, 0.90582533, -0.10692842)^t$
    (c) $\lambda_2 \approx \mu^{(21)} = 5.000051$, $\quad \mathbf{x}^{(21)} = (1.999338, -1.999603, 1.999603, -2.000198)^t$
    (d) $\mathbf{x}^{(15)} = (-8.151965, 2.100699, 0.7519080, -0.3554941)^t$.

15. The approximate eigenvalues and approximate eigenvectors are:

    (a) $\mu^{(8)} = 4.000001$, $\quad \mathbf{x}^{(8)} = (0.9999773, 0.99993134, 1)^t$
    (b) The method fails because of division by zero.
    (c) $\mu^{(7)} = 5.124890$, $\quad \mathbf{x}^{(7)} = (-0.2425938, 1, -0.3196351)^t$
    (d) $\mu^{(15)} = 5.236112$, $\quad \mathbf{x}^{(15)} = (1, 0.6125369, 0.1217216, 0.4978318)^t$

16. The approximate eigenvalues and approximate eigenvectors are:

    (a) $\mu^{(9)} = 5.91971410$, $\quad \mathbf{x}^{(9)} = (1, 0.55478845, 0.80995816)^t$
    (b) $\mu^{(11)} = 5.66581211$, $\quad \mathbf{x}^{(11)} = (0.0552044, 0.25749928, 1, 0.88861728)^t$
    (c) $\mu^{(10)} = 8.999890$, $\quad \mathbf{x}^{(10)} = (0.9944137, -0.9942148, -0.9997991, 1)^t$
    (d) $\mu^{(11)} = 4.105317$, $\quad \mathbf{x}^{(11)} = (0.11716540, 0.072853995, 0.01316655, 1)^t$

17. The approximate eigenvalues and approximate eigenvectors are:

    (a) $\mu^{(2)} = 1.000000$, $\quad \mathbf{x}^{(2)} = (0.1542373, -0.7715828, 0.6171474)^t$
    (b) $\mu^{(13)} = 1.000000$, $\quad \mathbf{x}^{(13)} = (0.00007432, -0.7070723, 0.7071413)^t$
    (c) $\mu^{(14)} = 4.961699$, $\quad \mathbf{x}^{(14)} = (-0.4814472, 0.05180473, 0.8749428)^t$
    (d) $\mu^{(17)} = 4.428007$, $\quad \mathbf{x}^{(17)} = (0.7194230, 0.4231908, 0.1153589, 0.5385466)^t$

18. The Power method was applied to the matrices in Exercise 1 using $\mathbf{x}^{(0)}$ as given with $TOL = 10^{-4}$. The following table summarizes the results. (*Note:* The results are very sensitive to roundoff error.)

	λ_1	number of iterations	λ_2	eigenvector
(1a)	3.999908	2	1.000037	$(-0.1999411, 1, -0.799911)^t$
(1b)	2.414213562	15	1.000003	$(0.00004881, -0.9999485, 1)^t$
(1c)	5.12488541	5	1.636636	$(-0.5706569, 0.3633325, 1)^t$
(1d)	5.23606796	13	3.617997	$(-0.6180177, 1, -0.9999990, 0.2360394)^t$

19. (a) We have $|\lambda| \leq 6$ for all eigenvalues λ.

   (b) The approximate eigenvalue is $\mu^{(133)} = 0.69766854$, with the approximate eigenvector $\mathbf{x}^{(133)} = (1, 0.7166727, 0.2568099, 0.04601217)^t$.

   (c) The characteristic polynomial is $P(\lambda) = \lambda^4 - \frac{1}{4}\lambda - \frac{1}{16}$, and the eigenvalues are $\lambda_1 = 0.6976684972$, $\lambda_2 = -0.2301775942 + 0.56965884i$, $\lambda_3 = -0.2301775942 - 0.56965884i$, and $\lambda_4 = -0.237313308$.

   (d) The beetle population should approach zero since A is convergent.

20. Since $\mathbf{x}^t = \frac{1}{\lambda_1 v_i^{(1)}}(a_{i1}, a_{i2}, \ldots, a_{in})$, the ith row of B is

$$(a_{i1}, a_{i2}, \ldots, a_{in}) - \frac{\lambda_1}{\lambda_1 v_i^{(1)}}\left(v_i^{(1)} a_{i1}, v_i^{(1)} a_{i2}, \ldots, v_i^{(1)} a_{in}\right) = \mathbf{0}.$$

21. Using the Inverse Power method with $\mathbf{x}^{(0)} = (1, 0, 0, 1, 0, 0, 1, 0, 0, 1)^t$ and $q = 0$ gives the following results:

   (a) $\mu^{(49)} = 1.0201926$, so $\rho(A^{-1}) \approx 1/\mu^{(49)} = 0.9802071$;

   (b) $\mu^{(30)} = 1.0404568$, so $\rho(A^{-1}) \approx 1/\mu^{(30)} = 0.9611163$;

   (c) $\mu^{(22)} = 1.0606974$, so $\rho(A^{-1}) \approx 1/\mu^{(22)} = 0.9427760$.
   The method appears to be stable for all α in $[\frac{1}{4}, \frac{3}{4}]$.

22. (a) $\rho(A^{-1}) = 0.9801485$

   (b) $\rho(A^{-1}) = 0.9610699$

   (c) $\rho(A^{-1}) = 0.9427198$
   The method appears to be stable for $\alpha > 0$.

23. Forming $A^{-1}B$ and using the Power method with $\mathbf{x}^{(0)} = (1, 0, 0, 1, 0, 0, 1, 0, 0, 1)^t$ gives the following results:

   (a) The spectral radius is approximately $\mu^{(46)} = 0.9800021$.

   (b) The spectral radius is approximately $\mu^{(25)} = 0.9603543$.

   (c) The spectral radius is approximately $\mu^{(18)} = 0.9410754$.

24. (a) $\lambda_1 = -6$, $\lambda_2 = -5$, $\lambda_3 = -2$, the system is stable.

   (b) $\lambda_1 = -2$, $\lambda_2 = -1.1067711$, $\lambda_3 = -3.94664 + 0.82970i$, $\lambda_4 = -3.94664 - 0.82970i$, the system is stable.

Exercise Set 9.3, page 581

1. Householder's method produces the following tridiagonal matrices.

   (a) $\begin{bmatrix} 12.00000 & -10.77033 & 0.0 \\ -10.77033 & 3.862069 & 5.344828 \\ 0.0 & 5.344828 & 7.137931 \end{bmatrix}$

(b) $\begin{bmatrix} 2.0000000 & 1.414214 & 0.0 \\ 1.414214 & 1.000000 & 0.0 \\ 0.0 & 0.0 & 3.0 \end{bmatrix}$

(c) $\begin{bmatrix} 1.0000000 & -1.414214 & 0.0 \\ -1.414214 & 1.000000 & 0.0 \\ 0.0 & 0.0 & 1.000000 \end{bmatrix}$

(d) $\begin{bmatrix} 4.750000 & -2.263846 & 0.0 \\ -2.263846 & 4.475610 & -1.219512 \\ 0.0 & -1.219512 & 5.024390 \end{bmatrix}$

2. Householder's method produces the following tridiagonal matrices.

(a) $\begin{bmatrix} 4.0000000 & 1.4142136 & 0 & 0 \\ 1.4142136 & 4.0000000 & 1.4142136 & 0 \\ 0 & 1.4142136 & 4.0000000 & 0.0 \\ 0 & 0 & 0.0 & 4.0000000 \end{bmatrix}$

(b) $\begin{bmatrix} 5.0000000 & 2.5495098 & 0 & 0 \\ 2.5495098 & 6.38461538 & 2.1407569 & 0 \\ 0 & 2.1407569 & 4.2700005 & 0.6912809 \\ 0 & 0 & 0.6912809 & 4.345384 \end{bmatrix}$

(c) $\begin{bmatrix} 8.0000000 & -2.3048861 & 0 & 0 & 0 \\ -2.3048861 & 5.9294118 & 1.5022590 & 0 & 0 \\ 0 & 1.5022590 & 1.7714975 & -4.8901511 & 0 \\ 0 & 0 & -4.8901511 & -0.4361218 & -1.0898884 \\ 0 & 0 & 0 & -1.0898884 & 4.7352125 \end{bmatrix}$

(d) $\begin{bmatrix} 2.0000000 & 1.4142136 & 0 & 0 & 0 \\ 1.4142136 & 3.5000000 & 0.8660254 & 0 & 0 \\ 0 & 0.8660254 & 7.8333333 & 4.7140452 & 0 \\ 0 & 0 & 4.7140452 & 6.6666667 & 1.7320508 \\ 0 & 0 & 0 & 1.7320508 & 6.0000000 \end{bmatrix}$

3. Householder's method produces the following tridiagonal matrices.

(a) $\begin{bmatrix} 2.0000000 & 2.8284271 & 1.4142136 \\ -2.8284271 & 1.0000000 & 2.0000000 \\ 0.0000000 & 2.0000000 & 3.0000000 \end{bmatrix}$

(b) $\begin{bmatrix} -1.0000000 & -3.0655513 & 0.0000000 \\ -3.6055513 & -0.23076923 & 3.1538462 \\ 0.0000000 & 0.15384615 & 2.2307692 \end{bmatrix}$

(c) $\begin{bmatrix} 5.0000000 & 4.9497475 & -1.4320780 & -1.5649769 \\ -1.4142136 & -2.0000000 & -2.4855515 & 1.8226448 \\ 0.0000000 & -5.4313902 & -1.4237288 & -2.6486542 \\ 0.0000000 & 0.0000000 & 1.5939865 & 5.4237288 \end{bmatrix}$

(d) $\begin{bmatrix} 4.0000000 & 1.7320508 & 0.0000000 & 0.0000000 \\ 1.7320508 & 2.3333333 & 0.23570226 & 0.40824829 \\ 0.0000000 & -0.47140452 & 4.6666667 & -0.57735027 \\ 0.0000000 & 0.0000000 & 0.0000000 & 5.0000000 \end{bmatrix}$

Exercise Set 9.4, page 591

1. Two iterations of the QR Algorithm produce the following matrices.

(a) $A^{(3)} = \begin{bmatrix} -2.672028 & -0.3759745 & 0.0 \\ -0.3759745 & -1.473608 & -0.03039696 \\ 0.0 & -0.03039696 & 0.04755953 \end{bmatrix}$

(b) $A^{(3)} = \begin{bmatrix} 4.604137 & 1.212648 & 0.0 \\ 1.212648 & 3.601913 & 3.83 \times 10^{-7} \\ 0.0 & 3.83 \times 10^{-7} & -0.00003705 \end{bmatrix}$

(c) $A^{(3)} = \begin{bmatrix} 3.411387 & -0.2969009 & 0.0 \\ -0.2969009 & 1.784304 & -1.207346 \times 10^{-5} \\ 0.0 & -1.207346 \times 10^{-5} & -0.00023045 \end{bmatrix}$

(d) $A^{(3)} = \begin{bmatrix} -4.358594 & 0.4423226 & 0.0 & 0.0 \\ 0.4423226 & -2.957109 & -0.3567744 & 0.0 \\ 0.0 & -0.3567744 & -1.663987 & 3.116382 \times 10^{-5} \\ 0.0 & 0.0 & 3.116382 \times 10^{-5} & 0.00047839 \end{bmatrix}$

(e) $A^{(3)} = \begin{bmatrix} -6.265167 & 1.130297 & 0.0 & 0.0 \\ 1.130297 & -5.868449 & -0.1734156 & 0.0 \\ 0.0 & -0.1734156 & -2.621594 & 1.863997 \times 10^{-9} \\ 0.0 & 0.0 & 1.863997 \times 10^{-9} & 4.4 \times 10^{-7} \end{bmatrix}$

(f) $A^{(3)} = \begin{bmatrix} -0.7176931 & 0.1454371 & 0.0 & 0.0 \\ 0.1454371 & -0.5396606 & 0.1020836 & 0.0 \\ 0.0 & 0.1020836 & 0.1804138 & -4.36 \times 10^{-5} \\ 0.0 & 0.0 & -4.36 \times 10^{-5} & 0.00081211 \end{bmatrix}$

2. (a) $A^{(3)} = \begin{bmatrix} -5.45561561 & -1.35080062 & 0 \\ -1.35080062 & -2.27854106 & -0.00000293 \\ 0 & -0.00000293 & 0.00017663 \end{bmatrix}$

(b) $A^{(3)} = \begin{bmatrix} 4.1116483 & 1.0412970 & 0 \\ 1.0412970 & 2.2531298 & 0.00047034 \\ 0 & 0.00047034 & -0.00454260 \end{bmatrix}$

(c) $A^{(2)} = \begin{bmatrix} -4.00000000 & 1.41421356 & 0 & 0 & 0 \\ 1.41421356 & -2.00000000 & 2.44948974 & 0 & 0 \\ 0 & 2.44948974 & -1.33333333 & 1.88561808 & 0 \\ 0 & 0 & 1.88561808 & -2.66666667 & 0 \\ 0 & 0 & 0 & 0 & 0.00000000 \end{bmatrix}$

and

Approximating Eigenvalues

$$A^{(3)} = \begin{bmatrix} 2.00000000 & 2.82842713 & 0 & 0 \\ 2.82842713 & 2.00000000 & 2.00000000 & 0 \\ 0 & 2.00000000 & 2.00000000 & 0 \\ 0 & 0 & 0 & 0.00000000 \end{bmatrix}$$

(d) $A^{(3)} = \begin{bmatrix} 1.7403565 & -0.27572512 & 0 & 0 & 0 \\ -0.27572512 & -3.02460213 & 0.46223885 & 0 & 0 \\ 0 & 0.46223885 & -0.66010053 & -0.62771054 & 0 \\ 0 & 0 & -0.62771054 & -1.69278319 & 0.00000018 \\ 0 & 0 & 0 & 0.00000018 & 0.00001135 \end{bmatrix}$

3. The matrices in Exercise 1 have the following eigenvalues, accurate to within 10^{-5}.

   (a) 3.414214, 2.000000, 0.58578644   (b) $-0.06870782, 5.346462, 2.722246$

   (c) 1.267949, 4.732051, 3.000000

   (d) 4.745281, 3.177283, 1.822717, 0.2547188

   (e) $3.438803, 0.8275517, -1.488068, -3.778287$

   (f) 0.9948440, 1.189091, 0.5238224, 0.1922421

4. The matrices have the following eigenvalues, accurate to within 10^{-5}.

   (a) $3.9115033, 2.1294613, -2.0409646$ (b) 1.2087122, 5.7912878, 3.0000000

   (c) 6.0000000, 2.0000000, 4.0000000, 7.4641016, 0.5358984

   (d) 4.0274350, 2.0707128, 3.7275564, 5.7839956, 0.8903002

5. The matrices in Exercise 1 have the following eigenvectors, accurate to within 10^{-5}.

   (a) $(-0.7071067, 1, -0.7071067)^t$, $(1, 0, -1)^t$, $(0.7071068, 1, 0.7071068)^t$

   (b) $(0.1741299, -0.5343539, 1)^t$, $(0.4261735, 1, 0.4601443)^t$, $(1, -0.2777544, -0.3225491)^t$

   (c) $(0.2679492, 0.7320508, 1)^t$, $(1, -0.7320508, 0.2679492)^t$, $(1, 1, -1)^t$

   (d) $(-0.08029447, -0.3007254, 0.7452812, 1)^t$, $(0.4592880, 1, -0.7179949, 0.8727118)^t$,
       $(0.8727118, 0.7179949, 1, -0.4592880)^t$ $(1, -0.7452812, -0.3007254, 0.08029447)^t$

   (e) $(-0.01289861, -0.07015299, 0.4388026, 1)^t$, $(-0.1018060, -0.2878618, 1, -0.4603102)^t$,
       $(1, 0.5119322, 0.2259932, -0.05035423)^t$ $(-0.5623391, 1, 0.2159474, -0.03185871)^t$

   (f) $(-0.1520150, -0.3008950, -0.05155956, 1)^t$, $(0.3627966, 1, 0.7459807, 0.3945081)^t$,
       $(1, 0.09528962, -0.6907921, 0.1450703)^t$, $(0.8029403, -0.9884448, 1, -0.1237995)^t$

6. (a) The inverse power method using $\mathbf{x}^{(0)} = (1, 1, 1)^t$ gives the following eigenvalues and eigenvectors.
   $\lambda_1 = 3.91150331$, $\mathbf{x}^{(9)} = (0.34132546, -0.51819891, 1)^t$
   $\lambda_2 = 2.12946128$, $\mathbf{x}^{(5)} = (1, -0.17819414, -0.21683219)^t$
   $\lambda_3 = -2.04096459$, $\mathbf{x}^{(6)} = (0.27053411, 1, 0.21292940)^t$

(b) The inverse power method using $\mathbf{x}^{(0)} = (1,1,1)^t$ gives the following eigenvalues and eigenvectors.
$\lambda_1 = 1.20871215,\quad \mathbf{x}^{(2)} = (0.5, -0.89564392, 1)^t$
$\lambda_2 = 5.79128785,\quad \mathbf{x}^{(2)} = (0.35825757, 1, 0.71654514)^t$
$\lambda_3 = 2.99999999,\quad \mathbf{x}^{(2)} = (1, 0, -0.5)^t$

(c) The inverse power method using $\mathbf{x}^{(0)} = (1,1,1,1)^t$ gives the following eigenvalues and eigenvectors.
$\lambda_1 = 5.99999999,\quad \mathbf{x}^{(5)} = (1, 1, 0, -1, -1)^t$
$\lambda_2 = 1.99999999,\quad \mathbf{x}^{(5)} = (1, -1, 0, 1, -1)^t$
$\lambda_3 = 3.99999999,\quad \mathbf{x}^{(2)} = (1, 0, -1, 0, 1)^t$
$\lambda_4 = 7.46410162,\quad \mathbf{x}^{(2)} = (0.5, 0.86602540, 1, 0.86602540, 0.5)^t$
$\lambda_5 = 0.53589838,\quad \mathbf{x}^{(2)} = (0.5, -0.86602540, 1, -0.86602540, 0.5)^t$

(d) The inverse power method using $\mathbf{x}^{(0)} = (1,1,1,1)^t$ gives the following eigenvalues and eigenvectors.
$\lambda_1 = 4.02743496,\quad \mathbf{x}^{(2)} = (-0.5009008, -0.4871586, -0.13534334, 1, 0.97329762)^t$
$\lambda_2 = 2.0707128,\quad \mathbf{x}^{(2)} = (-0.01115300, -0.03267035, 0.34106327, -0.92928720, 1)^t$
$\lambda_3 = 3.72755642,\quad \mathbf{x}^{(2)} = (0.78588946, 1, 0.06722944, 0.04156975, 0.05713611)^t$
$\lambda_4 = 5.78399557,\quad \mathbf{x}^{(2)} = (1, -0.78399557, -0.03323416, 0.00548238, 0.00196925)^t$
$\lambda_5 = 0.89030025,\quad \mathbf{x}^{(2)} = (-0.01445632, -0.05941112, 1, 0.24454382, -0.11591404)^t$

7. (a) Let
$$P = \begin{bmatrix} \cos\theta & -\sin\theta \\ \sin\theta & \cos\theta \end{bmatrix}$$
and $\mathbf{y} = P\mathbf{x}$. Show that $\|\mathbf{x}\|_2 = \|\mathbf{y}\|_2$. Use the relationship $x_1 + ix_2 = re^{i\alpha}$, where $r = \|\mathbf{x}\|_2$ and $\alpha = \tan^{-1}(x_2/x_1)$, and $y_1 + iy_2 = re^{i(\alpha+\theta)}$.

(b) Let $\mathbf{x} = (1, 0)^t$ and $\theta = \pi/4$.

8. Let $P = (p_{ij})$ be a rotation matrix with nonzero entries $p_{jj} = p_{ii} = \cos\theta$, $p_{ij} = -p_{ji} = \sin\theta$, and $p_{kk} = 1$, if $k \neq i$ and $k \neq j$. For any $n \times n$ matrix A,

$$(AP)_{rs} = \sum_{k=1}^{n} a_{rk} p_{ks}.$$

If $s \neq i, j$, then $p_{ks} = 0$ unless $k = s$. Thus, $(AP)_{rs} = a_{rs}$.
If $s = j$, then
$$(AP)_{rj} = a_{rj} p_{jj} + a_{ri} p_{ij} = a_{rj} \cos\theta + a_{ri} \sin\theta.$$

If $s = i$, then
$$(AP)_{ri} = a_{rj} p_{ji} + a_{ri} p_{ii} = -a_{rj} \sin\theta + a_{ri} \cos\theta.$$

Similarly, $(PA)_{rs} = \sum_{k=1}^{n} p_{rk} a_{ks}$. If $r \neq i, j$, then $p_{rk} = 0$ unless $r = k$. Thus, $(PA)_{rs} = a_{rs}$.
If $r = i$, then
$$(PA)_{is} = p_{ij} a_{js} + p_{ii} a_{is} = a_{js} \sin\theta + a_{is} \cos\theta.$$

If $r = j$, then
$$(PA)_{js} = p_{jj} a_{js} + p_{ji} a_{is} = a_{js} \cos\theta - a_{is} \sin\theta.$$

Approximating Eigenvalues

9. Let $C = RQ$, where R is upper triangular and Q is upper Hessenberg. Then $c_{ij} = \sum_{k=1}^{n} r_{ik} q_{kj}$. Since R is an upper triangular matrix, $r_{ik} = 0$ if $k < i$. Thus $c_{ij} = \sum_{k=i}^{n} r_{ik} q_{kj}$. Since Q is an upper Hessenberg matrix, $q_{kj} = 0$ if $k > j + 1$. Thus, $c_{ij} = \sum_{k=i}^{j+1} r_{ik} q_{kj}$. The sum will be zero if $i > j + 1$. Hence, $c_{ij} = 0$ if $i \geq j + 2$. This means that C is an upper Hessenberg matrix.

10. (a) We have

$$P_2^t P_3^t = \begin{bmatrix} c_2 & -s_2 & 0 & 0 & \cdots & 0 \\ s_2 & c_2 & 0 & 0 & \cdots & 0 \\ 0 & 0 & 1 & 0 & \cdots & 0 \\ \vdots & \vdots & & \ddots & \ddots & \vdots \\ \vdots & \vdots & & & \ddots & 0 \\ 0 & 0 & \cdots & \cdots & 0 & 1 \end{bmatrix} \begin{bmatrix} 1 & 0 & 0 & 0 & \cdots & 0 \\ 0 & c_3 & -s_3 & 0 & \cdots & 0 \\ 0 & s_3 & c_3 & 0 & \cdots & 0 \\ 0 & 0 & 0 & 1 & \ddots & \vdots \\ \vdots & \vdots & \vdots & & \ddots & 0 \\ 0 & 0 & 0 & \cdots & 0 & 1 \end{bmatrix}$$

$$= \begin{bmatrix} c_2 & -s_2 c_3 & s_2 s_3 & 0 & \cdots & 0 \\ s_2 & c_2 c_3 & -s_3 c_2 & 0 & \cdots & 0 \\ 0 & s_3 & c_3 & 0 & & \vdots \\ 0 & 0 & 0 & 1 & \ddots & \vdots \\ \vdots & \vdots & \vdots & & \ddots & 0 \\ 0 & 0 & 0 & \cdots & 0 & 1 \end{bmatrix}.$$

(b) Let $Q_k = P_2^t P_3^t \cdots P_k^t$ be an upper triangular matrix except for the entries $(Q_k)_{2,1}$, $(Q_k)_{3,2}, \ldots, (Q_k)_{k,k-1}$, which may be nonzero. Since multiplying Q_k by the rotation matrix $(P_{k+1})^t$ can only change columns k and $k+1$ in forming $Q_{k+1} = P_2^t P_3^t \cdots P_k^t P_{k+1}^t$, we only need to consider the entries $(Q_{k+1})_{i,k}$ and $(Q_{k+1})_{i,k+1}$, for $i = k+2, \ldots, n$. First, we have

$$(Q_{k+1})_{i,k} = \sum_{j=1}^{n} (Q_k)_{i,j} \left(P_{k+1}^t\right)_{j,k} = (Q_k)_{i,k} c_{k+1} + (Q_k)_{i,k-1} s_{k+1}.$$

However, $(Q_k)_{i,k} = 0$ for $i > k$ and $(Q_k)_{i,k+1} = 0$, for $i > k+1$. Thus, $(Q_{k+1})_{i,k} = 0$, for $i \geq k+2$. Further,

$$(Q_{k+1})_{i,k+1} = -(Q_k)_{i,k} s_{k+1} + (Q_k)_{i,k+1} c_{k+1} = 0,$$

for $i \geq k+2$. Thus, $Q_{k+1} = P_2^t P_3^t \cdots P_{k+1}^t$ is upper triangular except for the entries in positions $(2,1), (3,2), \ldots, (k, k-1), (k+1, k)$, which may be nonzero.

(c) From parts (a) and (b) and mathematical induction, it follows that the matrix $P_2^t P_3^t \cdots P_n^t$ is upper triangular except that the entries in positions $(2,1), (3,2), \ldots, (n, n-1)$ may be nonzero. Thus, the entries in positions (i, j), for $i \geq j + 2$ are zero, which means that $P_2^t P_3^t \cdots P_n^t$ is an upper Hessenberg matrix.

11. The following algorithm implements Jacobi's method for symmetric matrices.

INPUT: dimension n, matrix $A = (a_{ij})$, tolerance TOL, maximum number of iterations N.
OUTPUT: eigenvalues $\lambda_1, \ldots, \lambda_n$ of A or a message that the number of iterations was exceeded

STEP 1 Set $FLAG = 1$; $k1 = 1$.
STEP 2 While ($FLAG = 1$) do Steps 3 – 10
STEP 3 For $i = 2, \ldots, n$ do Steps 4 – 8.
STEP 4 For $j = 1, \ldots, i-1$ do Steps 5 – 8.
STEP 5 If $a_{ii} = a_{jj}$ then set
$$CO = 0.5\sqrt{2};$$
$$SI = CO$$
else set
$$b = |a_{ii} - a_{jj}|;$$
$$c = 2a_{ij}\,\text{sign}(a_{ii} - a_{jj});$$
$$CO = 0.5\left(1 + b/\left(c^2 + b^2\right)^{\frac{1}{2}}\right)^{\frac{1}{2}};$$
$$SI = 0.5c/\left(CO\left(c^2 + b^2\right)^{\frac{1}{2}}\right).$$
STEP 6 For $k = 1, \ldots, n$
if $(k \neq i)$ and $(k \neq j)$ then
set $x = a_{k,j}$;
$y = a_{k,i}$;
$a_{k,j} = CO \cdot x + SI \cdot y$;
$a_{k,i} = CO \cdot y + SI \cdot x$;
$x = a_{j,k}$;
$y = a_{i,k}$;
$a_{j,k} = CO \cdot x + SI \cdot y$;
$a_{i,k} = CO \cdot y - SI \cdot x$.
STEP 7 Set $x = a_{j,j}$;
$y = a_{i,i}$;
$a_{j,j} = CO \cdot CO \cdot x + 2 \cdot SI \cdot CO \cdot a_{j,i} + SI \cdot SI \cdot y$;
$a_{i,i} = SI \cdot SI \cdot x - 2 \cdot SI \cdot CO \cdot a_{i,j} + CO \cdot CO \cdot y$.
STEP 8 Set $a_{i,j} = 0$; $a_{j,i} = 0$.
STEP 9 Set
$$s = \sum_{i=1}^{n} \sum_{\substack{j=1 \\ j \neq i}}^{n} |a_{ij}|.$$
STEP 10 If $s < TOL$ then for $i = 1, \ldots, n$ set
$\lambda_i = a_{ii}$;
OUTPUT $(\lambda_1, \ldots, \lambda_n)$;
set $FLAG = 0$.
else set $k1 = k1 + 1$;
if $k1 > N$ then set $FLAG = 0$.
STEP 11 If $k1 > N$ then
OUTPUT ('Maximum number of iterations exceeded');
STOP.

12. Jacobi's method produces the following eigenvalues, accurate to within the tolerance:

    (a) 3.414214, 0.5857864, 2.0000000; 3 iterations

    (b) 2.722246, 5.346462, −0.06870782; 3 iterations

    (c) 4.732051, 3, 1.267949; 3 iterations

    (d) 0.2547188, 1.822717, 3.177283, 4.745281; 3 iterations

    (e) −1.488068, −3.778287, 0.8275517, 3.438803; 3 iterations

    (f) 0.1922421, 1.189091, 0.5238224, 0.9948440; 3 iterations

13. (a) To within 10^{-5}, the eigenvalues are 2.618034, 3.618034, 1.381966, and 0.3819660.

    (b) In terms of p and ρ the eigenvalues are $-65.45085p/\rho$, $-90.45085p/\rho$, $-34.54915p/\rho$, and $-9.549150p/\rho$.

14. (a) When $\alpha = 1/4$, we have 0.97972997, 0.92060076, 0.82741863, 0.70771852, 0.57114328, 0.42886719, 0.29232093, 0.17255567, 0.07939063, and 0.02025441.

    (b) When $\alpha = 1/2$, we have 0.95945994, 0.84120152, 0.65483725, 0.41543703, 0.14228657, −0.14226561, −0.41535813, −0.65488866, −0.84121873, and −0.95949118.

    (c) When $\alpha = 3/4$, we have 0.93918991, 0.76180227, 0.48225588, 0.12315555, −0.28657015, −0.71339842, −1.12303720, −1.48233299, −1.76182810, and −1.93923676.
    The method appears to be stable for $\alpha \leq \frac{1}{2}$.

15. The actual eigenvalues are as follows:

    (a) When $\alpha = \frac{1}{4}$ we have 0.97974649, 0.92062677, 0.82743037, 0.70770751, 0.57115742, 0.42884258, 0.29229249, 0.17256963, 0.07937323, and 0.02025351.

    (b) When $\alpha = \frac{1}{2}$ we have 0.95949297, 0.84125353, 0.65486073, 0.41541501, 0.14231484, −0.14231484, −0.41541501, −0.65486073, −0.84125353, and −0.95949297.

    (c) When $\alpha = \frac{3}{4}$ we have 0.93923946, 0.76188030, 0.48229110, 0.12312252, −0.28652774, −0.71347226, −1.12312252, −1.48229110, −1.76188030, and −1.93923946. The method appears to be stable for $\alpha \leq \frac{1}{2}$.

Numerical Solutions of Nonlinear Systems of Equations

Exercise Set 10.1, page 605

1. Use Theorem 10.5

2. One example is $\mathbf{F}(x_1, x_2) = \left(1, \frac{1}{|x_1-1|+|x_2|}\right)^t$.

3. Use Theorem 10.5 for each of the partial derivatives.

4. The solutions are near $(-1.5, 10.5)$ and $(2, 11)$.

    (a) The graphs are shown in the figure below.

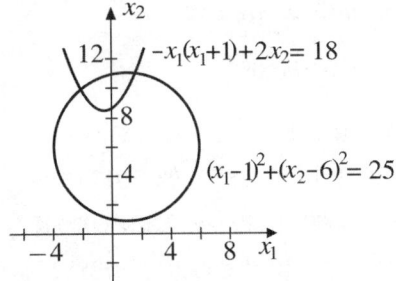

    (b) Use
    $$\mathbf{G}_1(\mathbf{x}) = \left(-0.5 + \sqrt{2x_2 - 17.75}, 6 + \sqrt{25 - (x_1 - 1)^2}\right)^t$$
    and
    $$\mathbf{G}_2(\mathbf{x}) = \left(-0.5 - \sqrt{2x_2 - 17.75}, 6 + \sqrt{25 - (x_1 - 1)^2}\right)^t.$$

    For $\mathbf{G}_1(\mathbf{x})$ with $\mathbf{x}^{(0)} = (2, 11)^t$, we have $\mathbf{x}^{(9)} = (1.5469466, 10.969994)^t$, and for $\mathbf{G}_2(\mathbf{x})$ with $\mathbf{x}^{(0)} = (-1.5, 10.5)$, we have $\mathbf{x}^{(34)} = (-2.000003, 9.999996)^t$.

5. (a) Continuity properties can be easily shown. Moreover,
    $$\frac{8}{10} \leq \frac{x_1^2 + x_2^2 + 8}{10} \leq 1.25$$

and
$$\frac{8}{10} \leq \frac{x_1 x_2^2 + x_1 + 8}{10} \leq 1.2875,$$

so $\mathbf{G}(\mathbf{x}) \in D$, whenever $\mathbf{x} \in D$.

Further,

$$\frac{\partial g_1}{\partial x_1} = \frac{2x_1}{10} \quad \text{so} \quad \left|\frac{\partial g_1(\mathbf{x})}{\partial x_1}\right| \leq \frac{3}{10}, \quad \frac{\partial g_1}{\partial x_2} = \frac{2x_2}{10} \quad \text{so} \quad \left|\frac{\partial g_2(\mathbf{x})}{\partial x_2}\right| \leq \frac{3}{10},$$

$$\frac{\partial g_2}{\partial x_1} = \frac{x_2^2 + 1}{10} \quad \text{so} \quad \left|\frac{\partial g_2(\mathbf{x})}{\partial x_1}\right| \leq \frac{3.25}{10}, \quad \text{and} \quad \frac{\partial g_2}{\partial x_2} = \frac{2x_1 x_2}{10} \quad \text{so} \quad \left|\frac{\partial g_2(\mathbf{x})}{\partial x_2}\right| \leq \frac{4.5}{10}.$$

Since
$$\left|\frac{\partial g_i(\mathbf{x})}{\partial x_j}\right| \leq 0.45 = \frac{0.9}{2},$$

for $i, j = 1, 2$, all hypothesis of Theorem 10.6 have been satisfied, and $\mathbf{G}$ has a unique fixed point in D.

(b) With $\mathbf{x}^{(0)} = (0, 0)^t$ and tolerance 10^{-5}, we have $\mathbf{x}^{(13)} = (0.9999973, 0.9999973)^t$.

(c) With $\mathbf{x}^{(0)} = (0, 0)^t$ and tolerance 10^{-5}, we have $\mathbf{x}^{(11)} = (0.9999984, 0.9999991)^t$.

6. (a) $\mathbf{G} = \left(x_2/\sqrt{5}, 0.25(\sin x_1 + \cos x_2)\right)^t$ and $D = \{(x_1, x_2) \mid 0 \leq x_1, x_1 \leq 1\}$.

(b) With $\mathbf{x}^{(0)} = \left(\frac{1}{2}, \frac{1}{2}\right)^t$, we have $\mathbf{x}^{(10)} = (0.1212440, 0.2711065)^t$.

(c) With $\mathbf{x}^{(0)} = \left(\frac{1}{2}, \frac{1}{2}\right)^t$, we have $\mathbf{x}^{(5)} = (0.1212421, 0.2711052)^t$.

7. (a) With $\mathbf{x}^{(0)} = (1, 1, 1)^t$, we have $\mathbf{x}^{(5)} = (5.0000000, 0.0000000, -0.5235988)^t$.

(b) With $\mathbf{x}^{(0)} = (1, 1, 1)^t$, we have $\mathbf{x}^{(9)} = (1.0364011, 1.0857072, 0.93119113)^t$.

(c) With $\mathbf{x}^{(0)} = (0, 0, 0.5)^t$, we have $\mathbf{x}^{(5)} = (0.00000000, 0.09999999, 1.0000000)^t$.

(d) With $\mathbf{x}^{(0)} = (0, 0, 0)^t$, we have $\mathbf{x}^{(5)} = (0.49814471, -0.19960600, -0.52882595)^t$.

8. (a) With
$$\mathbf{G}(\mathbf{x}) = \left(\sqrt{x_1 - x_2^2}, \sqrt{x_1^2 - x_2}\right)^t \quad \text{and} \quad \mathbf{x}^{(0)} = (0.7, 0.4)^t,$$

we have $\mathbf{x}^{(14)} = (0.77184647, 0.41965131)^t$.

(b) With
$$\mathbf{G}(\mathbf{x}) = \left(x/\sqrt{3}, \sqrt{(1 + x_1^3)/(3x_1)}\right)^t \quad \text{and} \quad \mathbf{x}^{(0)} = (0.4, 0.7)^t,$$

we have $\mathbf{x}^{(20)} = (0.4999980, 0.8660221)^t$.

(c) With
$$\mathbf{G}(\mathbf{x}) = \left(\sqrt{37 - x_2}, \sqrt{x_1 - 5}, 3 - x_1 - x_2\right)^t \quad \text{and} \quad \mathbf{x}^{(0)} = (5, 1, -1)^t,$$

we have $\mathbf{x}^{(10)} = (6.0000002, 1.0000000, -3.9999971)^t$.

(d) With
$$\mathbf{G}(\mathbf{x}) = \left(\sqrt{2x_3 + x_2 - 2x_2^2}, \sqrt{(10x_3 + x_1^2)/8}, x_1^2/(7x_2)\right)^t \quad \text{and} \quad \mathbf{x}^{(0)} = (0.5, 0.5, 0)^t,$$
we have $\mathbf{x}^{(60)} = (0.5291548, 0.4000018, 0.09999853)^t$.

9. (a) With $\mathbf{x}^{(0)} = (1,1,1)^t$, we have $\mathbf{x}^{(3)} = (0.5000000, 0, -0.5235988)^t$.
   (b) With $\mathbf{x}^{(0)} = (1,1,1)^t$, we have $\mathbf{x}^{(4)} = (1.036400, 1.085707, 0.9311914)^t$.
   (c) With $\mathbf{x}^{(0)} = (0,0,0)^t$, we have $\mathbf{x}^{(3)} = (0, 0.1000000, 1.0000000)^t$.
   (d) With $\mathbf{x}^{(0)} = (0,0,0)^t$, we have $\mathbf{x}^{(4)} = (0.4981447, -0.1996059, -0.5288260)^t$.

10. (a) Using $\mathbf{G}_1(\mathbf{x}) = (\sqrt{x_1 - x_2^2}, \sqrt{x_1^2 - x_2})^t$ and $\mathbf{x}^{(0)} = (0.7, 0.4)^t$ as in Exercise 8(a) gives a square root of a negative number as the first iteration. Thus, the method fails.
    (b) Using $\mathbf{G}_1(\mathbf{x}) = \left(x/\sqrt{3}, \sqrt{(1+x_1^3)/(3x_1)}\right)^t$ and $\mathbf{x}^{(0)} = (0.4, 0.7)^t$ as in Exercise 8(b) gives $\mathbf{x}^{(10)} = (0.49999807, 0.86602652)^t$. The convergence is accelerated for this problem.
    (c) Using $\mathbf{G}_1(\mathbf{x}) = (\sqrt{37 - x_2}, \sqrt{x_1 - 5}, 3 - x_1 - x_2)^t$ and $\mathbf{x}^{(0)} = (5, 1, -1)^t$ as in Exercise 8(c) gives $\mathbf{x}^{(1)} = (6, 1, -4)^t$. The convergence very much accelerated for this problem.
    (d) Using $\mathbf{G}_1(\mathbf{x}) = (\sqrt{2x_3 + x_2 - 2x_2^2}, \sqrt{(10x_3 + x_1^2)/8}, x_1^2/(2x_2))^t$ and $\mathbf{x}^{(0)} = (0.5, 0.5, 0)^t$ as in Exercise 8(d) leads to division by zero as the first iteration. Thus, the method fails.

11. A stable solution occurs when $x_1 = 8000$ and $x_2 = 4000$.

12. Let $\mathbf{F}(\mathbf{x}) = (f_1(\mathbf{x}), ..., f_n(\mathbf{x}))^t$. Suppose $\mathbf{F}$ is continuous at $\mathbf{x_0}$. By Definition 10.3,
$$\lim_{\mathbf{x} \to \mathbf{x_0}} f_i(\mathbf{x}) = f_i(\mathbf{x_0}), \quad \text{for each } i = 1, ..., n.$$
Given $\epsilon > 0$, there exists $\delta_i > 0$ such that
$$|f_i(\mathbf{x}) - f_i(\mathbf{x_0})| < \epsilon,$$
whenever $0 < ||\mathbf{x} - \mathbf{x_0}|| < \delta_i$ and $\mathbf{x} \in D$.
Let $\delta = \min_{1 \le i \le n} \delta_i$. If $0 < ||\mathbf{x} - \mathbf{x_0}|| < \delta$, then $0 < ||\mathbf{x} - \mathbf{x_0}|| < \delta_i$ and $|f_i(\mathbf{x}) - f_i(\mathbf{x_0})| < \epsilon$, for each $i = 1, ..., n$, whenever $\mathbf{x} \in D$. This implies that
$$||\mathbf{F}(\mathbf{x}) - \mathbf{F}(\mathbf{x_0})||_\infty < \epsilon,$$
whenever $||\mathbf{x} - \mathbf{x_0}|| < \delta$ and $\mathbf{x} \in D$. By the equivalence of vector norms, the result holds for all vector norms by suitably adjusting δ.
For the converse, let $\epsilon > 0$ be given. Then there is a $\delta > 0$ such that
$$||\mathbf{F}(\mathbf{x}) - \mathbf{F}(\mathbf{x_0})|| < \epsilon,$$
whenever $\mathbf{x} \in D$ and $||\mathbf{x} - \mathbf{x_0}|| < \delta$. By the equivalence of vector norms, a number $\delta' > 0$ can be found with
$$||f_i(\mathbf{x}) - f_i(\mathbf{x_0})|| < \epsilon,$$
whenever $\mathbf{x} \in D$ and $||\mathbf{x} - \mathbf{x_0}|| < \delta'$.
Thus, $\lim_{\mathbf{x} \to \mathbf{x_0}} f_i(\mathbf{x}) = f_i(\mathbf{x_0})$, for $i = 1, ..., n$. Since $\mathbf{F}(\mathbf{x_0})$ is defined, the conditions in Definition 10.3 hold, and $\mathbf{F}$ is continuous at $\mathbf{x_0}$.

Exercise Set 10.2, page 613

1. Newton's method gives the following:

    (a) $\mathbf{x}^{(2)} = (0.4958936, 1.983423)^t$
    (b) $\mathbf{x}^{(2)} = (-0.5131616, -0.01837622)^t$
    (c) $\mathbf{x}^{(2)} = (-23.942626, 7.6086797)^t$
    (d) $\mathbf{x}^{(1)}$ cannot be computed since $J(0)$ is singular.

2. Newton's method gives the following:

    (a) $\mathbf{x}^{(2)} = (0.5001667, 0.2508036, -0.5173874)^t$
    (b) $\mathbf{x}^{(2)} = (4.350877, 18.49123, -19.84211)^t$
    (c) $\mathbf{x}^{(2)} = (1.03668708, 1.08592384, 0.92977932)^t$
    (d) $\mathbf{x}^{(2)} = (0.40716687, 1.30944377, -0.85895477)^t$

3. Graphing in Maple gives the following:

    (a) $(0.5, 0.2)^t$ and $(1.1, 6.1)^t$
    (b) $(-0.35, 0.05)^t, (0.2, -0.45)^t, (0.4, -0.5)^t$ and $(1, -0.3)^t$
    (c) $(-1, 3.5)^t, (2.5, 4)^t$
    (d) $(0.11, 0.27)^t$

4. Graphing in Maple gives the following:

    (a) $(0.5, 0.5, -0.5)^t$
    (b) $(7, -1, -2)^t$
    (c) $(1, 1, 1)^t$
    (d) $(1, -1, 1)^t$ and $(1, 1, -1)^t$

5. Newton's method gives the following:

    (a) With $\mathbf{x}^{(0)} = (0.5, 2)^t, \mathbf{x}^{(3)} = (0.5, 2)^t$ With $\mathbf{x}^{(0)} = (1.1, 6.1), \mathbf{x}^{(3)} = (1.0967197, 6.0409329)^t$
    (b) With $\mathbf{x}^{(0)} = (-0.35, 0.05)^t, \mathbf{x}^{(3)} = (-0.37369822, 0.056266490^t$ With $\mathbf{x}^{(0)} = (0.2, -0.45)^t, \mathbf{x}^{(4)}$ $(0.14783924, -0.43617762)^t$ With $\mathbf{x}^{(0)} = (0.4, -0.5)^t, \mathbf{x}^{(3)} = (0.40809566, -0.49262939)^t$ With $\mathbf{x}^{(0)} = (1, -0.3)^t, \mathbf{x}^{(4)} = (1.0330715, -0.27996184)^t$
    (c) With $\mathbf{x}^{(0)} = (-1, 3.5)^t, \mathbf{x}^{(1)} = (-1, 3.5)^t$ and $\mathbf{x}^{(0)} = (2.5, 4)^t, \mathbf{x}^{(3)} = (2.546947, 3.984998)^t$.
    (d) With $\mathbf{x}^{(0)} = (0.11, 0.27)^t, \mathbf{x}^{(6)} = (0.1212419, 0.2711051)^t$.

6. Newton's method gives the following:

    (a) $\mathbf{x}^{(12)} = (0.49999953, 0.00319906, -0.52351886)^t$
    (b) $\mathbf{x}^{(4)} = (6.17107462, -1.08216201, -2.08891251)^t$
    (c) With $\mathbf{x}^{(0)} = (1, 1, 1)^t$, $\mathbf{x}^{(3)} = (1.036401, 1.085707, 0.9311914)^t$.
    (d) With $\mathbf{x}^{(0)} = (1, -1, 1)^t, \mathbf{x}^{(5)} = (0.9, -1, 0.5)^t$; and with $\mathbf{x}^{(0)} = (1, -1, 1)^t, \mathbf{x}^{(5)} = (0.5, 1, -0.5)^t$.

Numerical Solutions of Nonlinear Systems of Equations

7. Newton's method gives the following:

   (a) $\mathbf{x}^{(5)} = (0.5000000, 0.8660254)^t$

   (b) $\mathbf{x}^{(6)} = (1.772454, 1.772454)^t$

   (c) $\mathbf{x}^{(5)} = (-1.456043, -1.664230, 0.4224934)^t$

   (d) $\mathbf{x}^{(4)} = (0.4981447, -0.1996059, -0.5288260)^t$

8. (a) Suppose $(x_1, x_2, x_3, x_4)^t$ is a solution to

   $$\begin{aligned} 4x_1 - x_2 + x_3 &= x_1 x_4, \\ -x_1 + 3x_2 - 2x_3 &= x_2 x_4, \\ x_1 - 2x_2 + 3x_3 &= x_3 x_4, \\ x_1^2 + x_2^2 + x_3^2 &= 1. \end{aligned}$$

   Multiplying the first three equations by -1 and factoring gives

   $$\begin{aligned} 4(-x_1) - (-x_2) + (-x_3) &= (-x_1)x_4, \\ -(-x_1) + 3(-x_2) - 2(-x_3) &= (-x_2)x_4, \\ (-x_1) - 2(-x_2) + 3(-x_3) &= (-x_3)x_4, \\ (-x_1)^2 + (-x_2)^2 + (-x_3)^2 &= 1. \end{aligned}$$

   Thus, $(-x_1, -x_2, -x_3, x_4)^t$ is also a solution.

   (b) Using $\mathbf{x}^{(0)} = (1,1,1,1)^t$ gives $\mathbf{x}^{(5)} = (0, 0.70710678, 0.70710678, 1)^t$.
   Using $\mathbf{x}^{(0)} = (1,0,0,0)^t$ gives $\mathbf{x}^{(6)} = (0.81649658, 0.40824829, -0.40824829, 3)^t$.
   Using $\mathbf{x}^{(0)} = (1,-1,1,-1)^t$ gives $\mathbf{x}^{(5)} = (0.57735027, -0.57735027, 0.57735027, 6)^t$.
   The other three solutions follow easily from part (a).

9. With $\mathbf{x}^{(0)} = (1, 1-1)^t$ and $TOL = 10^{-6}$, we have $\mathbf{x}^{(20)} = (0.5, 9.5 \times 10^{-7}, -0.5235988)^t$.

10. Since $f_j(x_1, \ldots, x_n) = a_{j1}x_1 + a_{j2}x_2 + \ldots + a_{jn}x_n - b_j$, we have $\dfrac{\partial f_j}{\partial x_1} = a_{ji}$. Hence,

$$J(\mathbf{x}) = \begin{bmatrix} a_{11} & a_{12} & \cdots & a_{1n} \\ a_{21} & a_{22} & \cdots & a_{2n} \\ \vdots & & & \vdots \\ a_{n1} & a_{n2} & \cdots & a_{nn} \end{bmatrix} = A.$$

Further,

$$\mathbf{F}\left(\mathbf{x}^{(0)}\right) = \begin{bmatrix} a_{11} & a_{12} & \cdots & a_{1n} \\ a_{21} & a_{22} & \cdots & a_{2n} \\ \vdots & & & \vdots \\ a_{n1} & a_{n2} & \cdots & a_{nn} \end{bmatrix} \begin{bmatrix} x_1^{(0)} \\ x_2^{(0)} \\ \vdots \\ x_n^{(0)} \end{bmatrix} - \begin{bmatrix} b_1 \\ b_2 \\ \vdots \\ b_n \end{bmatrix}$$

$$= J\left(\mathbf{x}^{(0)}\right)\mathbf{x}^{(0)} - \mathbf{b}.$$

Thus, given $\mathbf{x}^{(0)}$, we have

$$\begin{aligned}\mathbf{x}^{(1)} &= \mathbf{x}^{(0)} - J\left(\mathbf{x}^{(0)}\right)^{-1}\left(J\left(\mathbf{x}^{(0)}\right)\mathbf{x}^{(0)} - \mathbf{b}\right)\\ &= \mathbf{x}^{(0)} - J\left(\mathbf{x}^{(0)}\right)^{-1}J\left(\mathbf{x}^{(0)}\right)\mathbf{x}^{(0)} + J\left(\mathbf{x}^{(0)}\right)^{-1}\mathbf{b}\\ &= J\left(\mathbf{x}^{(0)}\right)^{-1}\mathbf{b} = A^{-1}\mathbf{b}.\end{aligned}$$

So given any $\mathbf{x}^{(0)}$, the solution to the linear system is $\mathbf{x}^{(1)}$.

11. When the dimension n is 1, $\mathbf{F}(\mathbf{x})$ is a one-component function $f(\mathbf{x}) = f_1(\mathbf{x})$, and the vector $\mathbf{x}$ has only one component $x_1 = x$. In this case, the Jacobian matrix $J(\mathbf{x})$ reduces to the 1×1 matrix $[\partial f_1/\partial x_1(\mathbf{x})] = f'(\mathbf{x}) = f'(x)$. Thus, the vector equation

$$\mathbf{x}^{(k)} = \mathbf{x}^{(k-1)} - J(\mathbf{x}^{(k-1)})^{-1}\mathbf{F}(\mathbf{x}^{(k-1)})$$

becomes the scalar equation

$$x_k = x_{k-1} - f(x_{k-1})^{-1}f(x_{k-1}) = x_{k-1} - \frac{f(x_{k-1})}{f'(x_{k-1})}.$$

12. The constants required for the pressure equation are in part (a). The approximate radius is in part (b).

(a) $k_1 = 8.77125, k_2 = 0.259690, k_3 = -1.37217$

(b) Solving the equation

$$\frac{500}{\pi r^2} = k_1 e^{k_2 r} + k_3 r$$

numerically, gives $r = 3.18517$.

13. With $\theta_i^{(0)} = 1$, for each $i = 1, 2, \ldots, 20$, the following results are obtained.

i	1	2	3	4	5	6
$\theta_i^{(5)}$	0.14062	0.19954	0.24522	0.28413	0.31878	0.35045

i	7	8	9	10	11	12	13
$\theta_i^{(5)}$	0.37990	0.40763	0.43398	0.45920	0.48348	0.50697	0.52980

i	14	15	16	17	18	19	20
$\theta_i^{(5)}$	0.55205	0.57382	0.59516	0.61615	0.63683	0.65726	0.67746

14. (a) We have

$$\frac{\partial E}{\partial a} = 2\sum_{i=1}^{n}\left(w_i y_i - \frac{a}{(x_i-b)^c}\right)\left(\frac{1}{(x_i-b)^c}\right) = 0,$$

$$\frac{\partial E}{\partial b} = 2\sum_{i=1}^{n}\left(w_i y_i - \frac{a}{(x_i-b)^c}\right)\left(\frac{-ac}{(x_i-b)^{c+1}}\right) = 0,$$

and

$$\frac{\partial E}{\partial c} = 2\sum_{i=1}^{n}\left(w_i y_i - \frac{a}{(x_i-b)^c}\right)\ln(x_i-b)\left(\frac{-a}{(x_i-b)^c}\right) = 0.$$

Solving for a in the first equation and substituting into the second and third equations gives the linear system.

(b) With $\mathbf{x}^{(0)} = (26.8, 8.3)^t = (b_0, c_0)^t$, we have $\mathbf{x}^{(7)} = (26.77021, 8.451831)^t$. Thus, $a = 2.217952 \times 10^6$, $b = 26.77021$, $c = 8.451831$, and

$$\sum_{i=1}^{n}\left(w_i y_i - \frac{a}{(x_i-b)^c}\right)^2 = 0.7821139.$$

Exercise Set 10.3, page 622

1. Broyden's method gives the following:

   (a) With $\mathbf{x}^{(0)} = (0,0)^t$, we have $\mathbf{x}^{(2)} = (0.4777920, 1.927557)^t$
   (b) With $\mathbf{x}^{(0)} = (0,0)^t$, we have $\mathbf{x}^{(2)} = (-0.3250070, -0.1386967)^t$
   (c) With $\mathbf{x}^{(0)} = (0,0)^t$, we have $\mathbf{x}^{(2)} = (0.5229372, 0.8243491)^t$
   (d) With $\mathbf{x}^{(0)} = (0,0)^t$, we have $\mathbf{x}^{(2)} = (1.779500, 1.743396)^t$

2. Broyden's method gives the following:

   (a) With $\mathbf{x}^{(0)} = (0,0,0)^t$, we have $\mathbf{x}^{(2)} = (0.50023123, -1.08029909, -0.52382394)^t$.
   (b) With $\mathbf{x}^{(0)} = (0,0,0)^t$, we have $\mathbf{x}^{(2)} = (-67.005828, 38.314935, 31.690893)^t$.
   (c) With $\mathbf{x}^{(0)} = (0,0,0)^t$, we have $\mathbf{x}^{(2)} = (-1.40360242, -1.67987524, 0.45816509)^t$
   (d) With $\mathbf{x}^{(0)} = (0,0,0)^t$, we have $\mathbf{x}^{(2)} = (0.49840580, -0.19984209, -0.52851353)^t$

3. Broyden's method gives the following:

   (a) With $\mathbf{x}^{(0)} = (0,0)^t$, we have $\mathbf{x}^{(8)} = (0.5, 2)^t$.
   (b) With $\mathbf{x}^{(0)} = (0,0)^t$, we have $\mathbf{x}^{(9)} = (-0.3736982, 0.05626649)^t$.
   (c) With $\mathbf{x}^{(0)} = (1,1)^t$, we have $\mathbf{x}^{(9)} = (0.5, 0.8660254)^t$.
   (d) With $\mathbf{x}^{(0)} = (2,2)^t$, we have $\mathbf{x}^{(8)} = (1.772454, 1.772454)^t$.

4. Broyden's method gives the following:

   (a) With $\mathbf{x}^{(0)} = (1,1,1)^t$, we have $\mathbf{x}^{(18)} = (0.49999953, 0.00319904, -0.52351886)^t$.
   (b) With $\mathbf{x}^{(0)} = (2,1,-1)^t$, we have $\mathbf{x}^{(10)} = (6.000000000, 1.000000000, -4.000000000)^t$.

(c) With $\mathbf{x}^{(0)} = (-1, -2, 1)^t$, we have $\mathbf{x}^{(9)} = (-1.456043, -1.664231, 0.4224934)^t$.

(d) With $\mathbf{x}^{(0)} = (0, 0, 0)^t$, we have $\mathbf{x}^{(5)} = (0.4981447, -0.1996059, -0.5288260)^t$.

5. Broyden's method gives the following:

   (a) With $\mathbf{x}^{(0)} = (2.5, 4)^t$, we have $\mathbf{x}^{(3)} = (2.546947, 3.984998)^t$

   (b) With $\mathbf{x}^{(0)} = (0.11, 0.27)^t$, we have $\mathbf{x}^{(4)} = (0.1212419, 0.2711052)^t$.

   (c) With $\mathbf{x}^{(0)} = (1, 1, 1)^t$, we have $\mathbf{x}^{(3)} = (1.036401, 1.085707, 0.9311914)^t$.

   (d) With $\mathbf{x}^{(0)} = (1, -1, 1)^t$, we have $\mathbf{x}^{(8)} = (0.9, -1, 0.5)^t$; and with $\mathbf{x}^{(0)} = (1, 1, -1)^t$, we have $\mathbf{x}^{(8)} = (0.5, 1, -0.5)^t$.

6. (a) Suppose $(x_1, x_2, x_3, x_4)^t$ is a solution to

$$4x_1 - x_2 + x_3 = x_1 x_4,$$
$$-x_1 + 3x_2 - 2x_3 = x_2 x_4,$$
$$x_1 - 2x_2 + 3x_3 = x_3 x_4,$$
$$x_1^2 + x_2^2 + x_3^2 = 1.$$

Multiplying the first three equations by -1 and factoring gives

$$4(-x_1) - (-x_2) + (-x_3) = (-x_1)x_4,$$
$$-(-x_1) + 3(-x_2) - 2(-x_3) = (-x_2)x_4,$$
$$(-x_1) - 2(-x_2) + 3(-x_3) = (-x_3)x_4,$$
$$(-x_1)^2 + (-x_2)^2 + (-x_3)^2 = 1.$$

Thus, $(-x_1, -x_2, -x_3, -x_4)^t$ is also a solution.

(b) Using $\mathbf{x}^{(0)} = (1, 1, 1, 1)^t$ gives $\mathbf{x}^{(6)} = (0, 0.70710678, 0.70710678, 1)^t$.
Using $\mathbf{x}^{(0)} = (1, 0, 0, 0)^t$ gives $\mathbf{x}^{(15)} = (0.81649659, 0.40824821, -0.40824837, 3)^t$.
Using $\mathbf{x}^{(0)} = (1, -1, 1, -1)^t$ gives $\mathbf{x}^{(11)} = (0.57735034, -0.57735023, 0.57735025, 6)^t$.
The other three solutions follow easily from part (a).

7. With $\mathbf{x}^{(0)} = (1, 1 - 1)^t$, Broyden's method gives $\mathbf{x}^{(56)} = (0.5000591, 0.01057235, -0.5224818)^t$.

8. If $\mathbf{z}^t \mathbf{y} = 0$, then $\mathbf{z} = \mathbf{z}_1 + \mathbf{z}_2$, where $\mathbf{z}_1 = \mathbf{0}$ and $\mathbf{z}_2 = \mathbf{z}$. Otherwise, let

$$\mathbf{z}_1 = \frac{\mathbf{y}^t \mathbf{z}}{\|\mathbf{y}\|_2^2} \mathbf{y}$$

be parallel to $\mathbf{y}$ and let $\mathbf{z}_2 = \mathbf{z} - \mathbf{z}_1$. Then

$$\mathbf{z}_2^t \mathbf{y} = \mathbf{z}^t \mathbf{y} - \mathbf{z}_1^t \mathbf{y} = \mathbf{z}^t \mathbf{y} - \left[\frac{\mathbf{y}^t \mathbf{z}}{\mathbf{y}^t \mathbf{y}} \mathbf{y}\right]^t \mathbf{y} = \mathbf{z}^t \mathbf{y} - \frac{\mathbf{z}^t \mathbf{y}}{\mathbf{y}^t \mathbf{y}} \mathbf{y}^t \mathbf{y} = 0.$$

9. Let λ be an eigenvalue of $M = (I + \mathbf{u}\mathbf{v}^t)$ with eigenvector $\mathbf{x} \ne \mathbf{0}$. Then

$$\lambda \mathbf{x} = M\mathbf{x} = (I + \mathbf{u}\mathbf{v}^t) \mathbf{x} = \mathbf{x} + (\mathbf{v}^t \mathbf{x}) \mathbf{u}.$$

Thus, $(\lambda - 1)\mathbf{x} = (\mathbf{v}^t\mathbf{x})\mathbf{u}$. If $\lambda = 1$, then $\mathbf{v}^t\mathbf{x} = 0$. So $\lambda = 1$ is an eigenvalue of M with multiplicity $n - 1$ and eigenvectors $\mathbf{x}^{(1)}, \ldots, \mathbf{x}^{(n-1)}$ where $\mathbf{v}^t\mathbf{x}^{(j)} = 0$, for $j = 1, \ldots, n - 1$. Assuming $\lambda \neq 1$ implies $\mathbf{x}$ and $\mathbf{u}$ are parallel. Suppose $\mathbf{x} = \alpha\mathbf{u}$. Then $(\lambda - 1)\alpha\mathbf{u} = (\mathbf{v}^t(\alpha\mathbf{u}))\mathbf{u}$. Thus, $\alpha(\lambda - 1)\mathbf{u} = \alpha(\mathbf{v}^t\mathbf{u})\mathbf{u}$, which implies that $\lambda - 1 = \mathbf{v}^t\mathbf{u}$ or $\lambda = 1 + \mathbf{v}^t\mathbf{u}$. Hence, M has eigenvalues λ_i, $1 \leq i \leq n$ where $\lambda_i = 1$, for $i = 1, \ldots, n - 1$ and $\lambda_n = 1 + \mathbf{v}^t\mathbf{u}$. Since $\det M = \prod_{i=1}^n \lambda_i$, we have $\det M = 1 + \mathbf{v}^t\mathbf{u}$.

10. (a) Since A^{-1} exists we can write

$$\det(A + \mathbf{xy}^t) = \det(A + AA^{-1}\mathbf{xy}^t) = \det A(I + A^{-1}\mathbf{xy}^t) = \det A \det(I + A^{-1}\mathbf{xy}^t).$$

But A^{-1} exists so $\det A \neq 0$. By Exercise 9, $\det(I + A^{-1}\mathbf{xy}^t) = 1 + \mathbf{y}^t A^{-1}\mathbf{x}$. So $(A + \mathbf{xy}^t)^{-1}$ exists if and only if $\mathbf{y}^t A^{-1}\mathbf{x} \neq -1$.

(b) Assume $\mathbf{y}^t A^{-1}\mathbf{x} \neq -1$ so that $(A + \mathbf{xy}^t)^{-1}$ exists. Therefore,

$$\left[A^{-1} - \frac{A^{-1}\mathbf{xy}^t A^{-1}}{1 + \mathbf{y}^t A^{-1}\mathbf{x}}\right](A + \mathbf{xy}^t) = A^{-1}A - \frac{A^{-1}\mathbf{xy}^t A^{-1}A}{1 + \mathbf{y}^t A^{-1}\mathbf{x}} + A^{-1}\mathbf{xy}^t - \frac{A^{-1}\mathbf{xy}^t A^{-1}\mathbf{xy}^t}{1 + \mathbf{y}^t A^{-1}\mathbf{x}}$$

$$= I - \frac{A^{-1}\mathbf{xy}^t}{1 + \mathbf{y}^t A^{-1}\mathbf{x}} + A^{-1}\mathbf{xy}^t - \frac{A^{-1}\mathbf{xy}^t A^{-1}\mathbf{xy}^t}{1 + \mathbf{y}^t A^{-1}\mathbf{x}}$$

$$= I - \frac{A^{-1}\mathbf{xy}^t - A^{-1}\mathbf{xy}^t - \mathbf{y}^t A^{-1}\mathbf{x} A^{-1}\mathbf{xy}^t + A^{-1}\mathbf{xy}^t A^{-1}\mathbf{xy}^t}{1 + \mathbf{y}^t A^{-1}\mathbf{x}}$$

$$= I + \frac{\mathbf{y}^t A^{-1}\mathbf{x} A^{-1}\mathbf{xy}^t - \mathbf{y}^t A^{-1}\mathbf{x}(A^{-1}\mathbf{xy}^t)}{1 + \mathbf{y}^t A^{-1}\mathbf{x}} = I.$$

11. With $\mathbf{x}^{(0)} = (0.75, 1.25)^t$, we have $\mathbf{x}^{(4)} = (0.7501948, 1.184712)^t$. Thus, $a = 0.7501948, b = 1.184712$, and the error is 19.796.

Exercise Set 10.4, page 630

1. The Steepest Descent method gives the following:

   (a) With $\mathbf{x}^{(0)} = (0, 0)^t$, we have $\mathbf{x}^{(11)} = (0.4943541, 1.948040)^t$.
   (b) With $\mathbf{x}^{(0)} = (1, 1)^t$, we have $\mathbf{x}^{(1)} = (0.50680304, 0.91780051)^t$.
   (c) With $\mathbf{x}^{(0)} = (2, 2)^t$, we have $\mathbf{x}^{(1)} = (1.736083, 1.804428)^t$.
   (d) With $\mathbf{x}^{(0)} = (0, 0)^t$, we have $\mathbf{x}^{(2)} = (-0.3610092, 0.05788368)^t$.

2. The Steepest Descent method gives the following:

   (a) With $\mathbf{x}^{(0)} = (0, 0, 0)^t$, we have $\mathbf{x}^{(14)} = (1.043605, 1.064058, 0.9246118)^t$.
   (b) With $\mathbf{x}^{(0)} = (0, 0, 0)^t$, we have $\mathbf{x}^{(9)} = (0.4932739, 0.9863888, -0.5175964)^t$.
   (c) With $\mathbf{x}^{(0)} = (0, 0, 0)^t$, we have $\mathbf{x}^{(11)} = (-1.608296, -1.192750, 0.7205642)^t$.
   (d) With $\mathbf{x}^{(0)} = (0, 0, 0)^t$, we have $\mathbf{x}^{(1)} = (0, 0.00989056, 0.9890556)^t$.

3. The Steepest Descent method with Newton's method gives the following:

   (a) $\mathbf{x}^{(3)} = (0.5, 2)^t$

   (b) $\mathbf{x}^{(3)} = (0.5, 0.8660254)^t$

   (c) $\mathbf{x}^{(4)} = (1.772454, 1.772454)^t$

   (d) $\mathbf{x}^{(3)} = (-0.3736982, 0.05626649)^t$

4. The Steepest Descent method with Newton's method gives the following:

   (a) $\mathbf{x}^{(3)} = (1.036400, 1.085707, 0.9311914)^t$ (b) $\mathbf{x}^{(3)} = (0.5, 1, -0.5)^t$

   (c) $\mathbf{x}^{(5)} = (-1.456043, -1.664230, 0.4224934)^t$

   (d) $\mathbf{x}^{(6)} = (0.0000000, 0.10000001, 1.0000000)^t$

5. The Steepest Descent method gives the following:

   (a) $\mathbf{x}^{(3)} = (1.036400, 1.085707, 0.9311914)^t$ (b) $\mathbf{x}^{(3)} = (0.5, 1, -0.5)^t$

   (c) $\mathbf{x}^{(5)} = (-1.456043, -1.664230, 0.4224934)^t$

   (d) $\mathbf{x}^{(6)} = (0.0000000, 0.10000001, 1.0000000)^t$

6. (a) We have $\alpha_1 = 0$, $g_1 = g(x_1, ..., x_n) = g\left(\mathbf{x}^{(0)}\right) = h(\alpha_1)$, $g_3 = g\left(\mathbf{x}^{(0)} - \alpha_3 \nabla g\left(\mathbf{x}^{(0)}\right)\right) = h(\alpha_3)$, $g_2 = g\left(\mathbf{x}^{(0)} - \alpha_2 \nabla g\left(\mathbf{x}^{(0)}\right)\right) = h(\alpha_2)$,

$$h_1 = \frac{(g_2 - g_1)}{(\alpha_2 - \alpha_1)} = g\left[\mathbf{x}^{(0)} - \alpha_1 \nabla g\left(\mathbf{x}^{(0)}\right), \mathbf{x}^{(0)} - \alpha_2 \nabla g\left(\mathbf{x}^{(0)}\right)\right] = h[\alpha_1, \alpha_2],$$

$$h_2 = \frac{(g_3 - g_2)}{(\alpha_3 - \alpha_2)} = g\left[\mathbf{x}^{(0)} - \alpha_2 \nabla g\left(\mathbf{x}^{(0)}\right), \mathbf{x}^{(0)} - \alpha_3 \nabla g\left(\mathbf{x}^{(0)}\right)\right] = h[\alpha_2, \alpha_3],$$

$$h_3 = \frac{(h_2 - h_1)}{(\alpha_3 - \alpha_1)}$$

$$= g\left[\mathbf{x}^{(0)} - \alpha_1 \nabla g\left(\mathbf{x}^{(0)}\right), \mathbf{x}^{(0)} - \alpha_2 \nabla g\left(\mathbf{x}^{(0)}\right), \mathbf{x}^{(0)} - \alpha_3 \nabla g\left(\mathbf{x}^{(0)}\right)\right] = h[\alpha_1, \alpha_2, \alpha_3].$$

The Newton divided-difference form of the second interpolating polynomial is

$$P(\alpha) = h[\alpha_1] + h[\alpha_1, \alpha_2](\alpha - \alpha_1) + h[\alpha_1, \alpha_2, \alpha_3](\alpha - \alpha_1)(\alpha - \alpha_2)$$
$$= g_1 + h_1(\alpha - \alpha_1) + h_3(\alpha - \alpha_1)(\alpha - \alpha_2)$$
$$= g_1 + h_1\alpha + h_3\alpha(\alpha - \alpha_2).$$

(b) $P'(\alpha) = h_1 - \alpha_2 h_3 + 2h_3\alpha$, so $P'(\alpha) = 0$ when $\alpha = 0.5(\alpha_2 - h_1/h_3)$.

Numerical Solutions of Nonlinear Systems of Equations 253

Exercise Set 10.5, page 637

1. The Continuation method and Eulers method gives:

    (a) $(3, -2.25)^t$ \qquad (b) $(0.42105263, 2.6184211)^t$ \qquad (c) $(2.173110, -1.3627731)^t$

2. The Continuation method and Eulers method gives:

    (a) $(2.3039880, -2.0010995)^t$ \quad (b) $(0.59709702, 2.2579684)^t$ \quad (c) $(2.1094460, -1.3345633)^t$

3. Using the Continuation method and Eulers method gives:

    (a) $(0.44006047, 1.8279835)^t$ \qquad (b) $(-0.41342613, 0.096669468)^t$

    (c) $(0.49858909, 0.24999091, -0.52067978)^t$

    (d) $(6.1935484, 18.532258, -21.725806)^t$

4. (a) $(-15.78432724, 5.29974589)^t$ is not comparable using $\mathbf{x}(0) = (0,0)^t$ as starting value. Using the starting values as in 10.2 Exercise 5(c) gives: $\mathbf{x}(0) = (-1, 3.5)^t$ leads to $(-1, 3.5)^t$, and $\mathbf{x}(0) = (2.5, 4)^t$ leads to $(2.54694647, 3.9849976)^t$

    (b) $(0.12124195, 0.27110516)^t$ using $\mathbf{x}(0) = (0.11, 0.27)^t$ is comparable to Newton's method. Using $\mathbf{x}(0) = (0,0)^t$ leads to an error in the program.

    (c) $(1.03645880, 1.08572502, 0.93136714)^t$ is comparable to Newton's method.

    (d) Using $\mathbf{x}(0) = (0,0,0)^t$ does not allow computation of $\mathbf{x}(1)$. Using $\mathbf{x}(0) = (1,-1,1)^t$ gives $(0.90016074, -1.00238008, 0.49661093)^t$ which is nearly comparable to Newton's method.

5. The Continuation method and the RungeKutta method of order four gives:

    (a) With $\mathbf{x}(0) = (-1, 3.5)^t$ the result is $(-1, 3.5)^t$.
    With $\mathbf{x}(0) = (2.5, 4)^t$ the result is $(-1, 3.5)^t$.

    (b) With $\mathbf{x}(0) = (0.11, 0.27)^t$ the result is $(0.12124195, 0.27110516)^t$.

    (c) With $\mathbf{x}(0) = (1, 1, 1)^t$ the result is $(1.03640047, 1.08570655, 0.93119144)^t$.

    (d) With $\mathbf{x}(0) = (1, -1, 1)^t$ the result is $(0.90016074, -1.00238008, 0.496610937)^t$.
    With $\mathbf{x}(0) = (1, 1, -1)^t$ the result is $(0.50104035, 1.00238008, -0.49661093)^t$.

6. The Continuation method and the RungeKutta method of order four gives:

    (a) $(0.49950451, 0.86635691)^t$. This result is comparable since it required only 4 matrix inversions to obtain an answer almost as accurate as in Section 10.2 Exercise 3a with 5 iterations.

    (b) $(1.7730066, 1.7703057)^t$. This result is comparable since it required only 4 matrix inversions to obtain an answer almost as accurate as in Section 10.2 Exercise 3b with 6 iterations.

(c) $(-1.4569217, -1.6645292, 0.42138616)^t$. This result is comparable to the result obtained in Section 10.2 Exercise 3c since it required only 4 matrix inversions as compared to 5 iterations of Newton's method.

(d) $(0.49813364, -0.19957917, -0.52882773)^t$. This result is comparable to the result obtained in Section 10.2 Exercise 3d.

7. The Continuation method and the RungeKutta method of order four gives:

   (a) With $\mathbf{x}(0) = (-1, 3.5)^t$ the result is $(-1, 3.5)^t$.
   With $\mathbf{x}(0) = (2.5, 4)^t$ the result is $(2.5469465, 3.9849975)^t$.

   (b) With $\mathbf{x}(0) = (0.11, 0.27)^t$ the result is $(0.12124191, 0.27110516)^t$.

   (c) With $\mathbf{x}(0) = (1, 1, 1)^t$ the result is $(1.03640047, 1.08570655, 0.93119144)^t$.

   (d) With $\mathbf{x}(0) = (1, -1, 1)^t$ the result is $(0.90015964, -1.00021826, 0.49968944)^t$.
   With $\mathbf{x}(0) = (1, 1, -1)^t$ the result is $(0.5009653, 1.00021826, -0.49968944)^t$.

8. Using $\mathbf{x}(0) = (1, 1, 1, 1)^t$ gives

$$\mathbf{x}(1) = \left(10^{-10}, 0.7047619049, 0.7047619049, 1\right)^t.$$

Using $\mathbf{x}(0) = (1, 0, 0, 0)^t$ gives

$$\mathbf{x}(1) = (0.8171787148, 0.4035113851, -0.4035113850, 2.993229684)^t.$$

Using $\mathbf{x}(0) = (1, -1, 1, -1)^t$ gives

$$\mathbf{x}(1) = (0.5769841387, -0.5769841239, 0.5769841246, 6.019603162)^t.$$

The other three solutions follow easily from Exercise 6(a) of Section 10.2.

9. The Continuation method and the RungeKutta method of order four gives the approximate solution, $(0.50024553, 0.078230039, -0.52156996)^t$

10. The system of differential equations to solve by Euler's method is

$$\mathbf{x}'(\lambda) = -[J(\mathbf{x}(\lambda))]^{-1} F(\mathbf{x}(0)).$$

With $N = 1$, we have $h = 1$ and

$$\begin{aligned}\mathbf{x}(1) &= \mathbf{x}(0) + h[-J(\mathbf{x}(0))]^{-1} F(\mathbf{x}(0)) \\ &= \mathbf{x}(0) - h J(\mathbf{x}(0))^{-1} F(\mathbf{x}(0)) \\ &= \mathbf{x}(0) - J(\mathbf{x}(0))^{-1} F(\mathbf{x}(0)).\end{aligned}$$

However, Newton's method gives

$$\mathbf{x}^{(1)} = \mathbf{x}^{(0)} - J\left(\mathbf{x}^{(0)}\right)^{-1} F\left(\mathbf{x}^{(0)}\right).$$

Since $\mathbf{x}(0) = \mathbf{x}^{(0)}$, we have $\mathbf{x}(1) = \mathbf{x}^{(1)}$.

11. For each λ, we have
$$0 = G(\lambda, \mathbf{x}(\lambda)) = F(\mathbf{x}(\lambda)) - e^{-\lambda} F(\mathbf{x}(0)),$$
so
$$0 = \frac{\partial F(\mathbf{x}(\lambda))}{\partial \mathbf{x}} \frac{d\mathbf{x}}{d\lambda} + e^{-\lambda} F(\mathbf{x}(0)) = J(\mathbf{x}(\lambda)) \mathbf{x}'(\lambda) + e^{-\lambda} F(\mathbf{x}(0))$$
and
$$J(\mathbf{x}(\lambda)) \mathbf{x}'(\lambda) = -e^{-\lambda} F(\mathbf{x}(0)) = -F(\mathbf{x}(0)).$$
Thus,
$$\mathbf{x}'(\lambda) = -J(\mathbf{x}(\lambda))^{-1} F(\mathbf{x}(0)).$$
With $N = 1$, we have $h = 1$ so that
$$\mathbf{x}(1) = \mathbf{x}(0) - J(\mathbf{x}(0))^{-1} F(\mathbf{x}(0)).$$
However, Newton's method gives
$$\mathbf{x}^{(1)} = \mathbf{x}^{(0)} - J(\mathbf{x}^{(0)})^{-1} F(\mathbf{x}^{(0)}).$$
Since $\mathbf{x}(0) = \mathbf{x}^{(0)}$, we have $\mathbf{x}(1) = \mathbf{x}^{(1)}$.

12. (a) The CMRK4 algorithm with $N = 1$ requires the solution of 4 linear systems, which is almost as much work as required for 4 iterations of Newton's method.
Exercises 5, 6, and 8 yield appropriate comparisons. In only 5a, 5b, and 5c was CMRK4 competitive with Newton's method. This suggests that CMRK4 with $N = 1$ is not as good as Newton's Method.

(b) Generally, the CMRK4 algorithm would yield good initial approximations for Newton's method. This is well illustrated in Exercises 4b, 4c, 4d, 5, 6, and 8.

(c) The CMRK4 algorithm with $N = 2$ requires the solution of 8 linear systems, which is almost as much work as required for 8 iterations of Newton's method. Exercises 7 and 9 yield appropriate comparisons. Newton's method outperformed CMRK4 in Exercise 7. The CMRK4 algorithm worked well in Exercise 9 which had the singular Jacobian. The results here suggest that CMRK4 with $N = 2$ is not as good as Newton's method.

(d) Since the CMRK4 algorithm with $N = 1$ generally yields good initial approximations for Newton's method, we would not need to use the CMRK4 algorithm with $N = 2$ for this purpose.

Boundary-Value Problems for Ordinary Differential Equations

Exercise Set 11.1, page 648

1. The Linear Shooting Algorithm gives the results in the following tables.

    (a)

i	x_i	w_{1i}	$y(x_i)$
1	0.5	0.82432432	0.82402714

    (b)

i	x_i	w_{1i}	$y(x_i)$
1	0.25	0.3937095	0.3936767
2	0.50	0.8240948	0.8240271
3	0.75	1.337160	1.337086

2. The Linear Shooting Algorithm gives the results in the following tables.

    (a)

i	x_i	w_{1i}	$y(x_i)$
1	0.78539816	-0.28245222	-0.28284271

    (b)

i	x_i	w_{1i}	$y(x_i)$
1	$\pi/8$	-0.31541496	-0.31543220
2	$\pi/4$	-0.2828507	-0.282842712
3	$3\pi/8$	-0.20718437	-0.20719298

3. The Linear Shooting Algorithm gives the results in the following tables.

(a)

i	x_i	w_{1i}	$y(x_i)$
3	0.3	0.7833204	0.7831923
6	0.6	0.6023521	0.6022801
9	0.9	0.8568906	0.8568760

(b)

i	x_i	w_{1i}	$y(x_i)$
5	1.25	0.1676179	0.1676243
10	1.50	0.4581901	0.4581935
15	1.75	0.6077718	0.6077740

(c)

i	x_i	w_{1i}	$y(x_i)$
3	0.3	−0.5185754	−0.5185728
6	0.6	−0.2195271	−0.2195247
9	0.9	−0.0406577	−0.0406570

(d)

i	x_i	w_{1i}	$y(x_i)$
3	1.3	0.0655336	0.06553420
6	1.6	0.0774590	0.07745947
9	1.9	0.0305619	0.03056208

4. The Linear Shooting Algorithm gives the results in the following tables.

(a)

i	x_i	w_{1i}	w_{2i}
1	0.15707963	1.05248506	0.25267869
2	0.31415927	1.07905470	0.08492370
3	0.47123890	1.07905469	−0.08492234
4	0.62831853	1.05248505	−0.25267729

(b)

i	x_i	w_{1i}	w_{2i}
1	0.15707963	−0.06061198	−0.29443007
2	0.31415927	−0.09117479	−0.09251254
3	0.47123890	−0.08959214	0.11091096
4	0.62831853	−0.05748564	0.29239128

(c)

i	x_i	w_{1i}	w_{2i}
5	1.25000000	0.64314227	0.28800448
10	1.50000000	0.68324209	0.07407700
15	1.75000000	0.69226853	0.01166358

(d)

i	x_i	w_{1i}	w_{2i}
3	0.60000000	−0.71219638	−1.82098025
5	1.00000000	−1.64068454	−2.81187530
8	1.60000000	−3.52051591	−2.83551329

5. The Linear Shooting Algorithm with $h = 0.05$ gives the following results.

i	x_i	w_{1i}
6	0.3	0.04990547
10	0.5	0.00673795
16	0.8	0.00033755

The Linear Shooting Algorithm with $h = 0.1$ gives the following results.

i	x_i	w_{1i}
3	0.3	0.05273437
5	0.5	0.00741571
8	0.8	0.00038976

6. For Eq. (11.3), let $u_1(x) = y$ and $u_2(x) = y'$. Then

$$u_1'(x) = u_2(x), \quad a \leq x \leq b, \quad u_1(a) = \alpha$$

and

$$u_2'(x) = p(x)u_2(x) + q(x)u_1(x) + r(x), \quad a \leq x \leq b, \quad u_2(a) = 0.$$

For Eq. (11.4), let $v_1(x) = y$ and $v_2(x) = y'$. Then

$$v_1'(x) = v_2(x), \quad a \leq x \leq b, \quad v_1(a) = 0$$

and

$$v_2'(x) = p(x)v_2(x) + q(x)v_1(x), \quad a \leq x \leq b, \quad v_2(a) = 1.$$

Using the notation $u_{1,i} = u_1(x_i)$, $u_{2,i} = u_2(x_i)$, $v_{1,i} = v_1(x_i)$ and $v_{2,i} = v_2(x_i)$ leads to the equations in Step 4 of Algorithm 11.1.

7. (a) The approximate potential is $u(3) \approx 36.66702$ using $h = 0.1$.
   (b) The actual potential is $u(3) = 36.66667$.

8. Since $y_2(a) = 0$ and $y_2(b) = 0$, the boundary value problem

$$y'' = p(x)y' + q(x)y, \quad a \le x \le b, \quad y(a) = 0, \quad y(b) = 0$$

has $y = 0$ as a unique solution, so $y_2 \equiv 0$.

9. (a) There are no solutions if b is an integer multiple of π and $B \neq 0$.
   (b) A unique solution exists whenever b is not an integer multiple of π.
   (c) There is an infinite number of solutions if b is an multiple integer of π and $B = 0$.

10. The unique solution is $y(x) = B\left(e^x - e^{-x}\right) / \left(e^b - e^{-b}\right)$. For Exercise 9, we have $q(x) < 0$, so Corollary 11.2 does not apply.

Exercise Set 11.2, page 655

1. The Nonlinear Shooting Algorithm gives $w_1 = 0.405505 \approx \ln 1.5 = 0.405465$.

2. The Nonlinear Shooting Algorithm with $h = 0.25$ requires 4 iterations and gives:

i	x_i	w_{1i}	$y(x_i)$
1	-0.75	0.44444651	0.44444444
2	-0.5	0.40000229	0.4
3	-0.25	0.36363809	0.36363636

3. The Nonlinear Shooting Algorithm gives the results in the following tables.

   (a)

i	x_i	w_{1i}	w_{2i}
0	1.00000000	0.50000000	-0.24999645
1	1.20000000	0.45454784	-0.20660805
2	1.40000000	0.41667074	-0.17360737
3	1.60000000	0.38462082	-0.14792494
4	1.80000000	0.35714950	-0.12754660
5	2.00000000	0.33334113	-0.11110631

   Convergence requires 3 iterations and gives $t = -0.24999645$.

   (b)

i	x_i	w_{1i}	w_{2i}
0	1.00000000	2.00000000	0.00037561
1	1.20000000	2.03368970	0.30438685
2	1.40000000	2.11465981	0.48837177
3	1.60000000	2.22530062	0.60800801
4	1.80000000	2.35575016	0.68995503
5	2.00000000	2.50001814	0.74803626

Convergence requires 7 iterations and gives $t = 0.0037560915$.

(c)

i	x_i	w_{1i}	w_{2i}
0	2.00000000	1.19314718	0.24999064
1	2.20000000	1.24300222	0.24792509
2	2.40000000	1.29213370	0.24304604
3	2.60000000	1.34012348	0.23667511
4	2.80000000	1.38675666	0.22957777
5	3.00000000	1.43193699	0.22220426

Convergence requires 3 iterations and gives $t = 0.24999064$

(d)

i	x_i	w_{1i}	w_{2i}
0	1.00000000	0.00000000	1.00003300
1	1.10000000	0.12685765	1.55599879
2	1.20000000	0.31505131	2.22764352
3	1.30000000	0.57641412	3.02019435
4	1.40000000	0.92328031	3.93845898
5	1.50000000	1.36844649	4.98688802
6	1.60000000	1.92513857	6.16962437
7	1.70000000	2.60698306	7.49054305
8	1.80000000	3.42798193	8.95328379
9	1.90000000	4.40249050	10.56127800
10	2.00000000	5.54519780	12.31777134

Convergence requires 8 iterations and gives $t = 1.0000330$

4. The Nonlinear Shooting Algorithm gives the results in the following tables.

(a) 4 iterations are required, giving:

i	x_i	w_{1i}	$y(x_i)$
3	1.3	0.4347934	0.4347826
6	1.6	0.3846363	0.3846154
9	1.9	0.3448586	0.3448276

(b) 6 iterations are required, giving:

i	x_i	w_{1i}	$y(x_i)$
3	1.3	2.069249	2.069231
6	1.6	2.225013	2.225000
9	1.9	2.426317	2.426316

(c) 3 iterations are required, giving:

i	x_i	w_{1i}	$y(x_i)$
3	2.3	1.2676912	1.2676917
6	2.6	1.3401256	1.3401268
9	2.9	1.4095359	1.4095383

(d) To apply the algorithm we need to redefine the initial value of TK to be 2. Then 7 iterations required, giving:

i	x_i	w_{1i}	$y(x_i)$
5	1.25	0.4358290	0.4358272
10	1.50	1.3684496	1.3684447
15	1.75	2.9992010	2.9991909

5. (a) Modify Algorithm 11.2 as follows:

STEP 1 Set $h = (b-a)/N$;
$k = 2$;
$TK1 = (\beta - \alpha)/(b-a)$.

STEP 2 Set $w_{1,0} = \alpha$;
$w_{2,0} = TK1$.

STEP 3 For $i = 1, \ldots, N$ do Steps 4 and 5.

STEP 4 Set $x = a + (i-1)h$.

STEP 5 Set
$k_{1,1} = hw_{2,i-1}$;
$k_{1,2} = hf(x, w_{1,i-1}, w_{2,i-1})$;
$k_{2,1} = h(w_{2,i-1} + k_{1,2}/2)$;
$k_{2,2} = hf(x + h/2, w_{1,i-1} + k_{1,1}/2, w_{2,i-1} + k_{1,2}/2)$;
$k_{3,1} = h(w_{2,i-1} + k_{2,2}/2)$;
$k_{3,2} = hf(x + h/2, w_{1,i-1} + k_{2,1}/2, w_{2,i-1} + k_{2,2}/2)$;
$k_{4,1} = h(w_{2,i-1} + k_{3,2}/2)$;
$k_{4,2} = hf(x + h/2, w_{1,i-1} + k_{3,1}, w_{2,i-1} + k_{3,2})$;
$w_{1,i} = w_{1,i-1} + (k_{1,1} + 2k_{2,1} + 2k_{3,1} + k_{4,1})/6$;
$w_{2,i} = w_{2,i-1} + (k_{1,2} + 2k_{2,2} + 2k_{3,2} + k_{4,2})/6$.

STEP 6 Set $TK2 = TK1 + (\beta - w_{1,N})/(b-a)$.

STEP 7 While $(k \leq M)$ do Steps 8–15.

STEP 8 Set $w_{2,0} = TK2$;
$HOLD = w_{1,N}$.

STEP 9 For $i = 1, \ldots, N$ do Steps 10 and 11.

STEP 10 (Same as **STEP 4**)

STEP 11 (Same as **STEP 5**)

STEP 12 If $|w_{1,N} - \beta| \leq TOL$ then do Steps 13 and 14.
STEP 13 For $i = 0, \ldots, N$ set $x = a + ih$;
OUTPUT$(x, w_{1,i}, w_{2,i})$.
STEP 14 STOP.
STEP 15 Set
$TK = TK2 - (w_{1,N} - \beta)(TK2 - TK1)/(w_{1,N} - HOLD)$;
$TK1 = TK2$;
$TK2 = TK$;
$k = k + 1$.
STEP 16 OUTPUT('Maximum number of iterations exceeded.');
STOP.

(b) For 3(a), 3 iterations give:

i	x_i	w_i	$y(x_i)$
1	1.2	0.45453896	0.45454545
2	1.4	0.41665348	0.41666667
3	1.6	0.38459538	0.38461538
4	1.8	0.35711592	0.35714286

For 3(c), 3 iterations give:

i	x_i	w_i	$y(x_i)$
1	2.2	1.24299575	1.24300281
2	2.4	1.29211897	1.29213540
3	2.6	1.34009800	1.34012683
4	2.8	1.38671706	1.38676227

Exercise Set 11.3, page 661

1. The Linear Finite-Difference Algorithm gives following results.

(a)

i	x_i	w_{1i}	$y(x_i)$
1	0.5	0.83333333	0.82402714

(b)

i	x_i	w_{1i}	$y(x_i)$
1	0.25	0.39512472	0.39367669
2	0.5	0.82653061	0.82402714
3	0.75	1.33956916	1.33708613

(c) $\dfrac{4(0.82653061) - 0.83333333}{3} = 0.82426304$

2. The Linear Finite-Difference Algorithm gives following results.

(a)

i	x_i	w_{1i}	$y(x_i)$
1	$\pi/4$	-0.28287080	-0.282842712

(b)

i	x_i	w_{1i}	$y(x_i)$
1	$\pi/8$	-0.31568540	-0.31543220
2	$\pi/4$	-0.28290585	-0.282842712
3	$3\pi/8$	-0.20699563	-0.20719298

(c) Extrapolation gives

$$y\left(\frac{\pi}{4}\right) \approx \frac{4(-0.28290585) - (-0.28287080)}{3} = -0.282917533.$$

3. The Linear Finite-Difference Algorithm gives the results in the following tables.

(a)

i	x_i	w_i	$y(x_i)$
2	0.2	1.018096	1.0221404
5	0.5	0.5942743	0.59713617
7	0.7	0.6514520	0.65290384

(b)

i	x_i	w_i	$y(x_i)$
5	1.25	0.16797186	0.16762427
10	1.50	0.45842388	0.45819349
15	1.75	0.60787334	0.60777401

(c)

i	x_i	w_{1i}	$y(x_i)$
3	0.3	-0.5183084	-0.5185728
6	0.6	-0.2192657	-0.2195247
9	0.9	-0.0405748	-0.04065697

(d)

i	x_i	w_{1i}	$y(x_i)$
3	1.3	0.0654387	0.0655342
6	1.6	0.0773936	0.0774595
9	1.9	0.0305465	0.0305621

4. The Linear Finite-Difference Algorithm gives the results in the following tables.

(a)

i	x_i	w_{1i}	$y(x_i)$
1	0.15707963	1.05260081	1.05248562
2	0.31415927	1.07922974	1.07905555
3	0.47123890	1.07922974	1.07905555
4	0.62831853	1.05260081	1.05248562

(b)

i	x_i	w_i	$y(x_i)$
1	0.15707963	-0.06141845	-0.06062540
2	0.31415927	-0.09240491	-0.09119581
3	0.47123890	-0.09080499	-0.08961338
4	0.62831853	-0.05825827	-0.05749950

(c)

i	x_i	w_i	$y(x_i)$
5	1.25	0.64328225	0.64314355
10	1.50	0.68332838	0.68324289
15	1.75	0.69230217	0.69226885

(d)

i	x_i	w_i	$y(x_i)$
3	0.6	−0.70664241	−0.71228492
5	1.0	−1.63674050	−1.64085909
8	1.6	−3.52936107	−3.52075148

5. The Linear Finite-Difference Algorithm gives the results in the following tables.

i	x_i	$w_i(h=0.1)$
3	0.3	0.05572807
6	0.6	0.00310518
9	0.9	0.00016516

i	x_i	$w_i(h=0.05)$
6	0.3	0.05132396
12	0.6	0.00263406
18	0.9	0.00013340

6. The Linear Finite-Difference Algorithm with the extrapolation in Example 2 gives:

(a)

x_i	$w_i(h=0.1)$	$w_i(h=0.05)$	$w_i(h=0.025)$	Ext_{1i}	Ext_{2i}	Ext_{3i}
0.2	1.01809654	1.02113909	1.02189067	1.02215327	1.02214120	1.02214039
0.4	0.64736665	0.65004438	0.65070691	0.65093696	0.65092775	0.65092714
0.6	0.60014996	0.60175137	0.60214815	0.60228517	0.60228041	0.60228009
0.8	0.73896130	0.73961176	0.73977312	0.73982858	0.73982691	0.73982680

(b)

x_i	$w_i(h=0.05)$	$w_i(h=0.025)$	$w_i(h=0.0125)$	Ext_{1i}	Ext_{2i}	Ext_{3i}
1.2	0.07795820	0.07769625	0.07763091	0.07760893	0.07760913	0.07760914
1.4	0.36654278	0.36632776	0.36627411	0.36625609	0.36625623	0.36625624
1.6	0.52914512	0.52901406	0.52898134	0.52897037	0.52897043	0.52897044
1.8	0.62871452	0.62865682	0.62864241	0.62863759	0.62863761	0.62863761

7. (a) The approximate deflections are shown in the following table.

i	x_i	w_{1i}
5	30	0.0102808
10	60	0.0144277
15	90	0.0102808

(b) Yes, the maximum error on the interval is within 0.2 in.

(c) Yes, the maximum deflection occurs at $x = 60$. The exact solution is within tolerance, but the approximation is not.

8. The approximate deflection at 1-in. intervals is give in the following table.

i	x_i	w_i
10	10.0	0.1098549
20	20.0	0.1761424
25	25.0	0.1849608
30	30.0	0.1761424
40	40.0	0.1098549

9. First we have
$$\left|\frac{h}{2}p(x_i)\right| \leq \frac{hL}{2} < 1,$$
so
$$\left|-1-\frac{h}{2}p(x_i)\right| = 1+\frac{h}{2}p(x_i) \quad \text{and} \quad \left|-1+\frac{h}{2}p(x_i)\right| = 1-\frac{h}{2}p(x_i).$$
Therefore,
$$\left|-1-\frac{h}{2}p(x_i)\right| + \left|-1+\frac{h}{2}p(x_i)\right| = 2 \leq 2 + h^2 q(x_i),$$
for $2 \leq i \leq N-1$.
Since
$$\left|-1+\frac{h}{2}p(x_1)\right| < 2 \leq 2 + h^2 q(x_1) \quad \text{and} \quad \left|-1-\frac{h}{2}p(x_N)\right| < 2 \leq 2 + h^2 q(x_N),$$
Theorem 6.30 implies that the linear system (11.19) has a unique solution.

10. Let $q(x) \geq w > 0$ on $[a,b]$. Then using the sixth Taylor polynomial gives
$$\frac{y(x_{i+1}) - y(x_{i-1})}{2h} = y'(x_i) + \frac{h^2}{6}y'''(x_i) + \frac{h^4}{120}y^{(5)}(x_i) + O(h^5)$$
and
$$\frac{y(x_{i+1}) - 2y(x_i) + y(x_{i-1})}{h^2} = y''(x_i) + \frac{h^2}{12}y^{(4)}(x_i) + O(h^4).$$

Thus,

$$(2 + h^2 q(x_i)) y(x_i) - \left(1 - \frac{h}{2}p(x_i)\right)y(x_{i+1}) - \left(1 + \frac{h}{2}p(x_i)\right)y(x_{i-1}) + h^2 r(x_i)$$

$$= p(x_i)\frac{h^4}{6}y'''(x_i) - \frac{h^4}{12}y^{(4)}(x_i) +]O\left(h^6\right).$$

Subtracting h^2 times Equation (11.18) gives

$$(2 + h^2 q(x_i))(y(x_i) - w_i) = \left(1 - \frac{h}{2}p(x_i)\right)(y(x_{i+1}) - w_{i+1})$$
$$+ \left(1 + \frac{h}{2}p(x_i)\right)(y(x_{i-1}) - w_{i-1})$$
$$+ \left[\frac{p(x_i)}{6}y'''(x_i) - \frac{1}{12}y^{(4)}(x_i)\right]h^4 + O\left(h^6\right).$$

Let $E = \max_{0 \leq i \leq N+1} |y(x_i) - w_i|$. Then since $\left|\frac{h}{2}p(x_i)\right| < 1$,

$$(2 + h^2 q(x_i))(y(x_i) - w_i) \leq 2E + h^4 \left|\frac{p(x_i)}{6}y'''(x_i) - \frac{1}{12}y^{(4)}(x_i)\right| + O\left(h^6\right).$$

Let $K_1 = \max_{a \leq x \leq b} |y'''(x)|$ and $K_2 = \max_{a \leq x \leq b} |y^{(4)}(x)|$. If $q(x_i) \geq w$, then

$$(2 + h^2 w) E \leq 2E + h^4 \left[\frac{LK_1}{6} + \frac{K_2}{12}\right] + O\left(h^6\right)$$

and

$$E \leq h^2 \left[\frac{2LK_1 + K_2}{12w}\right] + O\left(h^4\right).$$

Exercise Set 11.4, page 667

1. The Nonlinear Finite-Difference method gives the following results.

i	x_i	w_i	$y(x_i)$
1	1.5	0.4067967	0.4054651

2. The Nonlinear Finite-Difference method gives the following results.

i	x_i	w_i	$y(x_i)$
1	-0.75	0.44458639	0.44444444
2	-0.5	0.40015723	0.4
3	-0.25	0.36373152	0.36363636

3. The Nonlinear Finite-Difference Algorithm gives the results in the following tables.

(a)

i	x_i	w_i
0	1.00000000	0.50000000
1	1.20000000	0.45458862
2	1.40000000	0.41672067
3	1.60000000	0.38466137
4	1.80000000	0.35716943
5	2.00000000	0.33333333

Convergence in 2 iterations.

(b)

i	x_i	w_i
0	1.00000000	2.00000000
1	1.20000000	2.03402730
2	1.40000000	2.11487319
3	1.60000000	2.22536304
4	1.80000000	2.35572844
5	2.00000000	2.50000000

Convergence in 3 iterations.

(c)

i	x_i	w_i
0	1.00000000	1.19314718
1	1.20000000	1.24305499
2	1.40000000	1.29220221
3	1.60000000	1.34018566
4	1.80000000	1.38679780
5	2.00000000	1.43194562

Convergence in 2 iterations.

(d)

i	x_i	w_i
0	1.00000000	0.00000000
1	1.20000000	0.12489059
2	1.40000000	0.31108664
3	1.60000000	0.57051196
4	1.80000000	0.91563623
5	2.00000000	1.35943651
6	1.20000000	1.91536814
7	1.40000000	2.59734258
8	1.60000000	3.41971133
9	1.80000000	4.39725498
10	2.00000000	5.54517744

Convergence in 4 iterations.

4. The Nonlinear Finite-Difference Algorithm gives the results in the following tables.

(a)

i	x_i	w_{1i}	$y(x_i)$
3	1.3	0.4347972	0.4347826
6	1.6	0.3846286	0.3846154
9	1.9	0.3448316	0.3448276

(b)

i	x_i	w_{1i}	$y(x_i)$
3	1.3	2.0694081	2.0692308
6	1.6	2.2250937	2.2250000
9	1.9	2.4263387	2.4263158

(c)

i	x_i	w_{1i}	$y(x_i)$
3	2.3	1.2677078	1.2676917
6	2.6	1.3401418	1.3401268
9	2.9	1.4095432	1.4095383

(d)

i	x_i	w_{1i}	$y(x_i)$
5	1.25	0.4345979	0.4358273
10	1.50	1.3662119	1.3684447
15	1.75	2.9969339	2.9991909

5. (b)   For (4a) we have:

x_i	$w_i(h=0.2)$	$w_i(h=0.1)$	$w_i(h=0.05)$	$EXT_{1,i}$	$EXT_{2,i}$	$EXT_{3,i}$
1.2	0.45458862	0.45455753	0.45454935	0.45454717	0.45454662	0.45454659
1.4	0.41672067	0.41668202	0.41667179	0.41666914	0.41666838	0.41666833
1.6	0.38466137	0.38462855	0.38461984	0.38461761	0.38461694	0.38461689
1.8	0.35716943	0.35715045	0.35714542	0.35714412	0.35714374	0.35714372

For (4c) we have:

x_i	$w_i(h=0.2)$	$w_i(h=0.1)$	$w_i(h=0.05)$	$EXT_{1,i}$	$EXT_{2,i}$	$EXT_{3,i}$
1.2	2.0340273	2.0335158	2.0333796	2.0333453	2.0333342	2.0333334
1.4	2.1148732	2.1144386	2.1143243	2.1142937	2.1142863	2.1142858
1.6	2.2253630	2.2250937	2.2250236	2.2250039	2.2250003	2.2250000
1.8	2.3557284	2.3556001	2.3555668	2.3555573	2.3555556	2.3555556

6. The approximate deflections using the Nonlinear Finite Difference Algorithm are shown in the following table.

i	x_i	w_i
5	30	0.01028080
10	60	0.01442767
15	90	0.01028080

The results from Exercise 7 in Section 11.3 are:

i	x_i	w_{1i}
5	30	0.0102808
10	60	0.0144277
15	90	0.0102808

Since the results are the same we can conclude that adding the nonlinear term to the differential equation makes no difference.

7. The Jacobian matrix $J = (a_{i,j})$ is tridiagonal with entries given in (11.21). So

$$a_{1,1} = 2 + h^2 f_y\left(x_1, w_1, \frac{1}{2h}(w_2 - \alpha)\right),$$

$$a_{1,2} = -1 + \frac{h}{2} f_{y'}\left(x_1, w_1, \frac{1}{2h}(w_2 - \alpha)\right),$$

$$a_{i,i-1} = -1 - \frac{h}{2} f_{y'}\left(x_i, w_i, \frac{1}{2h}(w_{i+1} - w_{i-1})\right), \quad \text{for } 2 \leq i \leq N-1$$

$$a_{i,i} = 2 + h^2 f_y\left(x_i, w_i, \frac{1}{2h}(w_{i+1} - w_{i-1})\right), \quad \text{for } 2 \leq i \leq N-1$$

$$a_{i,i+1} = -1 + \frac{h}{2} f_{y'}\left(x_i, w_i, \frac{1}{2h}(w_{i+1} - w_{i-1})\right), \quad \text{for } 2 \leq i \leq N-1$$

$$a_{N,N-1} = -1 - \frac{h}{2} f_{y'}\left(x_N, w_N, \frac{1}{2h}(\beta - w_{N-1})\right),$$

$$a_{N,N} = 2 + h^2 f_y\left(x_N, w_N, \frac{1}{2h}(\beta - w_{N-1})\right).$$

Thus, $|a_{i,i}| \geq 2 + h^2 \delta$, for $i = 1, \ldots, N$. Since $|f_{y'}(x, y, y')| \leq L$ and $h < 2/L$,

$$\left|\frac{h}{2} f_{y'}(x, y, y')\right| \leq \frac{hL}{2} < 1.$$

So

$$|a_{1,2}| = \left|-1 + \frac{h}{2} f_{y'}\left(x_1, w_1, \frac{1}{2h}(w_2 - \alpha)\right)\right| < 2 < |a_{1,1}|,$$

$$|a_{i,i-1}| + |a_{i,i+1}| = -a_{i,i-1} - a_{i,i+1}$$
$$= 1 + \frac{h}{2} f_{y'}\left(x_i, w_i, \frac{1}{2h}(w_{i+1} - w_{i-1})\right) + 1 - \frac{h}{2} f_{y'}\left(x_i, w_i, \frac{1}{2h}(w_{i+1} - w_{i-1})\right)$$
$$= 2 \leq |a_{i,i}|,$$

and

$$|a_{N,N-1}| = -a_{N,N-1} = 1 + \frac{h}{2} f_{y'}\left(x_N, w_N, \frac{1}{2h}(\beta - w_{N-1})\right) < 2 < |a_{N,N}|.$$

By Theorem 6.30, the matrix J is nonsingular.

Exercise Set 11.5, page 682

1. The Piecewise Linear Algorithm gives $\phi(x) = -0.07713274\phi_1(x) - 0.07442678\phi_2(x)$. The actual values are $y(x_1) = -0.07988545$ and $y(x_2) = -0.07712903$.

2. The Piecewise Linear Algorithm gives $\phi(x) = -0.2552629\phi_1(x) - 0.1633565\phi_2(x)$. The actual values are $y(x_1) = -0.24$ and $y(x_2) = -0.16$.

3. The Piecewise Linear Algorithm gives the results in the following tables.

(a)

i	x_i	$\phi(x_i)$	$y(x_i)$
3	0.3	−0.212333	−0.21
6	0.6	−0.241333	−0.24
9	0.9	−0.090333	−0.09

(b)

i	x_i	$\phi(x_i)$	$y(x_i)$
3	0.3	0.1815138	0.1814273
6	0.6	0.1805502	0.1804753
9	0.9	0.05936468	0.05934303

(c)

i	x_i	$\phi(x_i)$	$y(x_i)$
5	0.25	−0.3585989	−0.3585641
10	0.50	−0.5348383	−0.5347803
15	0.75	−0.4510165	−0.4509614

(d)

i	x_i	$\phi(x_i)$	$y(x_i)$
5	0.25	−0.1846134	−0.1845204
10	0.50	−0.2737099	−0.2735857
15	0.75	−0.2285169	−0.2284204

4. The Cubic Spline Algorithm gives the results in the following tables.

(a)

i	x_i	$\phi(x_i)$	y_i
1	0.25	−0.0712415	−0.0712308
2	0.5	−0.0944237	−0.0944091
3	0.75	−0.0681742	−0.0681651

(b)

i	x_i	$\phi(x_i)$	y_i
1	0.25	−0.1875	−0.1875
2	0.5	−0.25	−0.25
3	0.75	−0.1875	−0.1875

5. The Cubic Spline Algorithm gives the results in the following tables.

(a)

i	x_i	$\phi(x_i)$	$y(x_i)$
3	0.3	−0.2100000	−0.21
6	0.6	−0.2400000	−0.24
9	0.9	−0.0900000	−0.09

(b)

i	x_i	$\phi(x_i)$	$y(x_i)$
3	0.3	0.1814269	0.1814273
6	0.6	0.1804753	0.1804754
9	0.9	0.05934321	0.05934303

(c)

i	x_i	$\phi(x_i)$	$y(x_i)$
5	0.25	-0.3585639	-0.3585641
10	0.50	-0.5347779	-0.5347803
15	0.75	-0.4509109	-0.4509614

(d)

i	x_i	$\phi(x_i)$	$y(x_i)$
5	0.25	-0.1845191	-0.1845204
10	0.50	-0.2735833	-0.2735857
15	0.75	-0.2284186	-0.2284204

6. With $z(x) = y(x) - \beta x - \alpha(1-x)$, we have $z(0) = y(0) - \alpha = \alpha - \alpha = 0$ and $z(1) = y(1) - \beta = \beta - \beta = 0$. Further, $z'(x) = y'(x) - \beta + \alpha$. Thus, $y(x) = z(x) + \beta x + \alpha(1-x)$ and $y'(x) = z'(x) + \beta - \alpha$. Substituting for y and y' in the differential equation gives

$$-\frac{d}{dx}(p(x)z' + p(x)(\beta - \alpha)) + q(x)(z + \beta x + \alpha(1-x)) = f(x).$$

Simplifying gives the differential equation

$$-\frac{d}{dx}(p(x)z') + q(x)z = f(x) + (\beta - \alpha)p'(x) - [\beta x + \alpha(1-x)]q(x).$$

7. Exercise 6 and the Piecewise Linear Algorithm give:

i	x_i	$\phi(x_i)$	$y(x_i)$
3	0.3	1.0408182	1.0408182
6	0.6	1.1065307	1.1065306
9	0.9	1.3065697	1.3065697

8. The Cubic Spline Algorithm gives the results in the following table.

x_i	$\phi_i(x)$	$y(x_i)$
0.3	1.0408183	1.0408182
0.5	1.1065307	1.1065301
0.9	1.3065697	1.3065697

9. A change in variable $w = (x-a)/(b-a)$ gives the boundary value problem

$$-\frac{d}{dw}(p((b-a)w + a)y') + (b-a)^2 q((b-a)w + a)y = (b-a)^2 f((b-a)w + a),$$

where $0 < w < 1$, $y(0) = \alpha$, and $y(1) = \beta$. Then Exercise 6 can be used.

10. If $\sum_{i=1}^{n} c_i \phi_i(x) = 0$, for $0 \leq x \leq 1$, then for any j, we have $\sum_{i=1}^{n} c_i \phi_i(x_j) = 0$. But

$$\phi_i(x_j) = \begin{cases} 0 & i \neq j, \\ 1 & i = j, \end{cases}$$

so $c_j \phi_j(x_j) = c_j = 0$. Hence the functions are linearly independent.

11. Suppose $\phi(x) = \sum_{i=0}^{n+1} c_i \phi_i(x) = 0$, for all x in $[0, 1]$. At the nodes x_i, $i = 0, \ldots, n+1$, we have

$$\phi_0(x_i) = \begin{cases} 1/4, & \text{if } i = 1 \\ 0, & \text{otherwise;} \end{cases}$$

$$\phi_1(x_i) = \begin{cases} 1, & \text{if } i = 1 \\ 1/4, & \text{if } i = 2 \\ 0, & \text{otherwise;} \end{cases}$$

$$\phi_n(x_i) = \begin{cases} 1, & \text{if } i = n \\ 1/4, & \text{if } i = n-1 \\ 0, & \text{otherwise;} \end{cases}$$

$$\phi_{n+1}(x_i) = \begin{cases} 1/4, & \text{if } i = n \\ 0, & \text{otherwise;} \end{cases}$$

and for $j = 2, 3, \ldots, n-1$,

$$\phi_j(x_i) = \begin{cases} 1, & \text{if } i = j \\ 1/4, & \text{if } i = j-1 \text{ or } i = j+1 \\ 0, & \text{otherwise.} \end{cases}$$

Thus,

$$0 = \phi(x_1) = \frac{1}{4}c_0 + c_1 + \frac{1}{4}c_2$$
$$0 = \phi(x_2) = \frac{1}{4}c_1 + c_2 + \frac{1}{4}c_3$$
$$\vdots$$
$$0 = \phi(x_{n-1}) = \frac{1}{4}c_{n-2} + c_{n-1} + \frac{1}{4}c_n$$
$$0 = \phi(x_n) = \frac{1}{4}c_{n-1} + c_n + \frac{1}{4}c_{n+1}.$$

Since $\phi'(0) = \phi'(1) = 0$, we have

$$0 = \frac{3}{h}c_0 + \frac{1.5}{h}c_1, \quad \text{so} \quad 0 = 3c_0 + 1.5c_1$$

and

$$0 = -\frac{1.5}{h}c_n - \frac{3}{h}c_{n+1}, \quad \text{so} \quad 0 = 1.5c_n + 3c_{n+1}.$$

Thus,

$$\begin{bmatrix} 3 & 1.5 & 0 & \cdots & & & \cdots & 0 \\ 0.25 & 1 & 0.25 & \ddots & & & & \vdots \\ 0 & 0.25 & 1 & 0.25 & \ddots & & & \vdots \\ \vdots & \ddots & \ddots & \ddots & \ddots & \ddots & & \vdots \\ \vdots & & \ddots & \ddots & \ddots & \ddots & \ddots & \vdots \\ \vdots & & & \ddots & 0.25 & 1 & 0.25 & 0 \\ \vdots & & & & \ddots & 0.25 & 1 & 0.25 \\ 0 & \cdots & & \cdots & & 0 & 1.5 & 3 \end{bmatrix} \begin{bmatrix} c_0 \\ c_1 \\ \vdots \\ \vdots \\ \vdots \\ c_{n-1} \\ c_n \\ c_{n+1} \end{bmatrix} = \begin{bmatrix} 0 \\ 0 \\ \vdots \\ \vdots \\ \vdots \\ 0 \\ 0 \\ 0 \end{bmatrix},$$

which can be written as the linear system $A\mathbf{c} = \mathbf{0}$. The matrix A is strictly diagonally dominant and, hence, nonsingular. So the only solution to the linear system is $\mathbf{c} = \mathbf{0}$, and $\{\phi_0, \phi_1, \ldots, \phi_n, \phi_{n+1}\}$ is linearly independent.

12. Let $\mathbf{c} = (c_1, \ldots, c_n)^t$ be any vector and let $\phi(x) = \sum_{j=1}^n c_j \phi_j(x)$. Then

$$\mathbf{c}^t A \mathbf{c} = \sum_{i=1}^n \sum_{j=1}^n a_{ij} c_i c_j = \sum_{i=1}^n \sum_{j=i-1}^{i+1} a_{ij} c_i c_j$$

$$= \sum_{i=1}^n \left[\int_0^1 \{p(x) c_i \phi_i'(x) c_{i-1} \phi_{i-1}'(x) + q(x) c_i \phi_i(x) c_{i-1} \phi_{i-1}(x)\} \, dx \right.$$

$$+ \int_0^1 \{p(x) c_i^2 [\phi_i'(x)]^2 + q(x) c_i^2 [\phi_i'(x)]^2\} \, dx$$

$$\left. + \int_0^1 \{p(x) c_i \phi_i'(x) c_{i+1} \phi_{i+1}'(x) + q(x) c_i \phi_i(x) c_{i+1} \phi_{i+1}(x)\} \, dx \right]$$

$$= \int_0^1 \{p(x) [\phi'(x)]^2 + q(x) [\phi(x)]^2\} \, dx.$$

So $\mathbf{c}^t A \mathbf{c} \geq 0$ with equality only if $\mathbf{c} = \mathbf{0}$. Since A is also symmetric, A is positive definite.

13. For $\mathbf{c} = (c_0, c_1, \ldots, c_{n+1})^t$ and $\phi(x) = \sum_{i=0}^{n+1} c_i \phi_i(x)$, we have

$$\mathbf{c}^t A \mathbf{c} = \int_0^1 p(x) [\phi'(x)]^2 + q(x) [\phi(x)]^2 \, dx.$$

But $p(x) > 0$ and $q(x) [\phi(x)]^2 \geq 0$, so $\mathbf{c}^t A \mathbf{c} \geq 0$, and it can be 0, for $\mathbf{x} \neq \mathbf{0}$, only if $\phi'(x) \equiv 0$ on $[0, 1]$. However, $\{\phi_0', \phi_1', \ldots, \phi_{n+1}'\}$ is linearly independent, so $\phi'(x) \neq 0$ on $[0, 1]$ and $\mathbf{c}^t A \mathbf{c} = 0$ if and only if $\mathbf{c} = \mathbf{0}$.

Numerical Solutions to Partial Differential Equations

Exercise Set 12.1, page 698

1. The Poisson Equation Finite-Difference Algorithm gives the following results.

i	j	x_i	y_j	$w_{i,j}$	$u(x_i, y_j)$
1	1	0.5	0.5	0.0	0
1	2	0.5	1.0	0.25	0.25
1	3	0.5	1.5	1.0	1

2. The Poisson Equation Finite-Difference Algorithm gives the following results.

i	j	x_i	y_j	w_{ij}	$u(x_i, y_i)$
1	1	1.33333333	0.33333333	0.6348043	0.6359888
1	2	1.33333333	0.66666667	0.7985001	0.7985077
2	1	1.66666667	0.33333333	1.0599924	1.068720
2	2	1.66666667	0.66666667	1.1698208	1.1700713

3. The Poisson Equation Finite-Difference Algorithm gives the following results.

    (a) 30 iterations required:

i	j	x_i	y_j	$w_{i,j}$	$u(x_i, y_j)$
2	2	0.4	0.4	0.1599988	0.16
2	4	0.4	0.8	0.3199988	0.32
4	2	0.8	0.4	0.3199995	0.32
4	4	0.8	0.8	0.6399996	0.64

(b) 29 iterations required:

i	j	x_i	y_j	$w_{i,j}$	$u(x_i, y_j)$
2	1	1.256637	0.3141593	0.2951855	0.2938926
2	3	1.256637	0.9424778	0.1830822	0.1816356
4	1	2.513274	0.3141593	−0.7721948	−0.7694209
4	3	2.513274	0.9424778	−0.4785169	−0.4755283

(c) 126 iterations required:

i	j	x_i	y_j	$w_{i,j}$	$u(x_i, y_j)$
4	3	0.8	0.3	1.2714468	1.2712492
4	7	0.8	0.7	1.7509414	1.7506725
8	3	1.6	0.3	1.6167917	1.6160744
8	7	1.6	0.7	3.0659184	3.0648542

(d) 127 iterations required:

i	j	x_i	y_j	$w_{i,j}$	$u(x_i, y_j)$
2	2	1.2	1.2	0.5251533	0.5250861
4	4	1.4	1.4	1.3190830	1.3189712
6	6	1.6	1.6	2.4065150	2.4064186
8	8	1.8	1.8	3.8088995	3.8088576

4. The Poisson Equation Finite-Difference Algorithm with extrapolation gives the following results.

x_i	y_j	$w_{ij}(h=0.2)$	$w_{ij}(h=0.1)$	$w_{ij}(h=0.05)$	$\text{Ext1}_{i,j}$	$\text{Ext2}_{i,j}$	$\text{Ext3}_{i,j}$
0.4	0.4	0.15999914	0.15999579	0.15998414	0.159994673	0.15998026	0.15997930
0.4	0.8	0.31999888	0.31999384	0.31997558	0.319992160	0.31996949	0.31996798
0.8	0.4	0.31999952	0.31999588	0.31997997	0.319994667	0.31997467	0.31997333
0.8	0.8	0.63999955	0.63999689	0.63998633	0.639996003	0.63998281	0.63998193

5. To incorporate the SOR method, make the following changes to Algorithm 12.1:

STEP 1 Set $h = (b-a)/n$;
$k = (d-c)/m$;
$w = 4/\left(2 + \sqrt{4 - (\cos \pi/m)^2 - (\cos \pi/n)^2}\right)$;
$w_0 = 1 - w$;

In each of Steps 7, 8, 9, 11, 12, 13, 14, 15, and 16 after

set ...

Numerical Solutions to Partial Differential Equations

insert

$$\text{set } E = w_{\alpha,\beta} - z;$$
$$\text{if } (|E| > \text{NORM}) \text{ then set NORM} = |E|;$$
$$\text{set } w_{\alpha,\beta} = \omega_0 E + z.$$

where α and β depend on which step is being changed.

6. Using $TOL = 10^{-6}$, the results are the same for both methods. The number of iterations required are listed for each method.

   (a) SOR 14 iterations, Gauss–Seidel 30 iterations, $\omega = 1.259616$

i	j	x_i	y_j	w_{ij}
1	1	0.2	0.2	0.03999975
2	2	0.4	0.4	0.15999994
3	3	0.6	0.6	0.35999994
4	4	0.8	0.8	0.63999998

   (b) SOR 14 iterations, Gauss–Seidel 29 iterations, $\omega = 1.259616$

i	j	x_i	y_j	w_{ij}
2	1	1.256637	0.3141593	0.29518499
2	3	1.256637	0.9424778	0.18308118
4	1	2.513274	0.3141593	−0.77219505
4	3	2.513274	0.9424778	−0.47851735

   (c) SOR 30 iterations, Gauss–Seidel 126 iterations, $\omega = 1.527864$

i	j	x_i	y_j	w_{ij}
1	1	0.2	0.1	1.0202140
2	2	0.4	0.2	1.0833400
3	3	0.6	0.3	1.1973456
4	4	0.8	0.4	1.3773776
5	5	1.0	0.5	1.6491565
6	6	1.2	0.6	2.0550775
7	7	1.4	0.7	2.6653128
8	8	1.6	0.8	3.5975766
9	9	1.8	0.9	5.0537432

(d) SOR 30 iterations, Gauss–Seidel 127 iterations, $\omega = 1.527864$

i	j	x_i	y_j	w_{ij}
2	2	1.2	1.2	0.52515626
4	4	1.4	1.4	1.3190907
6	6	1.6	1.6	2.4065227
8	8	1.8	1.8	3.8089025

7. The approximate potential at some typical points gives the following results.

i	j	x_i	y_j	$w_{i,j}$
1	4	0.1	0.4	88
2	1	0.2	0.1	66
4	2	0.4	0.2	66

8. Approximations for the temperature are given in the following table. Convergence was obtained with 293 iterations using the tolerance 10^{-6}.

i	j	x_i	y_j	w_{ij}
5	9	2.0	3.0	5.959624
8	3	3.2	1.0	7.916551
10	9	4.0	3.0	4.679948
12	12	4.8	4.0	2.060342

Exercise Set 12.2, page 710

1. The Heat Equation Backward-Difference Algorithm gives the following results.

i	j	x_i	t_j	w_{ij}	$u(x_i, t_j)$
1	1	0.5	0.05	0.632952	0.652037
2	1	1.0	0.05	0.895129	0.883937
3	1	1.5	0.05	0.632952	0.625037
1	2	0.5	0.1	0.566574	0.552493
2	2	1.0	0.1	0.801256	0.781344
3	2	1.5	0.1	0.566574	0.552493

2. The Heat Equation Backward-Difference Algorithm gives the following results.

i	j	x_i	t_j	w_{ij}	$u(x_i, t_j)$
1	1	1/3	0.05	1.59728	1.53102
2	1	2/3	0.05	−1.59728	−1.53102
1	2	1/3	0.1	1.47300	1.35333
2	2	2/3	0.1	−1.47300	−1.35333

3. The Crank-Nicolson Algorithm gives the following results.

For $h = 0.4$ and $k = 0.1$:

i	j	x_i	t_j	w_{ij}	$u(x_i, t_j)$
2	5	0.8	0.5	3.035630	0
3	5	1.2	0.5	−3.035630	0
4	5	1.6	0.5	1.876122	0

For $h = 0.4$ and $k = 0.05$:

i	j	x_i	t_j	w_{ij}	$u(x_i, t_j)$
2	10	0.8	0.5	0	0
3	10	1.2	0.5	0	0
4	10	1.6	0.5	0	0

4. The Crank-Nicolson Algorithm gives the following results.

For $h = 0.4$ and $k = 0.1$:

i	j	x_i	t_j	w_{ij}	$u(x_i, t_j)$
1	1	1/3	0.05	1.591825	
2	1	2/3	0.05	−1.591825	
1	2	1/3	0.1	1.462951	
2	2	2/3	0.1	−1.462951	

5. The Forward-Difference Algorithm gives the following results.

(a) For $h = 0.4$ and $k = 0.1$:

i	j	x_i	t_j	w_{ij}	$u(x_i, t_j)$
2	5	0.8	0.5	8.2×10^{-7}	0
3	5	1.2	0.5	-8.2×10^{-7}	0
4	5	1.6	0.5	5.1×10^{-7}	0

For $h = 0.4$ and $k = 0.05$:

i	j	x_i	t_j	w_{ij}	$u(x_i, t_j)$
2	10	0.8	0.5	-2.6×10^{-6}	0
3	10	1.2	0.5	2.6×10^{-6}	0
4	10	1.6	0.5	-1.6×10^{-6}	0

(b) For $h = \frac{\pi}{10}$ and $k = 0.05$:

i	j	x_i	t_j	w_{ij}	$u(x_i, t_j)$
3	10	0.94247780	0.5	0.4926589	0.4906936
6	10	1.88495559	0.5	0.5791553	0.5768449
9	10	2.82743339	0.5	0.1881790	0.1874283

6. The Forward-Difference Algorithm gives the following results.

   (a) For $h = 0.2$ and $k = 0.04$:

i	j	x_i	t_j	$w_{i,j}$	$u(x_i, t_j)$
4	10	0.8	0.4	1.166149	1.169362
8	10	1.6	0.4	1.252413	1.254556
12	10	2.4	0.4	0.4681813	0.4665473
16	10	3.2	0.4	-0.1027637	-0.1056622

   (b) For $h = 0.1$ and $k = 0.04$:

i	j	x_i	t_j	$w_{i,j}$	$u(x_i, t_j)$
3	10	0.3	0.4	0.5397009	0.5423003
6	10	0.6	0.4	0.6344565	0.6375122
9	10	0.9	0.4	0.2061474	0.2071403

7. The Backward-Difference Algorithm gives:

   (a) For $h = 0.4$ and $k = 0.1$:

i	j	x_i	t_j	$w_{i,j}$	$u(x_i, t_j)$
2	5	0.8	0.5	-0.00258	0
3	5	1.2	0.5	0.00258	0
4	5	1.6	0.5	-0.00159	0

   For $h = 0.4$ and $k = 0.05$:

i	j	x_i	t_j	$w_{i,j}$	$u(x_i, t_j)$
2	10	0.8	0.5	-4.93×10^{-4}	0
3	10	1.2	0.5	4.93×10^{-4}	0
4	10	1.6	0.5	-3.05×10^{-4}	0

(b) For $h = \frac{\pi}{10}$ and $k = 0.05$:

i	j	x_i	t_j	$w_{i,j}$	$u(x_i, t_j)$
3	10	0.94247780	0.5	0.4986092	0.4906936
6	10	1.88495559	0.5	0.5861503	0.5768449
9	10	2.82743339	0.5	0.1904518	0.1874283

8. (a) For $h = 0.2$ and $k = 0.04$:

i	j	x_i	t_j	$w_{i,j}$	$u(x_i, t_j)$
4	10	0.8	0.4	1.176752	1.169362
8	10	1.6	0.4	1.259495	1.254556
12	10	2.4	0.4	0.4628134	0.4665473
16	10	3.2	0.4	-0.1123064	-0.1056622

(b) For $h = 0.1$ and $k = 0.04$:

i	j	x_i	t_j	$w_{i,j}$	$u(x_i, t_j)$
3	10	0.3	0.4	0.5482691	0.5423003
6	10	0.6	0.4	0.6445290	0.6375123
9	10	0.9	0.4	0.2094202	0.2071403

9. The Crank-Nicolson Algorithm gives the following results.

(a) For $h = 0.4$ and $k = 0.1$:

i	j	x_i	t_j	w_{ij}	$u(x_i, t_j)$
2	5	0.8	0.5	8.2×10^{-7}	0
3	5	1.2	0.5	-8.2×10^{-7}	0
4	5	1.6	0.5	5.1×10^{-7}	0

For $h = 0.4$ and $k = 0.05$:

i	j	x_i	t_j	w_{ij}	$u(x_i, t_j)$
2	10	0.8	0.5	-2.6×10^{-6}	0
3	10	1.2	0.5	2.6×10^{-6}	0
4	10	1.6	0.5	-1.6×10^{-6}	0

(b) For $h = \frac{\pi}{10}$ and $k = 0.05$:

i	j	x_i	t_j	w_{ij}	$u(x_i, t_j)$
3	10	0.94247780	0.5	0.4926589	0.4906936
6	10	1.88495559	0.5	0.5791553	0.5768449
9	10	2.82743339	0.5	0.1881790	0.1874283

10. The Crank-Nicolson Algorithm gives the following results.

    (a) For $h = 0.2$ and $k = 0.04$:

i	j	x_i	t_j	$w_{i,j}$	$u(x_i, t_j)$
4	10	0.8	0.4	1.171532	1.169362
8	10	1.6	0.4	1.256005	1.254556
12	10	2.4	0.4	0.4654499	0.4665473
16	10	3.2	0.4	−0.1076139	−0.1056622

    (b) For $h = 0.1$ and $k = 0.04$:

i	j	x_i	t_j	$w_{i,j}$	$u(x_i, t_j)$
3	10	0.3	0.4	0.5440532	0.5423003
6	10	0.6	0.4	0.6395728	0.6375122
9	10	0.9	0.4	0.2078098	0.2071403

11. Using Richardson's method gives:

    (a) Using $h = 0.4$ and $k = 0.1$ leads to meaningless results. Using $h = 0.4$ and $k = 0.05$ again gives meaningless answers. Letting $h = 0.4$ and $k = 0.005$ produces the following:

i	j	x_i	t_j	w_{ij}
1	100	0.4	0.5	−165.405
2	100	0.8	0.5	267.613
3	100	1.2	0.5	−267.613
4	100	1.6	0.5	165.405

The instability of Richardson's method gives very poor results.

(b)

i	j	x_i	t_j	$w(x_{ij})$
3	10	0.94247780	0.5	0.46783396
6	10	1.8849556	0.5	0.54995267
9	10	2.8274334	0.5	0.17871220

12. Using Richardson's method gives:

   (a) For $h = 0.2$ and $k = 0.04$

i	j	x_i	t_j	$w(x_{ij})$
4	10	0.8	0.4	1.1406275
8	10	1.6	0.4	1.2315952
12	10	2.4	0.4	0.47267557
16	10	3.2	0.4	−0.08733023

   (b) For $h = 0.1$ and $k = 0.04$

i	j	x_i	t_j	$w(x_{ij})$
2	10	0.2	0.4	0.37945980
4	10	0.4	0.4	0.61397885
6	10	0.6	0.4	0.61397885
8	10	0.8	0.4	0.37945980

13. We have
$$a_{11}v_1^{(i)} + a_{12}v_2^{(i)} = (1-2\lambda)\sin\frac{i\pi}{m} + \lambda\sin\frac{2\pi i}{m}$$

and
$$\mu_i v_1^{(i)} = \left[1 - 4\lambda\left(\sin\frac{i\pi}{2m}\right)^2\right]\sin\frac{i\pi}{m} = \left[1 - 4\lambda\left(\sin\frac{i\pi}{2m}\right)^2\right]\left(2\sin\frac{i\pi}{2m}\cos\frac{i\pi}{2m}\right)$$
$$= 2\sin\frac{i\pi}{2m}\cos\frac{i\pi}{2m} - 8\lambda\left(\sin\frac{i\pi}{2m}\right)^3\cos\frac{i\pi}{2m}.$$

However,
$$(1-2\lambda)\sin\frac{i\pi}{m} + \lambda\sin\frac{2\pi i}{m} = 2(1-2\lambda)\sin\frac{i\pi}{2m}\cos\frac{i\pi}{2m} + 2\lambda\sin\frac{i\pi}{m}\cos\frac{i\pi}{m}$$
$$= 2(1-2\lambda)\sin\frac{i\pi}{2m}\cos\frac{i\pi}{2m}$$
$$+ 2\lambda\left[2\sin\frac{i\pi}{2m}\cos\frac{i\pi}{2m}\right]\left[1 - 2\left(\sin\frac{i\pi}{2m}\right)^2\right]$$
$$= 2\sin\frac{i\pi}{2m}\cos\frac{i\pi}{2m} - 8\lambda\cos\frac{i\pi}{2m}\left[\sin\frac{i\pi}{2m}\right]^3.$$

Thus,
$$a_{11}v_1^{(i)} + a_{12}v_2^{(i)} = \mu_i v_1^{(i)}.$$

Further,

$$a_{j,j-1}v_{j-1}^{(i)} + a_{j,j}v_j^{(i)} + a_{j,j+1}v_{j+1}^{(i)} = \lambda \sin \frac{i(j-1)\pi}{m} + (1-2\lambda)\sin\frac{ij\pi}{m} + \lambda\sin\frac{i(j+1)\pi}{m}$$

$$= \lambda\left(\sin\frac{ij\pi}{m}\cos\frac{i\pi}{m} - \sin\frac{i\pi}{m}\cos\frac{ij\pi}{m}\right) + (1-2\lambda)\sin\frac{ij\pi}{m}$$

$$+ \lambda\left(\sin\frac{ij\pi}{m}\cos\frac{i\pi}{m} + \sin\frac{i\pi}{m}\cos\frac{ij\pi}{m}\right)$$

$$= \sin\frac{ij\pi}{m} - 2\lambda\sin\frac{ij\pi}{m} + 2\lambda\sin\frac{ij\pi}{m}\cos\frac{i\pi}{m}$$

$$= \sin\frac{ij\pi}{m} + 2\lambda\sin\frac{ij\pi}{m}\left(\cos\frac{i\pi}{m} - 1\right)$$

and

$$\mu_i v_j^{(i)} = \left[1 - 4\lambda\left(\sin\frac{i\pi}{2m}\right)^2\right]\sin\frac{ij\pi}{m} = \left[1 - 4\lambda\left(\frac{1}{2} - \frac{1}{2}\cos\frac{i\pi}{m}\right)\right]\sin\frac{ij\pi}{m}$$

$$= \left[1 + 2\lambda\left(\cos\frac{i\pi}{m} - 1\right)\right]\sin\frac{ij\pi}{m},$$

so

$$a_{j,j-1}v_{j-1}^{(i)} + a_{j,j}v_j^{(i)} + a_{j,j+1}v_{j+1}^{(i)} = \mu_i v_j^{(i)}.$$

Similarly,

$$a_{m-2,m-1}v_{m-2}^{(i)} + a_{m-1,m-1}v_{m-1}^{(i)} = \mu_i v_{m-1}^{(i)},$$

so $A\mathbf{v}^{(i)} = \mu_i \mathbf{v}^{(i)}$.

14. We have

$$a_{11}v_1^{(i)} + a_{12}v_2^{(i)} = (1+2\lambda)\sin\frac{i\pi}{m} - \lambda\sin\frac{2\pi i}{m} = (1+2\lambda)\sin\frac{i\pi}{m} - 2\lambda\sin\frac{i\pi}{m}\cos\frac{i\pi}{m}$$

$$= \sin\frac{i\pi}{m}\left[1 + 2\lambda\left(1 - \cos\frac{i\pi}{m}\right)\right]$$

and

$$\mu_i v_1^{(i)} = \left[1 + 4\lambda\left(\sin\frac{i\pi}{2m}\right)^2\right]\sin\frac{i\pi}{m} = \left[1 + 2\lambda\left(1 - \cos\frac{i\pi}{m}\right)\right]\sin\frac{i\pi}{m} = a_{11}v_1^{(i)} + a_{12}v_2^{(i)}.$$

In general,

$$a_{j,j-1}v_{j-1}^{(i)} + a_{j,j}v_j^{(i)} + a_{j,j+1}v_{j+1}^{(i)} = -\lambda\sin\frac{i(j-1)\pi}{m} + (1+2\lambda)\sin\frac{ij\pi}{m} - \lambda\sin\frac{i(j+1)\pi}{m}$$

$$= -\lambda\left(\sin\frac{ij\pi}{m}\cos\frac{i\pi}{m} - \sin\frac{i\pi}{m}\cos\frac{ij\pi}{m}\right) + (1+2\lambda)\sin\frac{ij\pi}{m}$$

$$-\lambda\left(\sin\frac{ij\pi}{m}\cos\frac{i\pi}{m} + \sin\frac{i\pi}{m}\cos\frac{ij\pi}{m}\right)$$

$$= -2\lambda\sin\frac{ij\pi}{m}\cos\frac{i\pi}{m} + (1+2\lambda)\sin\frac{ij\pi}{m}$$

$$= \left[1 + 2\lambda\left(1 - \cos\frac{i\pi}{m}\right)\right]\sin\frac{ij\pi}{m} = \mu_i v_j^{(i)}.$$

Similarly,
$$a_{m-2,m-1}v_{m-2}^{(i)} + a_{m-1,m-1}v_{m-1}^{(i)} = \mu_i v_{m-1}^{(i)}.$$

Thus, $A\mathbf{v}^{(i)} = \mu_i \mathbf{v}^{(i)}$. Since A is symmetric with positive eigenvalues, A is positive definite. Further,
$$\sum_{j=1, j\neq i}^{n} |a_{ij}| = 2\lambda < 1 + 2\lambda = |a_{ii}|, \quad \text{for } 1 \leq i \leq n,$$
so A is diagonally dominant.

15. To modify Algorithm 12.2, change the following:

    STEP 7 Set
    $$\begin{aligned} t &= jk; \\ z_1 &= (w_1 + kF(h))/l_1. \end{aligned}$$

    STEP 8 For $i = 2, \ldots, m-1$ set
    $$z_i = (w_i + kF(ih) + \lambda z_{i-1})/l_i.$$

    To modify Algorithm 12.3, change the following:

    STEP 7 Set
    $$\begin{aligned} t &= jk; \\ z_1 &= \left[(1-\lambda)w_1 + \frac{\lambda}{2}w_2 + kF(h)\right]/l_1. \end{aligned}$$

    STEP 8 For $i = 2, \ldots, m-1$ set
    $$z_i = \left[(1-\lambda)w_i + \frac{\lambda}{2}(w_{i+1} + w_{i-1} + z_{i-1}) + kF(ih)\right]/l_i.$$

16. The modifications of Algorithms 12.2 and 12.3 give the following results:

    (a) For modified Algorithm 12.2 we have

i	j	x_i	t_j	w_{ij}
3	25	0.3	0.25	0.2883460
5	25	0.5	0.25	0.3468410
8	25	0.8	0.25	0.2169217

    (b) For modified Algorithm 12.3 we have

i	j	x_i	t_j	w_{ij}
3	25	0.3	0.25	0.2798737
5	25	0.5	0.25	0.3363686
8	25	0.8	0.25	0.2107662

17. To modify Algorithm 12.2, change the following:

STEP 7 Set
$$t = jk;$$
$$w_0 = \phi(t);$$
$$z_1 = (w_1 + \lambda w_0)/l_1.$$
$$w_m = \psi(t).$$

STEP 8 For $i = 2, \ldots, m-2$ set
$$z_i = (w_i + \lambda z_{i-1})/l_i;$$
Set
$$z_{m-1} = (w_{m-1} + \lambda w_m + \lambda z_{m-2})/l_{m-1}.$$

STEP 11 OUTPUT (t);
For $i = 0, \ldots, m$ set $x = ih$;
OUTPUT (x, w_i).

To modify Algorithm 12.3, change the following:

STEP 1 Set
$$h = l/m;$$
$$k = T/N;$$
$$\lambda = \alpha^2 k/h^2;$$
$$w_m = \psi(0);$$
$$w_0 = \phi(0).$$

STEP 7 Set
$$t = jk;$$
$$z_1 = \left[(1-\lambda)w_1 + \tfrac{\lambda}{2}w_2 + \tfrac{\lambda}{2}w_0 + \tfrac{\lambda}{2}\phi(t)\right]/l_1;$$
$$w_0 = \phi(t).$$

STEP 8 For $i = 2, \ldots, m-2$ set
$$z_i = \left[(1-\lambda)w_i + \tfrac{\lambda}{2}(w_{i+1} + w_{i-1} + z_{i-1})\right]/l_i;$$
Set
$$z_{m-1} = \left[(1-\lambda)w_{m-1} + \tfrac{\lambda}{2}(w_m + w_{m-2} + z_{m-2} + \psi(t))\right]/l_{m-1};$$
$$w_m = \psi(t).$$

STEP 11 OUTPUT (t);
For $i = 0, \ldots, m$ set $x = ih$;
OUTPUT (x, w_i).

18. The approximations to the temperature distributions using Algorithms 12.2 and 12.3 are given in the following table:

i	j	x_i	t_j	w_{ij}(Algorithm 12.3)	w_{ij}(Algorithm 12.2)
3	10	0.3	0.225	1.223279	1.207730
6	10	0.75	0.225	1.862358	1.836564
10	10	1.35	0.225	0.7010873	0.6928342

19. (a) The approximate temperature at some typical points is given in the table.

i	j	r_i	t_j	$w_{i,j}$
1	20	0.6	10	137.6753
2	20	0.7	10	245.9678
3	20	0.8	10	340.2862
4	20	0.9	10	424.1537

(b) The strain is approximately $I = 1242.537$.

Exercise Set 12.3, page 719

1. The Wave Equation Finite-Difference Algorithm gives the following results.

i	j	x_i	t_j	w_{ij}	$u(x_i, t_j)$
2	4	0.25	1.0	-0.7071068	-0.7071068
3	4	0.50	1.0	-1.0000000	-1.0000000
4	4	0.75	1.0	-0.7071068	-0.7071068

2. The Wave Equation Finite-Difference Algorithm gives the following results.

i	j	x_i	t_j	w_{ij}	$u(x_i, t_i)$
2	4	0.125	0.5	0.48428862	0.47942554
3	4	0.250	0.5	0.00000000	0
4	4	0.375	0.5	-0.48428862	0.47942554

3. The Wave Equation Finite-Difference Algorithm with $h = \frac{\pi}{10}$ and $k = 0.05$ gives the following results.

i	j	x_i	t_j	w_{ij}	$u(x_i, t_j)$
2	10	$\pi/5$	0.5	0.5163933	0.5158301
5	10	$\pi/2$	0.5	0.8785407	0.8775826
8	10	$4\pi/5$	0.5	0.5163933	0.5158301

The Wave Equation Finite-Difference Algorithm with $h = \frac{\pi}{20}$ and $k = 0.1$ gives the following results.

i	j	x_i	t_j	w_{ij}
4	5	$\pi/5$	0.5	0.5159163
10	5	$\pi/2$	0.5	0.8777292
16	5	$4\pi/5$	0.5	0.5159163

The Wave Equation Finite-Difference Algorithm with $h = \frac{\pi}{20}$ and $k = 0.05$ gives the following results.

i	j	x_i	t_j	w_{ij}
4	10	$\pi/5$	0.5	0.5159602
10	10	$\pi/2$	0.5	0.8778039
16	10	$4\pi/5$	0.5	0.5159602

4. The Wave Equation Finite-Difference Algorithm gives the following results.

i	j	x_i	t_j	w_{ij}
2	10	0.62831853	0.5	0.5233857
5	10	1.57079633	0.5	0.8904370
8	10	2.51327412	0.5	0.5233857

For $h = 0.05$ and $k = 0.1$:

i	j	x_i	t_j	w_{ij}
4	5	0.62831853	0.5	0.53000146
10	5	1.57079633	0.5	0.90169234
16	5	2.51327412	0.5	0.53000146

For $h = 0.05$ and $k = 0.05$:

i	j	x_i	t_j	w_{ij}
4	10	0.62831853	0.5	0.52299419
10	10	1.57079633	0.5	0.88977086
16	10	2.51327412	0.5	0.52299419

5. The Wave Equation Finite-Difference Algorithm gives the following results.

i	j	x_i	t_j	w_{ij}	$u(x_i, t_j)$
2	3	0.2	0.3	0.6729902	0.61061587
5	3	0.5	0.3	0	0
8	3	0.8	0.3	-0.6729902	-0.61061587

6. Algorithm 12.4 gives the following results:

i	j	x_i	t_j	w_{ij}
2	5	0.2	0.5	-1
5	5	0.5	0.5	0
8	5	0.8	0.5	1

7. (a) The air pressure for the open pipe is $p(0.5, 0.5) \approx 0.9$ and $p(0.5, 1.0) \approx 2.7$.

   (b) The air pressure for the closed pipe is $p(0.5, 0.5) \approx 0.9$ and $p(0.5, 1.0) \approx 0.9187927$.

8. Approximate voltages and currents are given in the following table.

i	j	x_i	t_j	Voltage	Current
5	2	50	0.2	77.769	3.88845
12	2	120	0.2	104.60	-1.69931
18	2	180	0.2	33.986	-5.22995
5	5	50	0.5	77.702	3.88510
12	5	120	0.5	104.51	-1.69785
18	5	180	0.5	33.957	-5.22453

Exercise Set 12.4, page 734

1. With $E_1 = (0.25, 0.75)$, $E_2 = (0, 1)$, $E_3 = (0.5, 0.5)$, and $E_4 = (0, 0.5)$, the basis functions are

$$\phi_1(x, y) = \begin{cases} 4x & \text{on } T_1 \\ -2 + 4y & \text{on } T_2, \end{cases}$$

$$\phi_2(x, y) = \begin{cases} -1 - 2x + 2y & \text{on } T_1 \\ 0 & \text{on } T_2, \end{cases}$$

$$\phi_3(x, y) = \begin{cases} 0 & \text{on } T_1 \\ 1 + 2x - 2y & \text{on } T_2, \end{cases}$$

$$\phi_4(x, y) = \begin{cases} 2 - 2x - 2y & \text{on } T_1 \\ 2 - 2x - 2y & \text{on } T_2, \end{cases}$$

and $\gamma_1 = 0.323825$, $\gamma_2 = 0$, $\gamma_3 = 1.0000$, and $\gamma_4 = 0$.

Exercise Set 12.4

2. With $E_1 = (0.25, 0.75)$, $E_2 = (0, 1)$, $E_3 = (0.5, 0.5)$, $E_4 = (0, 0.5)$, $E_5 = (0, 0.75)$, and $E_6 = (0.25, 0.5)$, the following results are obtained:

i	j	$a_j^{(i)}$	$b_j^{(i)}$	$c_j^{(i)}$	node
1	1	0	4	0	1
1	2	-3	0	4	2
1	3	4	-4	-4	5
2	1	-2	0	4	1
2	2	-1	4	0	3
2	3	4	-4	-4	6
3	1	0	4	0	1
3	2	3	0	-4	4
3	3	-2	-4	4	5
4	1	-2	0	4	1
4	2	1	-4	0	4
4	3	2	4	-4	6

So $\gamma_1 = 0.3238255$, $\gamma_2 = 0$, $\gamma_3 = 1.0$, $\gamma_4 = 0$, $\gamma_5 = 0$, and $\gamma_6 = 0.5$.

3. The Finite-Element Algorithm with $K = 8, N = 8, M = 32, n = 9, m = 25$, and $NL = 0$ gives the following results, where the labeling is as shown in the diagram.

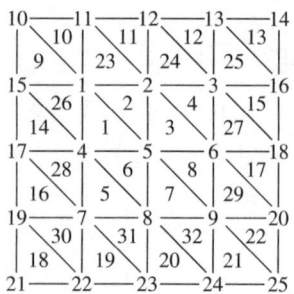

With the labeling shown in the figure:

$\gamma_1 = 0.511023$, $\gamma_2 = 0.720476$, $\gamma_3 = 0.507899$, $\gamma_4 = 0.720476$,

$\gamma_5 = 1.01885$, $\gamma_6 = 0.720476$, $\gamma_7 = 0.507896$, $\gamma_8 = 0.720476$,

$\gamma_9 = 0.511023$ and $\gamma_i = 0$, for $10 \leq i \leq 25$

$u(0.125, 0.125) \approx 0.614187$, $u(0.125, 0.25) \approx 0.690343$, $u(0.25, 0.125) \approx 0.690343$, and $u(0.25, 0.25) \approx 0.720476$

4. The Finite-Element Algorithm with $K = 8, N = 22, M = 32, n = 25, m = 25$, and $NL = 16$ gives the results shown below, where the labeling is as in the figure for Exercise 3:

$\gamma_1 = -0.489695$, $\gamma_2 = 0.0163250$, $\gamma_3 = 0.524243$, $\gamma_4 = 0.0163250$,

$\gamma_5 = 0.00868518$, $\gamma_6 = 0.0163250$, $\gamma_7 = 0.524243$, $\gamma_8 = 0.0163250$,
$\gamma_9 = -0.489695$, $\gamma_{10} = -1.06913$, $\gamma_{11} = -0.684308$, $\gamma_{12} = 0.0581583$,
$\gamma_{13} = 0.752871$, $\gamma_{14} = 0.962801$, $\gamma_{15} = -0.684308$, $\gamma_{16} = 0.752871$,
$\gamma_{17} = 0.0581583$, $\gamma_{18} = 0.0581583$, $\gamma_{19} = 0.752871$, $\gamma_{20} = -0.684308$,
$\gamma_{21} = 0.962801$, $\gamma_{22} = 0.752871$, $\gamma_{23} = 0.0581583$, $\gamma_{24} = -0.684308$,
and $\gamma_{25} = -1.06913$.

$u(0.125, 0.125) \approx 0.270284$, $u(0.125, 0.25) \approx -0.238595$, $u(0.25, 0.125) \approx -0.238595$, and $u(0.25, 0.25) \approx 0.0163250$

5. The Finite-Element Algorithm with $K = 0, N = 12, M = 32, n = 20, m = 27$, and $NL = 14$ gives the following results, where the labeling is as shown in the diagram.

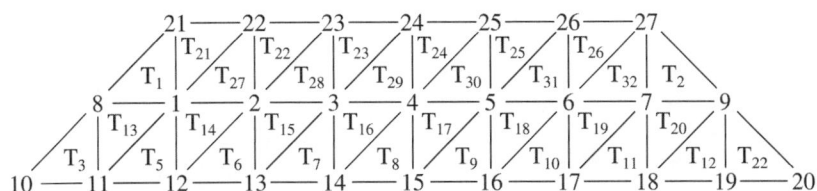

$\gamma_1 = 21.40335$, $\gamma_8 = 24.19855$, $\gamma_{15} = 20.23334$, $\gamma_{22} = 15$,
$\gamma_2 = 19.87372$, $\gamma_9 = 24.16799$, $\gamma_{16} = 20.50056$, $\gamma_{23} = 15$,
$\gamma_3 = 19.10019$, $\gamma_{10} = 27.55237$, $\gamma_{17} = 21.35070$, $\gamma_{24} = 15$,
$\gamma_4 = 18.85895$, $\gamma_{11} = 25.11508$, $\gamma_{18} = 22.84663$, $\gamma_{25} = 15$,
$\gamma_5 = 19.08533$, $\gamma_{12} = 22.92824$, $\gamma_{19} = 24.98178$, $\gamma_{26} = 15$,
$\gamma_6 = 19.84115$, $\gamma_{13} = 21.39741$, $\gamma_{20} = 27.41907$, $\gamma_{27} = 15$,
$\gamma_7 = 21.34694$, $\gamma_{14} = 20.52179$, $\gamma_{21} = 15$

$u(1, 0) \approx 22.92824$, $u(4, 0) \approx 22.84663$, and $u\left(\frac{5}{2}, \frac{\sqrt{3}}{2}\right) \approx 18.85895$.